상미분방정식

김원배 지음

KM 경문사

머 리 말

미분방정식은 수학적으로 매우 정교한 이론을 가지고 있을 뿐만 아니라 물리학, 공학, 경제학 등 응용분야에서도 타학문에 비하여 활용도가 높은 편에 속하며 순수수학과 응용수학의 여러 분야에 걸쳐있는 폭넓은 학문이다. 더욱이 최근에는 상미분방정식은 물론 편미분방정식을 확률과정론에 응용하여 확률미분방정식 등에 관한 연구가 활발하게 진행되고 있다. 미분방정식의 연구 분야는 대단히 광범위하기 때문에 이 소책자에서 모든 것을 논할 수 없으므로 기초적인 원리와 해법을 충실히 습득하고 문제연습을 통하여 수학적인 논증과 방법을 기를 수 있도록 하였다. 그러므로 이 책은 미분방정식의 해법 중 기존에 알려져 있는 방법과 기타 다양한 해법들을 독자들에게 소개하는데 그 목적을 두었으며 또한 이론적으로 증명이 난해한 부분은 증명없이 기술하였고 대부분 실제적이고 구체적인 해법들을 가지고 문제들을 다루었다.

이 책은 자연계와 공학계열에서 미분적분학, 선형대수학과 해석기하학을 공부한 독자를 대상으로 하여 한 학기 또는 두 학기 정도의 강의분량으로 그 내용을 구성하였다. 본문의 내용은 위에서 언급한 것처럼 상미분방정식에 관한 기본적이고 실제적인 문제를 해결할 수 있도록 적절한 예제를 유형별로 소개하였고 마지막 장에서는 Laplace 변환에 관하여 서술하였다. 사실상 Laplace 변환은 상미분방정식의 부류에는 속하지 않으나 응용 측면에서 보면 활용도가 대단히 높은 분야로서 초기조건을 만족하는 상미분방정식의 해법을 찾는데 중요한 역할을 하기 때문에 이러한 이유로 Laplace 변환을 추가하였다.

저자는 이 책이 상미분방정식이 꼭 필요한 자연과학도와 공학도들에게 유용한 입문서가 되기를 바라며 아울러 미흡한 부분은 앞으로 수정, 보완해 나갈 것이다. 끝으로 이 책의 출판을 맡아주신 경문사 여러분들께 감사의 마음을 전한다.

2017년 8월

지은이

목 차

제 1 장

서론

1.1 미분방정식에 관하여

미분방정식의 연구는 아이작 뉴턴(Isaac Newton, 1642~1727)과 고트프리드 빌헬름 라이프니츠(Gottfried Wilhelm Leibniz, 1646~1716)가 개척한 해석학의 탄생과 함께 시작되었다. 뉴턴은 영국 동부 링컨셔(Lincolnshire)의 시골 마을인 울즈소프 매너(Woolsthorpe Manor)에서 출생하였고 어린 시절부터 남다른 재능을 가진 소년으로 알려져 있었다. 그는 1661년에 캠브리지대학교 트리니티 칼리지(Trinity College)로 진학하여 교육을 받았고 1669년에 이 대학의 수학교수(Lucasian Professor of Mathematics)로 임명되었다. 인류 역사상 가장 획기적인 발견 중의 하나는 뉴턴의 역학과 해석학(미적분학)이다. 이 두 분야의 책은 그의 친구들 사이에서 유명하였지만 비평에 매우 민감하였던 뉴턴은 1687년에 가서야 공식적으로 자연철학의 수학적 원리(Philosophiae Naturalis

Principia Mathematica)로 저서로 출간하였고, 17세기 근대과학의 기반을 마련했다. 또한 만유인력의 법칙의 발견과 새로운 역학론을 정립해 새로운 물리학 체계를 확립하였고, 조예가 깊었던 천문학 분야에서는 망원경을 발명하고 개량했으며, 미적분법을 고안해 수학의 발전에도 큰 공헌을 했다. 사실상, 그의 생애에서 가장 위대한 3가지 과학적 발견이 이루어진 시기는 바로 그가 1666년까지 고향집 울즈소프 매너에 머무는 동안이었다. 이미 위에서 언급했듯이 첫째는 미적분의 발견, 둘째는 만유인력법칙의 발견이고 셋째는 프리즘을 이용한 빛의 구성을 발견한 것이었다 그러나 사실 뉴턴은 미분방정식 자체에 대해서 많은 업적은 없으나 그가 발견한 해석학과 역학의 기본 원리는 그 다음 세기에 수학자 오일러에게 미분방정식을 응용할 수 있는 기본적인 원리와 틀을 제공하였다. 뉴턴은 1차 미분방정식을 그 형태에 따라 다음과 같은 3가지로 분류했다.

$$\frac{dy}{dx} = f(x), \quad \frac{dy}{dx} = f(y), \quad \frac{dy}{dx} = f(x,y).$$

위의 식의 맨 마지막 형태에 대해서는 $f(x,y)$가 x와 y의 다항식일 때, 무한급수를 사용하여 해(solution)를 구하는 방법을 알아 내었다. 1690년대 초까지 뉴턴의 활발한 수학연구는 계속 되었고 그 후에도 종종 도전적인 문제에 대한 답을 구하거나, 이미 과거 연구하여 얻었던 연구 업적을 개정하여 논문과 저서로 출판하였다. 뉴턴은 1696년에 조폐국장으로 임명되었으며, 몇 년 뒤 수학 교수직을 사임하였고, 1703년 왕립학회 회장이 되면서 그는 다시 학문의 세계로 귀환했으며 1705년 기사 작위를 수여 받았고, 1727년 82세에 세상을 떠난 후 그는 영국 웨스트민스터 사원에 안장 되었다.

라이프니츠는 독일 라이프지히(Leipzig)에서 태어났으며 20대에 알트도르프대학교(Universität Altdorf)에서 철학박사 학위를 받았다. 그의 생애를 통해 여러 분야에 학문적 업적을 남겼으며 20대에 이르러서야 수학에 대한 흥미를 발견하였기 때문에 그 이후에는 독학으로 수학을 연구하였다. 영국의 뉴턴보다 조금 늦기는 했지만 라이프니츠는 독립적으로 해석학의 초석을 닦았으며 연구 결과의 공표는 뉴턴보다 3년 정도 앞섰다. 한 예로 현재 우리가 쓰고 있는 미분기호($\frac{dy}{dx}$)나 적분기호($\int$)는 라이프니츠가 고안해 낸 것들이다. 그는 1691년에 변수분리법(separation of variables)을 개발하여 동차미분방정식은 변수분리가 가능한 형태로 만들어 풀 수 있음을 보였고, 1694년 1계 선형 미분방정식의 해(solution)를 구하는 방법을 발견하였다. 라이프니츠는 생애를 외교관과 소수 독일 왕족의 조언자로서 보냈으며 이 왕족들은 그가 많은 곳을

여행할 수 있도록 도와 주었으며 특히, 베르누이 형제들과 직접적으로 서신 왕래를 할 수 있도록 배려해 주었다. 이러한 서신으로 인하여 미분방정식에 관한 많은 문제가 17세기 말에 해결 되있다.

현대에 있어서 순수 수학은 물론 응용수학, 물리학, 공학, 동역학, 확률과 정론 등 대부분의 분야에서 나타나는 상미분방정식과 편미분방정식의 해법에 대하여 충분히 알지 못한다면 이 분야에 대하여 올바르게 이해할 수도 없거니와 접근할 수도 없다. 그러므로 미분방정식의 연구는 수학의 발전과 세밀하게 연관되어 있어서 순수분야와 응용분야 이렇게 따로따로 구분 지울수 없다.

1.2 미분방정식 개론

독립변수와 미지함수 그리고 미지함수의 도함수(편도함수)를 포함하는 방정식을 미분방정식(differential equation)이라 한다. 이 미분방정식이 단일변수(single variable)의 도함수를 포함하는 미분방정식이면 상미분방정식(ordinary differential equation)이라 한다. 즉, x를 독립변수, y를 x의 함수인 종속변수 그리고 y의 도함수들로 구성된 방정식을 상미분방정식이라 부른다. 또한 두 개 또는 그 이상의 독립변수와 미지함수, 그 미지함수의 편도함수를 포함하는 방정식이면 편미분방정식(partial differential equation)이라 부른다. 예를 들면,

$$\frac{dy}{dx} = 3x + 10 \tag{1.1}$$

$$\frac{d^2y}{dx^2} - 7\frac{dy}{dx} + 3y = 0 \tag{1.2}$$

$$x^2y'' + 2y = 2 \tag{1.3}$$

$$y^{(4)} + 2y^{(3)} - 5(y'')^5 + y' + y = \cos x \tag{1.4}$$

$$(y''')^7 - 2(y'')^3 - 5(y'')^7 + y = x^3 \tag{1.5}$$

은 상미분방정식이고,

$$\frac{\partial z}{\partial x} = 2z + y\frac{\partial z}{\partial y} \tag{1.6}$$

$$\frac{\partial^2 z}{\partial x^2} + \frac{\partial^2 z}{\partial y^2} = \sin x + y^2 \tag{1.7}$$

$$\frac{\partial u}{\partial t} = c^2\frac{\partial^2 u}{\partial x^2} \qquad (c\text{는 상수}) \tag{1.8}$$

$$\frac{\partial^2 u}{\partial x^2} + \frac{\partial^2 u}{\partial y^2} + \frac{\partial u}{\partial z} = 0 \tag{1.9}$$

은 편미분방정식이다. 일반적으로 미분방정식에 포함된 도함수(또는 편도함수)의 최고계를 그 미분방정식의 계(order) 또는 계수라 하고, 도함수의 최고계의 차를 그 미분방정식의 차(degree) 또는 차수라 한다. 위의 예에서 식 (1.1)은 1계 1차 상미분방정식, 식 (1.2)는 2계 1차 상미분방정식, 식 (1.3)은 2계 1차 상미분방정식, 식 (1.4)는 4계 1차 상미분방정식, 식 (1.5)는 3계 7차 상미분방정식, 식 (1.6)은 1계 1차 편미분방정식, 식 (1.7)은 2계 1차 편미분방정식, 식 (1.8)은 2계 1차 편미분방정식, 식 (1.9)는 2계 1차 편미분방정식이다. 또한, 미분방정식에 포함된 모든 도함수(또는 편도함수)의 차(수)가 모두 1차이면, 이 미분방정식을 선형(linear)이라 부르고 그렇지 않으면 비선형(nonlinear)이라 부른다. 마찬가지로 위의 예에서 식 (1.1)은 1계 1차 선형상미분방정식, 식 (1.2)는 2계 1차 선형상미분방정식, 식 (1.3)은 2계 1차 선형상미분방정식, 식 (1.4)는 4계 1차 비선형상미분방정식, 식 (1.5)는 3계 7차 비선형상미분방정식, 식 (1.6)은 1계 1차 선형편미분방정식, 식 (1.7)은 2계 1차 선형편미분방정식, 식 (1.8)은 2계 1차 선형편미분방정식, 식 (1.9)는 2계 1차 선형편미분방정식이다.

이 책에서는 상미분방정식과 관련된 여러 가지 다양한 해법을 소개할 것이다. 그러나 편미분방정식에 관한 해법은 다루지 않는다.

순수수학은 물론 응용분야에서 수많은 문제들이 미분방정식으로 표현된다. 다음 간단한 문제를 통하여 미분방정식이 어떻게 만들어지는지 알아보자.

문제 1 다음 포물선(hyperbola)에서 상수 c를 소거하라. (단, $y \neq 0$)

$$y^2 = 4cx \tag{1.10}$$

풀이 주어진 포물선의 양변을 x에 관하여 미분하고 상수를 약분하면,

$$yy' = 2c \tag{1.11}$$

이므로 주어진 식 (1.10)과 식 (1.11)에서 상수 c를 소거하면 $y' = \frac{y}{2x}$이므로

$$\frac{dy}{dx} - \frac{y}{2x} = 0 \tag{1.12}$$

을 얻는다. 이것은 1계 1차 선형상미분방정식이고 모든 포물선군의 임의의 점 x에서의 접선의 기울기는 항상 $\frac{y}{2x}$인 곡선군에 공통인 성질을 갖는 상미분방정식이 얻어진다는 사실이다. ◀

문제 2 다음 포물선(hyperbola)에서 상수 c를 소거하라.

$$y^2 = 4c(x-c) \tag{1.13}$$

풀이 주어진 포물선의 양변을 x에 관하여 미분하면,

$$yy' = 2c \tag{1.14}$$

이므로 주어진 식 (1.13)과 식 (1.14)에서 상수 c를 소거하면,

$$y^2 = 2yy'\left(x - \frac{yy'}{2}\right), \tag{1.15}$$

$$y\left[y - 2y'\left(x - \frac{yy'}{2}\right)\right] = 0 \tag{1.16}$$

이므로 $y=0$ 또는 $y(y')^2 - 2xy' + y = 0$이다. 후자는 1계 2차 비선형상미분방정식이다. ◀

문제 3 다음 타원(ellipse)방정식에서 상수 c_1과 c_2를 소거하라.

$$c_1x^2 + c_2y^2 = 1 \tag{1.17}$$

풀이 주어진 식의 양변을 x에 관하여 미분하고 정리하면,

$$c_1x + c_2yy' = 0 \tag{1.18}$$

이다. 그런데 c_1, c_2 두 개의 상수를 소거하려면 c_1, c_2를 포함하는 세 개의 관련식이 필요하므로 식 (1.18)의 양변을 x에 관하여 한 번 더 미분하면

$$c_1 + c_2\left(yy'' + (y')^2\right) = 0 \tag{1.19}$$

을 얻는다. 이로부터 식 (1.17), 식 (1.18), 식 (1.19)에서 상수 c_1, c_2를 소거하면

$$\begin{vmatrix} x^2 & y^2 & 1 \\ x & yy' & 0 \\ 1 & yy'' + (y')^2 & 0 \end{vmatrix} = 0 \tag{1.20}$$

이고 이로부터 $xyy'' + x(y')^2 - yy' = 0$을 얻는다. 이것은 2계 1차 비선형상미분방정식이다. ◀

이상을 이론적으로 정리하면 다음과 같다. 먼저 임의상수 c를 포함하는 함수를

$$f(x, y, c) = 0 \tag{1.21}$$

이라 하자. 이 음함수(implicit function)는 상수 c의 하나의 값에 대하여 하나의 곡선을 나타내므로 임의상수 c를 매개변수로 하는 다수의 곡선군을 나타내고 있다. 식 (1.21)의 양 변을 x로 미분하면,

$$\frac{\partial}{\partial x} f(x, y, c) + \frac{\partial}{\partial y} f(x, y, c)\, \frac{dy}{dx} = 0 \tag{1.22}$$

이고 이때, 식 (1.21)과 식 (1.22)에서 임의상수 c를 소거하면, x, y 그리고 $\frac{dy}{dx}$ 사이의 관계식

$$F\big(x, y, \frac{dy}{dx}\big) = 0 \tag{1.23}$$

인 1계 상미분방정식을 얻는다.

일반적으로 x를 독립변수, y를 종속변수, c_1, c_2, $\cdots$, c_n을 n개의 상수를 포함하는 음함수

$$f(x, y, c_1, c_2, \cdots, c_n) = 0 \tag{1.24}$$

가 주어져 있다고 하자. 식 (1.24)의 양 변을 x에 관해 n번 미분하면

$$\begin{aligned}
\frac{\partial f}{\partial x} + \frac{\partial f}{\partial y} y' &= 0 \\
\frac{\partial^2 f}{\partial x^2} + 2\frac{\partial^2 f}{\partial x \partial y} y' + \frac{\partial^2 f}{\partial y^2} (y')^2 + \frac{\partial f}{\partial y} y'' &= 0 \\
\vdots \qquad \vdots \qquad \vdots \qquad & \\
\frac{\partial f}{\partial x} + \cdots\cdots\cdots\cdots\cdots + \frac{\partial f}{\partial y} y^{(n)} &= 0
\end{aligned} \tag{1.25}$$

을 얻는다. 식 (1.24)와 식 (1.25)로부터 n개의 임의 상수 c_1, c_2, $\cdots$ c_n을 소거하면 다음과 같은 x, y, y', y'', $\cdots$, $y^{(n-1)}$, $y^{(n)}$에 관한 n계 상미분방정식

$$F\big(x, y, \frac{dy}{dx}, \frac{d^2y}{dx^2}, \cdots, \frac{d^ny}{dx^n}\big) = 0 \tag{1.26}$$

이 얻어진다. n계 상미분방정식

$$F\big(x, y, \frac{dy}{dx}, \frac{d^2y}{dx^2}, \cdots, \frac{d^ny}{dx^n}\big) = 0 \tag{1.27}$$

이 주어졌을 때, 식 (1.27)을 $\frac{d^n y}{dx^n}$에 대하여 정리하여

$$\frac{d^n y}{dx^n} = G\big(x, y, \frac{dy}{dx}, \frac{d^2y}{dx^2}, \cdots, \frac{d^{n-1}y}{dx^{n-1}}\big) \tag{1.28}$$

의 상미분방정식이 얻어지는데, 이때 식 (1.28)을 식(1.27)의 정규형(normal form) 미분방정식이라 한다.

지금까지 우리는 임의 상수를 포함하고 있는 함수로부터 상미분방정식이 어떻게 만들어지는지 알아 보았다. 그러나 우리의 목적은 상미분방정식을 만드는 것이 아니라 어떤 상미분방정식이 주어졌을 때 이 상미분방정식을 만족하는 미지함수와 독립변수 사이의 함수를 찾아내는 것에 있다. 이제 n계 상미분방정식

$$F\big(x, y, \frac{dy}{dx}, \frac{d^2y}{dx^2}, \cdots, \frac{d^n y}{dx^n}\big) = 0 \tag{1.29}$$

이 주어졌을 때, 위의 n계 상미분방정식을 만족하는 다음과 같은 유형의 함수

$$y = f(x, c_1, c_2, \cdots, c_n) \quad \text{또는} \quad f(x, y, c_1, c_2, \cdots, c_n) = 0 \tag{1.30}$$

를 구하는 것을 미분방정식을 푼다라고 하고 식 (1.30)을 식 (1.29)인 n계 상미분방정식의 일반해(general solution)라 한다. 여기서, c_1, c_2, $\cdots$, c_n은 임의상수이다. 위의 몇 가지 문제에서 보았듯이 일반적으로 n계 상미분방정식의 일반해 속에는 반드시 n개의 임의상수를 포함하고 있다는 것을 알 수 있다. 또한, 상미분방정식을 풀어서 얻은 일반해 속에 포함되어 있는 상수(constant)를 적분상수(integration constant)라고도 말하나 통상적으로 상미분방정식에서는 적분상수라는 용어 대신 임의상수(arbitrary constant)를 사용한다. 일반해에 포함된 임의상수에 특정한 값 대입하거나 특정조건을 만족하는 해를 얻을 수가 있는데 이러한 해를 특수해(particular solution) 또는 특별해라고 부른다. 어떤 상미분방정식의 특수해를 구하려면 그 상미분방정식의 일반해 속에 포함되어 있는 임의상수의 값을 정해주어야 하는데 그러기 위해서는 어떤 조건이 주어져야 한다. 이와 같은 조건을 초기조건(initial condition)이라 한다. x를 독립변수, y를 x의 미지함수라 할 때, y에 관한 n계 상미분방정식의 초기조건은 다음과 같다.

$x = x_0$가 주어졌을 때,

$$y(x_0) = k_0,\ y'(x_0) = k_1,\ y''(x_0) = k_2,\ \cdots,\ y^{(n-1)}(x_0) = k_{n-1}, \tag{1.31}$$

여기서, x_0, k_0, k_1, $\cdots$, k_{n-1}은 상수이다. 이와 같은 초기조건을 만족하는 상미분방정식의 특수해를 구하는 것을 초기조건하에서 상미분방정식을 푼다라고 말하며, 이러한 유형의 문제를 초기치문제(initial-value problem)라 한다. 마지막으로 일반해도 아니고 특수해도 아니면서 주어진 상미분방정식을 만족하는 해가 존재하는데 이러한 해를 특이해(singular solutioin라 부른다. 특이해는 고차 상미분방정식의 해를 구할 때 종종 나타나며 이러한 유형의 문제는 뒤에서 다룰 것이다.

문제 4 초기조건 $y(1) = 1$하에서 상미분방정식의 특수해를 구하라.

$$2xy' - y = 0 \tag{1.32}$$

풀이 문제 1에서 $2xy' - y = 0$의 일반해는

$$y^2 = 4cx \tag{1.33}$$

이다. 초기조건은 $x = 1$일 때, $y = 1$이므로 이 값을 위의 식 (1.33)에 대입하면, $1^2 = 4c \cdot 1$에서 $c = \frac{1}{4}$을 얻는다. 따라서 주어진 상미분방정식의 초기조건을 만족하는 특수해[1]는

$$y^2 = x$$

이다. ◀

지금까지 우리는 곡선이나 곡선군에 포함되어 있는 임의상수를 소거하면 상미분방정식이 얻어진다는 것을 알았다. 역으로, 어떤 상미분방정식이 주어졌을 때 이 상미분방정식을 만족하는 곡선군에 대하여 다음 사항은 반드시 고려하여야 한다. 첫 째, 주어진 상미분방정식을 만족하는 해가 과연 존재하는가? 둘 째, 주어진 상미분방정식의 해가 존재한다면 이 해를 어떻게 구할 것인가? 셋 째, 구한 해 이외에 또 다른 해가 또 존재하는가? 위의 세 가지 사항은 상미분방정식의 해의 존재성(existence)과 유일성(uniqueness)에 관한 문제이다. 사실상, 상미분방정식의 해의 존재를 보증하는 정리는 미분방정식의 종류에 따라 여러 가지가 있다. 또한 해의 유일성에 관한 정리도 이미 다양하게 증명되어 있으므로 이 책에서는 간단하고 중요한 정리를 증명없이 소개한다.

[1] 기하학적으로 $y^2 = x$는 무수히 많은 포물선군 중에서 좌표상의 점 $(1, 1)$을 지나는 하나의 포물선을 가르킨다. 이 곡선(포물선)을 초기조건을 만족하는 상미분방정식 $2xy' - y = 0$의 해곡선(solution curve) 또는 적분곡선(integral curve)이라 한다.

또한, 이 책에서 다루는 모든 상미분방정식의 해는 존재하고 오직 하나인 경우로만 제한한다. 특별한 경우로서 뒤에서 다룰 상미분방정식 중에서 특이해를 갖는 경우는 예외로 한다.

정리 1.1 1계 상미분방정식

$$\frac{dy}{dx} = g(x,y) \tag{1.34}$$

가 주어졌을 때, 함수 $g(x,y)$가 유계폐영역 $D = \{(x,y) \in \mathbb{R}^2 \,|\, |x-a| \leqslant \epsilon,\ |y-b| \leqslant \eta\}$에서 연속이라 하자. 이때 y가 편미분가능이고 편도함수가 연속이면, 유계폐영역 $|x-a| \leqslant \epsilon$, $|y-b| \leqslant \frac{b}{M}$에서 $b = y(a)$를 만족하는 해(solution) $y(x)$가 오직 하나 존재한다. 단, 상수 $M > 0$은 유계폐영역 D에서 함수 $|g(x,y)|$의 최댓값이다.

이 정리에 의하면 어떤 하나의 값 $c \in (b-\eta, b+\eta)$에 대하여 $c = y(a)$인 해는 오직 하나만 존재한다. 이것을 $y = f(x,c)$로 나타낼 수 있으며 c를 임의상수(arbitrary constant)라 한다. 더욱이 해의 존재정리에 의하여 $y = f(x,c)$를 이 상미분방정식의 일반해(general solution)라 부른다. 따라서 1계 상미분방정식의 일반해 속에는 반드시 오직 하나의 임의상수가 포함되어 있어야 한다는 것이다. 또한 어떤 하나의 값 $c_0 \in (b-\eta, b+\eta)$에 대하여 $c_0 = y(a)$인 해는 오직 하나만 존재하므로 이것을 $y = f(x,c_0)$로 나타낼 수 있으며, $y = f(x,c_0)$를 초기조건을 만족하는 특수해(particular solution)라 한다. 위의 정리를 확장하면 다음과 같다.

정리 1.2 n계 상미분방정식

$$\frac{dy^n}{dx^n} = g(x,y,y',y'',\cdots,y^{(n-1)}) \tag{1.35}$$

가 주어졌을 때, 함수 $g(x,y,y',y'',\cdots,y^{(n-1)})$이 유계폐영역

$$|x-a| \leqslant \epsilon, \quad |y-b| \leqslant \eta, \quad |y'-b_1| \leqslant \eta_1, \quad \cdots, \quad |y^{(n-1)}-b| \leqslant \eta_{n-1}$$

에서 연속이고 y, y', $\cdots$, $y^{(n-1)}$이 편미분가능이고 편도함수가 연속이면,

$$y(a) = b,\ y' = b_1,\ y''(a) = b_2, \quad \cdots, \quad y^{(n-1)} = b_{n-1} \tag{1.36}$$

를 만족하는 해가 점 $x = a$에서 오직 하나 존재한다. 단, $\epsilon > 0$, $\eta > 0$, $\eta_1 > 0$, $\eta_2 > 0$, $\cdots$, $\eta_{n-1} > 0$이다.

이 정리로부터

$$|c-b| \leqslant \eta, \quad |c_1 - b_1| \leqslant \eta_1, \quad \cdots, \quad |c_{n-1} - b_{n-1}| \leqslant \eta_{n-1} \tag{1.37}$$

일 때, 초기조건

$$y(a) = c, \quad y'(a) = c_1, \quad y''(a) = c_2, \quad \cdots, \quad y^{(n-1)}(a) = c_{n-1} \tag{1.38}$$

을 만족하는 특수해는 오직 하나 존재하고 $y = f(x, c, c_1, c_2, \cdots, c_{n-1})$로 나타낼 수 있다.

연 습 문 제 1-2

1. 다음 상미분방정식의 계수와 차수를 말하라.

(1) $\left(\dfrac{dy}{dx}\right)^2 = \left(\dfrac{dy}{dx}\right)^3 + xy$ (2) $\sqrt{\dfrac{dy}{dx}} = 3\sqrt[3]{\dfrac{d^2y}{dx^2}}$

(3) $\dfrac{d^4y}{dx^4} + \left(\dfrac{dy}{dx}\right)^2 = y^2$ (4) $\sqrt{y} + \sqrt{y''} = y'$

(5) $\dfrac{d^2y}{dx^2} = k\left[1 + \left(\dfrac{dy}{dx}\right)^2\right]^{3/2}$ (k는 상수) (6) $y' + x = (x - xy')^{-3}$

2. 아래 왼쪽에 주어진 함수는 오른쪽에 주어진 상미분방정식들의 해임을 증명하라. 단, c_1, c_2, c_3는 임의 상수이다.

(1) $y = c_1e^{2x} + c_2e^{-4x} + 2xe^{2x}$ $(y'' + 2y' - 8y = 32e^{2x})$

(2) $y = c_1 \sin 3x + c_2 \cos 3x + 9x^2 - 2$ $(y'' + 9y = 81x^2)$

(3) $\ln y = c_1e^{x} + c_2e^{-x}$ $(y' \sin y + \sin x \cos y = \sin x)$

(4) $y = c_1 \cos x + c_2 \sin x$ $(y'' + y = 0)$

(5) $y = c_1e^{x} + c_2xe^{x} + c_3e^{-x} + 2x^2e^{x}$ $(y''' - y'' - y' + y = 8e^{x})$

3. 상미분방정식 $y'' + y = 0$의 일반해는 $y = c_1 \cos x + c_2 \sin x$ (c_1, c_2는 임의상수)이다. 원점 $(0, 0)$을 지나고 이 원점에서 $y(0) = \frac{1}{2}$을 만족하는 특수해(해곡선)를 구하라.

제 2 장

1계 상미분방정식

2.1 변수분리형

n계 상미분방정식

$$F\Big(x, y, \frac{dy}{dx}, \frac{d^2y}{dx^2}, \cdots, \frac{d^ny}{dx^n}\Big) = 0 \tag{2.1}$$

에서 $n = 1$이면, 1계 상미분방정식(first-order ordinary differential equation)이라 한다. 이로부터 x를 독립변수, y를 x함수로서 종속변수라 하면, 1계 상미분방정식의 형태는

$$F\Big(x, y, \frac{dy}{dx}\Big) = 0 \tag{2.2}$$

이다. 위의 1계 상미분방정식을 정규형(normal form)으로 변환하여

$$\frac{dy}{dx} = f(x)\,g(y) \quad \Big(\text{또는 } \frac{dy}{dx} = \frac{f(x)}{g(y)} \text{ 또는 } \frac{dy}{dx} = \frac{g(y)}{f(x)}\Big) \tag{2.3}$$

의 형이면, 주어진 1계 상미분방정식을 변수분리형(separable form)이라 한다. 여기서 $f(x)$는 x만의 함수이고 $g(y)$는 y만의 어떤 함수이다. 이 변수분리형 상미분방정식의 일반해는 다음과 같이 구한다. 먼저, 식 (2.3)에서 종속변수 y의 함수 $g(y)$를 좌변으로 이항하면

$$\frac{1}{g(y)}\frac{dy}{dx} = f(x) \tag{2.4}$$

이고 이 식의 양변을 x에 관해 적분하면

$$\int \frac{1}{g(y)}\frac{dy}{dx}\,dx = \int f(x)\,dx + c \tag{2.5}$$

이므로 일반해는

$$\int \frac{1}{g(y)}\,dy = \int f(x)\,dx + c \tag{2.6}$$

이다. 여기서 c는 보통 미분적분학에서는 적분상수(integration constant)로 지칭하나 미분방정식에서는 통상적으로 임의상수(arbitrary consant)라 한다. 지금부터 이 책에서는 부정적분을 계산한 결과 나타나는 모든 적분상수는 임의상수로 부르기로 한다. 참고로 식 (2.4)에서

$$\frac{1}{g(y)}\frac{dy}{dx} = f(x) \tag{2.7}$$

를

$$\frac{1}{g(y)}\,dy = f(x)\,dx \tag{2.8}$$

로 나타내고, 이 식의 양 변을 각각 적분하면, 다음과 같이 일반해

$$\int \frac{1}{g(y)}\,dy = \int f(x)\,dx + c \qquad (c\text{는 임의상수}) \tag{2.9}$$

가 얻어진다.

문제 1 다음 1계 상미분방정식을 풀어라.

$$1 - x\frac{dy}{dx} = 0$$

풀이 정규형으로 바꾸면

$$\frac{dy}{dx} = \frac{1}{x}$$

이고, 이것은 변수분리형이다. 이로부터

$$dy = \frac{1}{x}\,dx$$

로 변수분리가 되고, 이 식의 양변을 적분하면

$$\int dy = \int \frac{1}{x}\,dx + c_1 \qquad (c_1\text{은 임의상수})$$

이므로 일반해[1]는 $y = \ln|x| + c$ ($c = \pm e^{c_1}$은 임의상수)이다. ◀

문제 2 1계 상미분방정식 $3ydx + (1+x)dy = 0$을 풀어라.

풀이 먼저, 주어진 상미분상정식을 정규형으로 바꾸면

$$\frac{dy}{dx} = -\frac{3y}{1+x}$$

이고, 이것은 변수분리형이다. 이로부터

$$\frac{1}{y}\,dy = -\frac{3}{1+x}\,dx$$

로 변수분리가 되고, 이 식의 양변을 적분하면

$$\int \frac{1}{y}\,dy = \int -\frac{3}{1+x}\,dx + c \qquad (c\text{는 임의상수})$$

이므로

$$\ln|y| = -3\ln|1+x| + c_1 \qquad (c_1\text{은 임의상수})$$

이다 이 식을 정리하면

$$\ln\left|y(1+x)^3\right| = c_1$$

이고

$$y = \pm\frac{e^{c_1}}{(1+x)^3}$$

이므로 일반해는

$$y = \frac{c}{(1+x)^3} \qquad (c = \pm e^{c_1}\text{은 임의상수})$$

[1]일반해 $y = \ln|x| + c$에서 임의상수 c를 처음부터 $\ln|c|$로 취하면 $\ln|c|$ 또한 임의상수이므로, 주어진 상미분방정식의 일반해는 $y = \ln|cx|$ (c는 임의상수)와 같이 나타낼 수 있다. 그러므로 상미분방정식의 일반해를 구할 때, 임의상수 취급에 주의해야 한다.

이다. ◀

문제 3 다음 상미분방정식을 풀어라.

$$(1+y)dx + (1+x)dy = 0$$

풀이 주어진 상미분상정식을 정규형으로 바꾸면

$$\frac{dy}{dx} = -\frac{1+y}{1+x}$$

이므로 변수분리형이고

$$\frac{1}{1+y}\,dy = -\frac{1}{1+x}\,dx$$

로 변수분리 된다. 이 식의 양변을 적분하면

$$\ln|1+y| = -\ln|1+x| + c_1 \qquad (c_1\text{은 임의상수})$$

이고 정리하면

$$\ln|(1+y)(1+x)| = c_1$$

이다 이로부터

$$(1+y)(1+x) = \pm e^{c_1}$$

이므로 일반해는

$$(1+y)(1+x) = c \qquad (c = \pm e^{c_1}\text{은 임의상수})$$

이다. ◀

특별한 경우로서, 다음 1계 상미분방정식

$$\frac{dy}{dx} = f(ax+by+c) \qquad (a,\ b(\neq 0),\ c\text{는 상수}) \tag{2.10}$$

은 치환

$$z = ax+by+c \tag{2.11}$$

에 의하여 변수분리형이 된다. 왜냐하면, 이 식의 양변을 x에 관하여 미분하면

$$\frac{dz}{dx} = a + b\frac{dy}{dx} \tag{2.12}$$

이고 이 식을 정리하면 다음과 같은 1계 상미분방정식

$$\frac{dz}{dx} = a + bf(z) \qquad \text{또는} \qquad \frac{1}{a+bf(z)}\,dz = dx \tag{2.13}$$

로 변환되기 때문이다. 이로부터 이 식의 양변을 적분하면

$$\int \frac{1}{a+bf(z)}\,dz = x + c^* \qquad (c^*\text{는 임의상수}) \tag{2.14}$$

를 얻는다. 이 식에 다시 $z = ax + by + c$를 대입하면 x와 y의 함수로서 주어진 1계 상미분방정식의 일반해를 얻는다.

문제 4 다음 상미분방정식을 풀어라.

$$x\left(\frac{dy}{dx} + 1\right) + \tan(x+y) = 0$$

풀이 $z = x + y$라 하면

$$\frac{dz}{dx} = 1 + \frac{dy}{dx}$$

이므로 주어진 상미분방정식은

$$x\frac{dz}{dx} + \tan z = 0$$

이다. 이것은 변수분리형이므로 변수분리하면

$$\frac{\cos z}{\sin z}\,dz = -\frac{1}{x}\,dx$$

이고 이 식의 양변을 적분하면

$$\ln|\sin z| = -\ln|x| + c_1 \qquad (c_1\text{은 임의상수})$$

이고 일반해는

$$x\sin(x+y) = c \qquad (c = \pm e^{c_1}\text{은 임의상수})$$

이다. ◀

연 습 문 제 2-1

1. 다음 상미분방정식을 풀어라.

(1) $\dfrac{dy}{dx} = \sqrt{1-y^2}$ (2) $\dfrac{dy}{dx} = \dfrac{x(1+y^2)}{y(1+x^2)}$

(3) $y' = xy^2 - x$ (4) $y' = \dfrac{\sin^2 x}{\sin y}$

(5) $\sin x \cos^2 y\, dx = \cos^2 x\, dy$ (6) $(1+y^2)\, dx = \sqrt{1+x}\, dy$

2. 다음 상미분방정식의 점 $(0,1)$을 지나는 특수해를 구하라.

$$\frac{dy}{dx} = \frac{1+y}{1+x}$$

3. 1계 상미분방정식 $y' = f(ax+by+c)$ (a, $b(\neq 0)$, c는 상수)에서 $z = ax+by+c$로 치환하면 변수분리형으로 변환됨을 이용하여 다음 상미분방정식

$$\frac{dy}{dx} = (x+4y+2)^2$$

을 풀어라.

2.2 동차형

동차형의 1계 상미분방정식의 일반해를 구하는 방법을 다음과 같이 세 가지 유형으로 생각해 보자.

[I] x를 독립변수, y를 종속변수라 하자. x의 미지함수인 종속변수 y에 관한 1계 상미분방정식

$$F\left(x, y, \frac{dy}{dx}\right) = 0 \tag{2.15}$$

의 정규형(normal form)이

$$\frac{dy}{dx} = f\left(\frac{y}{x}\right) \qquad \left(\text{또는 } \frac{dy}{dx} = f\left(\frac{x}{y}\right) = f\left(\frac{1}{\frac{y}{x}}\right)\right) \tag{2.16}$$

의 형이면, 주어진 1계 상미분방정식을 동차형(homogeneous form)이라 한다. 이 경우, 변수 v를

$$v = \frac{y}{x} \tag{2.17}$$

로 치환하면, 주어진 동차형의 상미분방정식은 변수분리형으로 변환된다. 식 (2.17)에서 $y = vx$이고 이 식의 양변을 x에 관해 미분하면

$$\frac{dy}{dx} = v + x\frac{dv}{dx} \tag{2.18}$$

이므로 이 식을 식 (2.16)에 대입하면

$$v + x\frac{dv}{dx} = f(v) \qquad \text{또는} \qquad \frac{dv}{dx} = \frac{f(v) - v}{x} \tag{2.19}$$

가 되므로 변수분리형이다. 이로부터 식 (2.19)의 양변을 적분하면 일반해

$$\int \frac{1}{f(v) - v}\,dv = \ln|x| + c \qquad (c\text{는 임의상수}) \tag{2.20}$$

를 얻는다. 그런데 위의 식은 x와 v의 함수이므로 다시 이 식에 $v = \frac{y}{x}$를 대입하여 주어진 상미분방정식의 일반해를 얻어야 한다. 참고로 $f(v) - v = 0$을 만족하는 $v = v_0$가 존재하면, $y = v_0 x$도 해가 된다. 따라서 항등적으로 $f(v) - v = 0$이면 즉, $y' = \frac{y}{x}$이면 일반해는 $y = cx$이다. 단, c는 임의상수이다.

문제 1 다음 상미분방정식을 풀어라. 단, $y \neq 0$이다.

$$y\frac{dy}{dx} = 2x - y$$

풀이 주어진 미분방정식의 양 변을 $\frac{1}{y}$로 곱하고 정리하면

$$\frac{dy}{dx} = \frac{2}{\frac{y}{x}} - 1$$

은 동차형이다. $y = vx$라 하면, $\frac{dy}{dx} = v + x\frac{dv}{dx}$이므로 주어진 상미분방정식은

$$v + x\frac{dv}{dx} = \frac{2 - v}{v}$$

에서

$$x\frac{dv}{dx} = -\frac{(v-1)(v+2)}{v}$$

이고, 이것은 변수분리형이므로 각 항을 변수분리하면

$$\frac{v}{(v-1)(v+2)}\frac{dv}{dx} = -\frac{1}{x}$$

이다. 먼저 위의 식의 좌변을 부분분수로 나누고 적분하면

$$\frac{1}{3}\left(\ln|v-1| + 2\ln|v+2|\right) = -\ln|x| + c_1 \qquad (c_1\text{은 임의상수})$$

이다. 정리하면

$$(v-1)(v+2)^2 x^3 = \pm e^{3c_1}$$

이고 이 식에 다시 $v = \frac{y}{x}$를 대입하면 일반해

$$(y-x)(y+2x)^2 = c \qquad (c = \pm e^{3c_1}\text{은 임의상수})$$

를 얻는다. ◀

문제 2 다음 상미분방정식을 풀어라.

$$(x^2+y^2)\,dx - 2xy\,dy = 0$$

풀이 주어진 상미분방정식을 정규형으로 변환하면

$$\frac{dy}{dx} = \frac{x^2+y^2}{2xy} = \frac{1+\left(\dfrac{y}{x}\right)^2}{2\left(\dfrac{y}{x}\right)}$$

은 동차형이다. $y = vx$라 하면, $\frac{dy}{dx} = v + x\frac{dv}{dx}$이므로 주어진 상미분방정식은

$$\frac{dv}{dx} = \frac{1-v^2}{2vx}$$

이고, 이것은 변수분리형이므로 각 항을 변수분리하면

$$\frac{2v}{1-v^2}\,dv = \frac{1}{x}\,dx$$

이다. 위의 식의 양 변을 적분하면

$$-\ln|1-v^2| = \ln|x| + c_1 \qquad (c_1\text{은 임의상수})$$

이다. 정리하면

$$(1-v^2)\,x = \pm e^{-c_1}$$

이고 이 식에 다시 $v = \frac{y}{x}$를 대입하면 일반해

$$x^2 - y^2 = cx \qquad (c = \pm e^{-c_1}\text{은 임의상수})$$

를 얻는다. ◀

[II] 1계 상미분방정식

$$P(x,y)\,dx + Q(x,y)\,dy = 0 \tag{2.21}$$

의 $P(x,y)$와 $Q(x,y)$가 모두 x와 y의 n차 동차식이라 하자. 즉, 임의의 매개변수 t에 대하여

$$P(tx,ty) = t^n P(x,y), \qquad Q(tx,ty) = t^n Q(x,y) \tag{2.22}$$

가 성립한다고 하자. 그러면 주어진 상미분방정식은

$$P(x,y) = x^n P(1,\frac{y}{x}), \qquad Q(x,y) = x^n Q(1,\frac{y}{x}) \tag{2.23}$$

와 같이 나타낼 수 있으므로 식 (2.21)은

$$x^n P(1,\frac{y}{x})\,dx + x^n Q(1,\frac{y}{x})\,dy = 0 \tag{2.24}$$

이고, $x \neq 0$이면

$$P(1,\frac{y}{x})\,dx + Q(1,\frac{y}{x})\,dy = 0 \tag{2.25}$$

이 되고 위의 식을 정규형으로 변환하면

$$\frac{dy}{dx} = -\frac{P\left(1,\frac{y}{x}\right)}{Q\left(1,\frac{y}{x}\right)} = f\left(\frac{y}{x}\right) \tag{2.26}$$

의 형이다. 이것은 동차형이므로 앞의 [I]에서 적용한 방법에 따라 변수 $v = \frac{y}{x}$로 치환하여 일반해를 구하면 된다.

문제 3 다음 상미분방정식을 풀어라.

$$(x^3 + y^3)\,dx - xy^2\,dy = 0$$

풀이 $P(x,y) = x^3 + y^3$, $Q(x,y) = -xy^2$이라 하면 $P(x,y)$와 $Q(x,y)$가 모두 x와 y의 3차 동차식이므로 주어진 상미분방정식은 동차형이다. 먼저, 정규형으로 변환하면

$$\frac{dy}{dx} = \frac{1}{\left(\frac{y}{x}\right)^2} + \frac{y}{x}$$

이고, $v = \frac{y}{x}$로 치환하면 $y = vx$이고 이 식의 양변을 x에 관해 미분하면 $\frac{dy}{dx} = v + x\frac{dv}{dx}$이므로

$$v^2\,dv = \frac{1}{x}\,dx$$

이다. 이 식의 양 변을 적분하면

$$\frac{1}{3}v^3 = \ln|x| + c_1 \qquad (c_1\text{은 임의상수})$$

이고, 다시 위의 식에 $v = \frac{y}{x}$를 대입하면 일반해는

$$y^3 = 3x^3\ln|x| + cx^3 \qquad (c = 3c_1\text{은 임의상수})$$

이다. ◀

[III] 다음과 같은 형태의 1계 상미분방정식

$$\frac{dy}{dx} = f\left(\frac{ax + by + c}{Ax + By + C}\right) \qquad (a,\ b,\ c,\ A,\ B,\ C\text{는 상수}) \tag{2.27}$$

의 일반해를 구하여 보자. 다음 두 가지 경우가 있다.

(i) 미지수의 계수가 비례하지 않을 경우 즉, $\dfrac{a}{A} \neq \dfrac{b}{B}$일 경우 :

연립방정식

$$\begin{cases} ax + by + c = 0 \\ Ax + By + C = 0 \end{cases} \tag{2.28}$$

을 풀어서 얻은 해를 각각 $x = p$, $y = q$라 하고,

$$\begin{cases} x = X + p \\ y = Y + q \end{cases} \tag{2.29}$$

이라 둔다. 식 (2.29)의 각 항을 x와 y에 관하여 각각 미분하면 $dx = dX$, $dy = dY$이므로, 주어진 1계 상미분방정식은

$$\frac{dY}{dX} = f\left(\frac{aX + bY}{Ax + By}\right) = f\left(\frac{a + b\,\frac{Y}{X}}{A + B\,\frac{Y}{X}}\right) \tag{2.30}$$

가 되어 동차형으로 변형되고 이때, 치환 $V = \frac{Y}{X}$를 이용하면 위의 상미분방정식은 변수분리형이 되므로 앞에서 설명한 방법을 적용하여 일반해를 구한다.

(ii) 미지수의 계수가 비례할 경우 즉, $\dfrac{a}{A} = \dfrac{b}{B}$일 경우 :

비례상수 k를 $\dfrac{a}{A} = \dfrac{b}{B} = k$라 두면,주어진 1계 상미분방정식은

$$\frac{dy}{dx} = f\left(\frac{k(Ax+By)+c}{Ax+By+C}\right) \tag{2.31}$$

가 되고 여기서 다시 v를 $v = Ax + By$라 치환한다. 이 식의 양변을 x에 관해 미분하면

$$\frac{dv}{dx} = A + B\frac{dy}{dx} \tag{2.32}$$

이고 이것을 주어진 1계 상미분방정식에 대입하면

$$\frac{dv}{dx} = A + Bf\left(\frac{kv+c}{v+C}\right) \tag{2.33}$$

는 변수분리형이 된다. 다시 $v = Ax + By$를 이용하여 주어진 1계 상미분방정식의 일반해를 구한다.

문제 4 다음 상미분방정식을 풀어라.

$$(2x - 5y + 3)\,dx - (2x + 4y - 6)\,dy = 0$$

풀이 주어진 상미분방정식을 정규형으로 변환하면

$$\frac{dy}{dx} = \frac{2x - 5y + 3}{2x + 4y - 6}$$

이고 이때, $\frac{2}{2} \neq \frac{-5}{4}$가 성립한다. 먼저, 연립방정식

$$\begin{cases} 2x - 5y + 3 = 0 \\ 2x + 4y - 6 = 0 \end{cases}$$

의 해는 $x = 1,\ y = 1$이다. 이제 $x = X + 1,\ y = Y + 1$이라 두면 $dx = dX$, $dy = dY$이므로, 주어진 1계 상미분방정식은

$$(2X - 5Y)\,dX - (2X + 4Y)\,dY = 0$$

이고 이 식을 정규형으로 바꾸면

$$\frac{dY}{dX} = \frac{2X - 5Y}{2X + 4Y} = \frac{2 - 5\frac{Y}{X}}{2 + 4\frac{Y}{X}}$$

이 되어 동차형이 된다. 여기서 $V = \frac{Y}{X}$로 치환하면 $Y = VX$이고 X에 양 변을 X에 관해 미분하면 $\frac{dY}{dX} = V + X\frac{dV}{dX}$이므로 이 식을 주어진 식에 대입하고 정리하면

$$(4V^2 + 7V - 2)\,dX \;+\; X(4V+2)\,dV \;=\; 0$$

을 얻는다. 이로부터

$$\frac{dV}{dX} \;=\; -\frac{(4V^2+7V-2)}{X(4V+2)} \qquad \text{또는} \qquad \frac{4V+2}{4V^2+7V-2}\,dV \;=\; -\frac{1}{X}\,dX$$

이다. 위의 식을 적분하면

$$\int \frac{4V+2}{4V^2+7V-2}\,dV \;=\; -\int \frac{1}{X}\,dX + c_1 \qquad (c_1\text{은 임의상수})$$

이고 여기서 위의 식의 왼쪽에 있는 적분의 피적분함수를 부분분수로 나누면

$$\int \left(\frac{4}{3(4V-1)} + \frac{2}{3(V+2)}\right) dV \;=\; -\int \frac{1}{X}\,dX + c_1$$

이고 이로부터

$$\frac{1}{3}\ln|4V-1| + \frac{1}{3}\ln|V+2| \;=\; -\ln|X| + c_1$$

이다. 이 식을 정리하면

$$(4V-1)(V+2)^2\,X^3 \;=\; \pm e^{3c_1}$$

이고 이 식에 $V = \frac{Y}{X}$를 대입하면

$$(4Y-X)(Y+2X)^2 \;=\; \pm e^{3c_1}$$

이고 여기에 다시 $X = x-1$, $Y = y-1$을 대입하면 주어진 1계 상미분방정식의 일반해

$$(4y-x-3)\,(y+2x-3)^2 \;=\; c \qquad (c = \pm e^{3c_1}\text{은 임의상수})$$

를 얻는다. ◀

문제 5 다음 상미분방정식을 풀어라.

$$(x-y+3)\,dx - (2x-2y+5)\,dy \;=\; 0$$

풀이

$$\frac{dy}{dx} = \frac{x-y+3}{2x-2y+5}$$

이고 이때, $\frac{1}{2} = \frac{-1}{-2}$이 성립한다. v를 $v = x-y$로 치환하면 주어진 1계 상미분방정식의 정규형은

$$\frac{dv}{dx} = \frac{v+2}{2v+5}$$

이다. 이로부터 변수분리하면

$$\left(2+\frac{1}{v+2}\right)dv = dx$$

이고 이 식을 양변을 적분하면

$$\int\left(2+\frac{1}{v+2}\right)dv = \int dx + c \qquad (c\text{는 임의상수})$$

을 얻는다. 이로부터

$$2v + \ln|v+2| = x + c$$

이고 이 식에 $v = x - y$를 대입하면

$$x - 2y + \ln|x-y+2| = c \qquad (c\text{는 임의상수})$$

이고 이것이 주어진 1계 상미분방정식의 일반해이다. ◀

연 습 문 제 2-2

1. 다음 상미분방정식을 풀어라.

(1) $y' = 1 + \frac{y}{x} + \left(\frac{y}{x}\right)^2$　　(2) $y' = 1 + \frac{y}{x} - \left(\frac{y}{x}\right)^2$

(3) $y' = \frac{y-x}{y+x}$　　(4) $xy' - y = \sqrt{x^2-y^2}$

2. 다음 상미분방정식을 풀어라.

(1) $(x-2y+5)\,dx + (2x-y+4)\,dy = 0$

(2) $(2x+3y)\,dx + (y+2)\,dy = 0$

(3) $(2x - y + 2)\,dx + (4x - 2y - 1)\,dy = 0$

(4) $(2x - y + 1)\,dx - (x - 2y + 5)\,dy = 0$

2.3 완전미분형

완전미분형 상미분방정식을 설명하기 전에 이변수함수 $z = f(x, y)$의 전미분(total differential)에 대하여 알아보자. 이변수함수 $z = f(x, y)$가 유계폐영역 D상에서 연속인 1계 편도함수가 존재할 때, 이변수함수 $z = u(x, y)$의 전미분 du 또는 $du(x, y)$를

$$du = \frac{\partial u(x,y)}{\partial x}\,dx + \frac{\partial u(x,y)}{\partial y}\,dy = \frac{\partial u}{\partial x}\,dx + \frac{\partial u}{\partial y}\,dy \tag{2.34}$$

로 정의한다. 위의 식을 간단히 나타내면

$$du(x,y) = u_x(x,y)\,dx + u_y(x,y)\,dy \tag{2.35}$$

또는

$$du = u_x\,dx + u_y\,dy \tag{2.36}$$

로 나타낼 수 있다.

1계 상미분방정식

$$P(x,y)\,dx + Q(x,y)\,dy = 0 \tag{2.37}$$

이 주어졌을 때, 어떤 함수 $u(x, y)$가 존재하여

$$P(x,y) = \frac{\partial}{\partial x}u(x,y), \qquad Q(x,y) = \frac{\partial}{\partial y}u(x,y) \tag{2.38}$$

가 성립하면, 위의 1계 상미분방정식을 완전미분형(exact differential form)이라 한다. 이 경우, 식 (2.37)은

$$\frac{\partial u(x,y)}{\partial x}\,dx + \frac{\partial u(x,y)}{\partial y}\,dy = 0 \tag{2.39}$$

이 되고 이것은 함수 $u(x, y)$의 전미분 $du = 0$과 같으므로 즉,

$$du(x,y) = 0 \tag{2.40}$$

이므로 이 식의 양 변을 적분하면 다음과 같이 일반해

$$u(x,y) = c \qquad (c\text{는 임의상수}) \tag{2.41}$$

를 얻는다. 그러나 실제로 어떤 완전미분형인 상미분방정식이 주어졌을 때,

$$P(x,y) = \frac{\partial}{\partial x}u(x,y), \qquad Q(x,y) = \frac{\partial}{\partial y}u(x,y) \tag{2.42}$$

를 만족하는 함수 $u(x,y)$를 모두 직관적으로 찾는 것은 매우 어려운 일이다. 이제 1계 상미분방정식

$$P(x,y)\,dx + Q(x,y)\,dy = 0 \tag{2.43}$$

이 완전미분형이 되기 위한 필요충분조건과 그 일반해를 구하는 공식에 대하여 알아보자.

정리 2.1 $P(x,y)$와 $Q(x,y)$의 연속인 1계 편도함수가 존재한다고 하자. 1계 상미분방정식

$$P(x,y)\,dx + Q(x,y)\,dy = 0 \tag{2.44}$$

이 완전미분형이기 위한 필요충분조건은

$$\frac{\partial}{\partial x}Q(x,y) = \frac{\partial}{\partial y}P(x,y) \tag{2.45}$$

이다.

증명 먼저, 1계 상미분방정식

$$P(x,y)\,dx + Q(x,y)\,dy = 0 \tag{2.46}$$

이 완전미분형이면, 어떤 함수 $u(x,y)$가 존재하여

$$P(x,y) = \frac{\partial}{\partial x}u(x,y), \qquad Q(x,y) = \frac{\partial}{\partial y}u(x,y) \tag{2.47}$$

가 성립한다. 위의 식을 각각 y와 x에 관하여 편미분하면

$$\frac{\partial P(x,y)}{\partial y} = \frac{\partial^2}{\partial y \partial x}u(x,y), \qquad \frac{\partial Q(x,y)}{\partial x} = \frac{\partial^2}{\partial x \partial y}u(x,y) \tag{2.48}$$

이고 가정에 의하여 $P(x,y)$와 $Q(x,y)$의 연속인 1계 편도함수가 존재하면,

$$\frac{\partial^2}{\partial y \partial x}u(x,y), \qquad \frac{\partial^2}{\partial x \partial y}u(x,y) \tag{2.49}$$

도 연속이고

$$\frac{\partial^2}{\partial y \partial x}u(x,y) = \frac{\partial^2}{\partial x \partial y}u(x,y) \tag{2.50}$$

이므로

$$\frac{\partial Q(x,y)}{\partial x} = \frac{\partial P(x,y)}{\partial y} \tag{2.51}$$

가 성립한다. 그러므로 식 (2.45)는 필요조건이다. 역으로,

$$\frac{\partial Q(x,y)}{\partial x} = \frac{\partial P(x,y)}{\partial y} \tag{2.52}$$

라 가정하자. 먼저 $P(x,y)$를 y를 상수로 취급하여 x에 관하여 편적분한 함수를

$$f(x,y) = \int P(x,y)\,dx \tag{2.53}$$

라 하자. 그러면 $\frac{\partial f}{\partial x} = P$이므로

$$\frac{\partial^2}{\partial x \partial y}f(x,y) = \frac{\partial^2}{\partial y \partial x}f(x,y) = \frac{\partial P}{\partial y} = \frac{\partial Q}{\partial x} \tag{2.54}$$

가 성립한다. 이로부터

$$\frac{\partial^2}{\partial x \partial y}f(x,y) = \frac{\partial Q}{\partial x} \tag{2.55}$$

이고

$$\frac{\partial}{\partial x}\left(\frac{\partial f}{\partial y} - Q\right) = 0 \tag{2.56}$$

이므로 이것은 $\frac{\partial f}{\partial y} - Q$가 y만의 함수라는 뜻이다. 이제 $\varphi(y)$를

$$\varphi(y) = \frac{\partial f}{\partial y} - Q \tag{2.57}$$

라 하면

$$Q = \frac{\partial f}{\partial y} - \varphi(y) \tag{2.58}$$

이다. 따라서

$$\begin{aligned} P\,dx + Q\,dy &= \frac{\partial f(x,y)}{\partial x}\,dx + \left(\frac{\partial f(x,y)}{\partial y} - \varphi(y)\right)dy \\ &= \frac{\partial f(x,y)}{\partial x}\,dx + \frac{\partial f(x,y)}{\partial y}\,dy - \varphi(y)\,dy \\ &= df(x,y) - d\left(\int \varphi(y)\,dy\right) \\ &= d\left(f(x,y) - \int \varphi(y)\,dy\right) \end{aligned}$$

가 성립한다. 이제 $u(x,y)$를

$$u(x,y) = f(x,y) - \int \varphi(y)\,dy \tag{2.59}$$

라 하고, 위의 식을 전미분하면

$$du(x,y) = \frac{\partial}{\partial x}\big(f(x,y) - \int \varphi(y)\,dy\big)\,dx + \frac{\partial}{\partial y}\big(f(x,y) - \int \varphi(y)\,dy\big)\,dy \tag{2.60}$$

$$= P\,dx + Q\,dy \tag{2.61}$$

$$= \frac{\partial u}{\partial x}\,dx + \frac{\partial u}{\partial y}\,dy \tag{2.62}$$

가 성립하므로 주어진 1계 상미분방정식은 완전미분형임을 알 수 있다. 따라서 식 (2.45)는 충분조건이다. ■

이제 완전미분형의 일반해를 구하는 공식을 유도해 보자.

정리 2.2 1계 상미분방정식

$$P(x,y)\,dx + Q(x,y)\,dy = 0 \tag{2.63}$$

이 완전미분형이면 일반해는 다음과 같다.

$$\int P(x,y)\,dx + \int \left[Q(x,y) - \frac{\partial}{\partial y}\int P(x,y)\,dx\right]dy = c \quad (c\text{는 임의상수}) \tag{2.64}$$

증명 1계 상미분방정식

$$P(x,y)\,dx + Q(x,y)\,dy = 0 \tag{2.65}$$

이 완전미분형이면, 어떤 함수 $u(x,y)$가 존재하여

$$P(x,y) = \frac{\partial}{\partial x}u(x,y), \qquad Q(x,y) = \frac{\partial}{\partial y}u(x,y) \tag{2.66}$$

가 성립한다. 먼저,

$$\frac{\partial}{\partial x}u(x,y) = P(x,y) \tag{2.67}$$

의 양 변을 x에 관해 편적분하면

$$u(x,y) = \int P(x,y)\,dx + \psi(y) \qquad (\psi(y)\text{는 } y\text{만의 함수}) \tag{2.68}$$

이고 다시 위의 식의 양 변을 y에 관해 편미분하면

$$\frac{\partial u(x,y)}{\partial y} = \frac{\partial}{\partial y}\int P(x,y)\,dx + \frac{\partial \psi(y)}{\partial y} \tag{2.69}$$

이고

$$\frac{\partial u(x,y)}{\partial y} = \frac{\partial}{\partial y}\int P(x,y)\,dx + \frac{d\psi(y)}{dy}$$

이므로

$$Q(x,y) = \frac{\partial}{\partial y}\int P(x,y)\,dx + \psi'(y) \tag{2.70}$$

에서

$$\psi'(y) = Q(x,y) - \frac{\partial}{\partial y}\int P(x,y)\,dx \tag{2.71}$$

이다. 위의 식의 양 변을 y에 관해 적분하면

$$\psi(y) = \int \Big[Q(x,y) - \frac{\partial}{\partial y}\int P(x,y)\,dx\Big]\,dy + c_1 \qquad (c_1\text{은 임의상수}) \tag{2.72}$$

이다. 여기서 구한 $\psi(y)$를 식 (2.54)에 대입하면

$$u(x,y) = \int P(x,y)\,dx + \int \Big[Q(x,y) - \frac{\partial}{\partial y}\int P(x,y)\,dx\Big]\,dy + c_1 \tag{2.73}$$

이다. 그런데 완전미분형

$$P(x,y)\,dx + Q(x,y)\,dy = 0$$

의 일반해는 $u(x,y) = c_2$ (c_2는 임의상수)의 형태이므로 식 (2.74)에서 상수 c_1을 우변으로 이항하면

$$\begin{aligned} u(x,y) &= \int P(x,y)\,dx + \int \Big[Q(x,y) - \frac{\partial}{\partial y}\int P(x,y)\,dx\Big]\,dy \\ &= c_2 - c_1 \end{aligned} \tag{2.74}$$

이고

$$u(x,y) = c \qquad (c = c_2 - c_1\text{은 임의상수}) \tag{2.75}$$

이므로 다음과 같은 일반해를 얻는다.

$$\int P(x,y)\,dx + \int \Big[Q(x,y) - \frac{\partial}{\partial y}\int P(x,y)\,dx\Big]\,dy = c \tag{2.76}$$

단, $c = c_2 - c_1$은 임의상수이다. ■

완전미분형의 일반해는 다음 공식에 의해서도 구할 수 있다.

정리 2.3 1계 상미분방정식

$$P(x,y)\,dx + Q(x,y)\,dy = 0 \tag{2.77}$$

이 완전미분형일 때, 일반해는 상수 x_0, y_0에 대하여 다음과 같다.

$$\int_{x_0}^{x} P(t,y)\,dt + \int_{y_0}^{y} Q(x_0,t)\,dt = c \qquad (c\text{는 임의상수}) \tag{2.78}$$

증명 함수 $u(x,y)$를

$$u(x,y) = \int_{x_0}^{x} P(t,y)\,dt + \int_{y_0}^{y} Q(x_0,t)\,dt \tag{2.79}$$

라 하자. 그러면

$$\begin{aligned}
\frac{\partial}{\partial x}u(x,y) &= P(x,y), \\
\frac{\partial}{\partial y}u(x,y) &= \frac{\partial}{\partial y}\left(\int_{x_0}^{x} P(t,y)\,dt + \int_{y_0}^{y} Q(x_0,t)\,dt\right) \\
&= \int_{x_0}^{x} \frac{\partial}{\partial y}P(t,y)\,dt + Q(x_0,y) \\
&= \int_{x_0}^{x} \frac{\partial}{\partial t}Q(t,y)\,dt + Q(x_0,y) \\
&= \Big[Q(t,y)\Big]_{x_0}^{x} + Q(x_0,y) \\
&= Q(x,y) - Q(x_0,y) + Q(x_0,y) \\
&= Q(x,y)
\end{aligned}$$

이므로

$$\begin{aligned}
du(x,y) &= \frac{\partial}{\partial x}u(x,y)\,dx + \frac{\partial}{\partial y}u(x,y)\,dy \\
&= P(x,y)\,dx + Q(x,y)\,dy \qquad (2.80)
\end{aligned}$$

이다. 이로부터 완전미분형 $P(x,y)\,dx + Q(x,y)\,dy = 0$의 일반해는 $u(x,y) = c$ (c는 임의상수)이다. 즉,

$$\int_{x_0}^{x} P(t,y)\,dt + \int_{y_0}^{y} Q(x_0,t)\,dt = c \qquad (c\text{는 임의상수}) \qquad (2.81)$$

이다. ∎

정리 2.3으로부터 다음 초기조건을 만족하는 특수해를 얻는다.

계 2.1 1계 상미분방정식

$$P(x,y)\,dx + Q(x,y)\,dy = 0 \qquad (2.82)$$

이 완전미분형일 때, 초기조건 $x = x_0$일 때, $y = y_0$를 만족하는 특수해는

$$\int_{x_0}^{x} P(t,y)\,dt + \int_{y_0}^{y} Q(x_0,t)\,dt = 0 \qquad (2.83)$$

이다.

증명 정리 2.3으로부터

$$\int_{x_0}^{x} P(t,y)\,dt + \int_{y_0}^{y} Q(x_0,t)\,dt = c \qquad (c\text{는 임의상수}) \tag{2.84}$$

에 초기조건 $x = x_0$일 때, $y = y_0$를 대입하면

$$\int_{x_0}^{x_0} P(t,y)\,dt + \int_{y_0}^{y_0} Q(x_0,t)\,dt = c \tag{2.85}$$

이므로 $c = 0$이다. 따라서 초기조건 $x = x_0$일 때, $y = y_0$를 만족하는 특수해는

$$\int_{x_0}^{x} P(t,y)\,dt + \int_{y_0}^{y} Q(x_0,t)\,dt = 0 \tag{2.86}$$

이다. ■

문제 1 다음 1계 상미분 방정식을 풀어라.

$$(3x^2 + 4xy)\,dx + (2x^2 + 2y)\,dy = 0$$

풀이 $P(x,y) = 3x^2 + 4xy$, $Q(x,y) = 2x^2 + 2y$라 하면

$$\frac{\partial}{\partial x}Q(x,y) = 4x, \qquad \frac{\partial}{\partial y}P(x,y) = 4x$$

이므로 주어진 상미분방정식은 완전미분형이다. 공식을 이용하면,

$$\int (3x^2 + 4xy)\,dx + \int \Big[(2x^2 + 2y) - \frac{\partial}{\partial y}\int (3x^2 + 4xy)\,dx\Big]\,dy = c,$$

$$3x^3 + 2x^2y + \int \Big[(2x^2 + 2y) - \frac{\partial}{\partial y}(x^3 + 2x^2y)\Big]\,dy = c,$$

$$3x^3 + 2x^2y + \int \Big[(2x^2 + 2y) - 2x^2\Big]\,dy = c,$$

$$3x^3 + 2x^2y + \int 2y\,dy = c$$

이므로 일반해는 $x^3 + 2x^2y + y^2 = c$ (c는 임의상수)이다. ◀

문제 2 1계 상미분방정식을 풀어라.

$$(x^3 + 5xy^2)\,dx + (5x^2y + 2y^3)\,dy = 0$$

풀이 $P(x,y) = x^3 + 5xy^2$, $Q(x,y) = 5x^2y + 2y^3$이라 하면

$$\frac{\partial}{\partial x}Q(x,y) = 10xy, \qquad \frac{\partial}{\partial y}P(x,y) = 10xy$$

이므로 주어진 상미분방정식은 완전미분형이다. 공식을 이용하면,

$$\begin{aligned}
&\int (x^3 + 5xy^2)\,dx + \int \Big[(5x^2y + 2y^3) - \frac{\partial}{\partial y}\int (x^3 + 5xy^2)\,dx\Big]\,dy = c_1,\\
&\frac{1}{4}x^4 + \frac{5}{2}x^2y^2 + \int \Big[(5x^2y + 2y^3) - \frac{\partial}{\partial y}(\frac{1}{4}x^4 + \frac{5}{2}x^2y^2)\Big]\,dy = c_1,\\
&\frac{1}{4}x^4 + \frac{5}{2}x^2y^2 + \int \Big[(5x^2y + 2y^3) - 5x^2y\Big]\,dy = c_1,\\
&\frac{1}{4}x^4 + \frac{5}{2}x^2y^2 + \int 2y^3y\,dy = c_1,\\
&\frac{1}{4}x^4 + \frac{5}{2}x^2y^2 + \frac{1}{2}y^4 = c_1 \quad (c_1\text{은 임의상수})
\end{aligned}$$

이므로 일반해는 $x^4 + 10x^2y^2 + 2y^4 = c$ ($c = 4c_1$은 임의상수)이다. ◀

참고로 위의 문제 2.2의 일반해를

$$\frac{1}{4}x^4 + \frac{5}{2}x^2y^2 + \frac{1}{2}y^4 = c \qquad (c\text{는 임의상수})$$

로 표현해도 상관없다.

문제 3 다음 상미분방정식이 완전미분형임을 보이고 정리 2.3의 공식을 이용하여 일반해를 구하라.

$$(7x - 3y + 2)\,dx + (4y - 3x - 5)\,dy = 0$$

또한 초기조건 $x = 1$일 때, $y = 1$을 만족하는 특수해를 구하라.

풀이 $P(x,y) = 7x - 3y + 2$, $Q(x,y) = 4y - 3x - 5$라 하면

$$\frac{\partial}{\partial x}Q(x,y) = -3, \qquad \frac{\partial}{\partial y}P(x,y) = -3$$

이므로 주어진 상미분방정식은 완전미분형이다. 정리 2.3의 공식을 이용하면,

$$\int_{x_0}^{x}(7t-3y+2)\,dt + \int_{y_0}^{y}(4t-3x_0-5)\,dt = c_1, \quad (c_1\text{은 임의상수})$$

$$\left[\frac{7}{2}t^2-3ty+2t\right]_{x_0}^{x} + \left[2t^2-3x_0t-5t\right]_{y_0}^{y} = c_1,$$

$$\frac{7}{2}(x^2-x_0^2)-3y(x-x_0)+2(x-x_0)+2(y^2-y_0^2)$$
$$-3x_0(y-y_0)-5(y-y_0) = c_1,$$

$$\frac{7}{2}x^2-3xy+2x+2y^2-5y = c_1+\frac{7}{2}x_0^2+2x_0-3x_0y_0+2y_0^2-5y_0$$

이므로 일반해는

$$\frac{7}{2}x^2-3xy+2x+2y^2-5y = c$$

이다. 단, $c=c_1+\frac{7}{2}x_0^2+2x_0-3x_0y_0+2y_0^2-5y_0$는 임의상수이다. 이제, 초기조건 $x=1$일 때, $y=1$을 만족하는 임의상수를 구하면,

$$\frac{7}{2}-3+2+2-5 = c$$

에서 $c=-\frac{1}{2}$이고, 따라서 초기조건을 만족하는 특수해는

$$\frac{7}{2}x^2-3xy+2x+2y^2-5y = -\frac{1}{2}$$

이다. ◀

연 습 문 제 2-3

1. 다음 상미분방정식이 완전미분형임을 증명하고 일반해를 구하라.

   (1) $(4x^3y^3-2xy)\,dx+(3x^4y^2-x^2)\,dy = 0$

   (2) $(3e^{3x}y-2x)\,dx+e^{3x}\,dy = 0$

   (3) $(\cos y+y\cos x)\,dx+(\sin x-x\sin y)\,dy = 0$

   (4) $(2x^3+3y)\,dx+(3x+y-1)\,dy = 0$

   (5) $2xy\,dx+(x^2+\cos y)\,dy = 0$

2. 다음 상미분방정식을 풀어라.

(1) $(y+3x)\,dx + x\,dy = 0$

(2) $(x-y)\,dx + \left(\dfrac{1}{y^2} - x\right) dy = 0$

(3) $(x^2 - ay)\,dx + (y^2 - ax)\,dy = 0 \quad \big(a\,(\neq 0)\text{는 상수}\big)$

(4) $(x^2 - 4xy - 2y^2)\,dx + (y^2 - 4xy - 2x^2)\,dy = 0$

2.4 적분인수

앞의 2장 3절에서 1계 상미분방정식이 완전미분형인 경우 일반해와 특수해를 구하는 방법에 대하여 알아 보았다. 이 절에서는 1계 상미분방정식이 완전미분형이 아닐 경우, 이것을 완전미분형으로 만들어 일반해를 구해 본다.

1계 상미분방정식

$$P(x,y)\,dx + Q(x,y)\,dy = 0 \tag{2.87}$$

이 완전미분형이 아닐 때 즉,

$$\frac{\partial Q(x,y)}{\partial x} \neq \frac{\partial P(x,y)}{\partial y} \tag{2.88}$$

일 때, 식 (2.87)의 양 변에 x와 y의 함수 $\lambda(x,y)$를 곱하면 완전미분형이 되는 경우가 있다. 이때, $\lambda(x,y)$를 식 (2.87)의 적분인수(또는 적분인자)(integrating factor)라 한다. 만약, $\lambda = \lambda(x,y)$가 1계 상미분방정식 (2.87)의 적분인수이면,

$$\lambda(x,y)\,P(x,y)\,dx + \lambda(x,y)\,Q(x,y)\,dy = 0 \tag{2.89}$$

는 완전미분형이므로

$$\frac{\partial}{\partial x}\big(\lambda(x,y)Q(x,y)\big) = \frac{\partial}{\partial y}\big(\lambda(x,y)P(x,y)\big) \tag{2.90}$$

이고 이로부터

$$P(x,y)\frac{\partial \lambda(x,y)}{\partial y} - Q(x,y)\frac{\partial \lambda(x,y)}{\partial x} = \lambda(x,y)\left(\frac{\partial Q(x,y)}{\partial x} - \frac{\partial P(x,y)}{\partial y}\right) \tag{2.91}$$

가 성립한다. 위의 식을 살펴보면, 적분인수 $\lambda(x, y)$를 구하기 위해서는 편미분방정식을 풀어야 하는데 이것은 이 책의 범위를 벗어 난다. 그러므로 (2.91)의 형태 중에서도 편미분방정식을 포함하지 않는 경우만 취급할 것이다. 따라서 다음 몇 가지 방법 즉, 전미분공식 이용하는 방법, 주어진 상미분방정식이 완전미분형이 되도록 독립변수 y와 종속변수 y의 차수를 결정하는 방법, 적분인수가 x만의 함수일 경우 그리고 적분인수가 y만의 함수인 경우, 동차식일 때 적분인수를 구하는 방법을 소개한다.

1. 전미분공식을 이용하는 방법

(1) $y\,dx + x\,dy = d(xy)$

(2) $2x\,dx \pm 2y\,dy = d(x^2 \pm y^2)$

(3) $\dfrac{x\,dy - y\,dx}{x^2} = d\left(\dfrac{y}{x}\right)$, $\qquad \dfrac{y\,dx - x\,dy}{y^2} = d\left(\dfrac{x}{y}\right)$

(4) $\dfrac{x\,dy - y\,dx}{x^2 + y^2} = d\left(\tan^{-1}\dfrac{y}{x}\right)$, $\qquad \dfrac{y\,dx - x\,dy}{y^2 + x^2} = d\left(\tan^{-1}\dfrac{x}{y}\right)$

(5) $\dfrac{2x\,dy - 2y\,dx}{x^2 - y^2} = d\left(\ln\left|\dfrac{x+y}{x-y}\right|\right)$, $\qquad \dfrac{2y\,dx - 2x\,dy}{x^2 - y^2} = d\left(\ln\left|\dfrac{x-y}{x+y}\right|\right)$

(6) $\dfrac{2x\,dy - 2y\,dx}{(x-y)^2} = d\left(\dfrac{x+y}{x-y}\right)$, $\qquad \dfrac{2y\,dx - 2x\,dy}{(x+y)^2} = d\left(\dfrac{x-y}{x+y}\right)$

(7) $\dfrac{x\,dx - y\,dy}{\sqrt{x^2 - y^2}} = d(\sqrt{x^2 - y^2}\,)$, $\qquad \dfrac{x\,dx + y\,dy}{\sqrt{x^2 + y^2}} = d(\sqrt{x^2 + y^2}\,)$

2. $\lambda(x, y) = x^a y^b$ (a, b는 정수)를 주어진 상미분방정식에 곱하여 적분인수가 되도록 a와 b를 결정하는 방법

3. 식 (2.91)에서 λ가 x만의 함수라 하자. 이때

$$\mu = \frac{\dfrac{\partial Q}{\partial x} - \dfrac{\partial P}{\partial y}}{Q} \tag{2.92}$$

가 x만의 함수이면, 적분인수는

$$\lambda = \exp\left(-\int \mu(x)\,dx\right) \tag{2.93}$$

이다. 참고로 적분인수를 구할 때 나타나는 임의상수는 통상적으로 생략한다.

4. 식 (2.91)에서 λ가 y만의 함수라 하자. 이때

$$\nu = \frac{\dfrac{\partial Q}{\partial x} - \dfrac{\partial P}{\partial y}}{P} \tag{2.94}$$

가 y만의 함수이면, 적분인수는

$$\lambda = \exp\left(\int \nu(y)\, dy\right) \tag{2.95}$$

이다. 마찬가지로 적분인수를 구할 때 나타나는 임의상수는 통상적으로 생략한다.

5. 식 (2.87)에서 $P(x,y)$와 $Q(x,y)$가 모두 n차 동차식이면, 적분인수는

$$\lambda(x,y) = \frac{1}{xP + yQ} \qquad (xP + yQ \neq 0) \tag{2.96}$$

이다.

증명 먼저, $\lambda(x,y) = \dfrac{1}{xP(x,y) + yQ(x,y)}$이 적분인수이므로

$$\frac{P(x,y)}{xP(x,y)+yQ(x,y)}\,dx + \frac{Q(x,y)}{xP(x,y)+yQ(x,y)}\,dy = 0$$

이 완전미분형임을 보이면 된다. 즉,

$$\frac{\partial}{\partial x}\left(\frac{Q(x,y)}{xP(x,y)+yQ(x,y)}\right) = \frac{\partial}{\partial y}\left(\frac{P(x,y)}{xP(x,y)+yQ(x,y)}\right)$$

가 성립함을 증명하면 된다.

$$\begin{aligned}
&\frac{\partial}{\partial x}\left(\frac{Q(x,y)}{xP(x,y)+yQ(x,y)}\right) \\
&= \frac{xP(x,y)\dfrac{\partial Q(x,y)}{\partial x} - P(x,y)\,Q(x,y) - xQ(x,y)\dfrac{\partial P(x,y)}{\partial x}}{\big(xP(x,y)+yQ(x,y)\big)^2}
\end{aligned}$$

이고

$$\frac{\partial}{\partial y}\left(\frac{Q(x,y)}{xP(x,y)+yQ(x,y)}\right)$$

$$=\frac{yQ(x,y)\dfrac{\partial P(x,y)}{\partial y}-P(x,y)\,Q(x,y)-yP(x,y)\dfrac{\partial Q(x,y)}{\partial y}}{\big(xP(x,y)+yQ(x,y)\big)^2}$$

이므로

$$\frac{\partial}{\partial x}\left(\frac{Q(x,y)}{xP(x,y)+yQ(x,y)}\right)-\frac{\partial}{\partial y}\left(\frac{P(x,y)}{xP(x,y)+yQ(x,y)}\right)$$

$$=\frac{P(x,y)\left(x\dfrac{\partial Q(x,y)}{\partial x}+y\dfrac{\partial Q(x,y)}{\partial y}\right)-Q(x,y)\left(x\dfrac{\partial P(x,y)}{\partial x}+y\dfrac{\partial P(x,y)}{\partial y}\right)}{\big(xP(x,y)+yQ(x,y)\big)^2}$$

$$=\frac{P(x,y)\big(nQ(x,y)\big)-Q(x,y)\big(nP(x,y)\big)}{\big(xP(x,y)+yQ(x,y)\big)^2}\qquad(\because n\text{차 동차식에 관한 Euler의 정리})$$

$$=0$$

이다. ■

문제 1 $(x^2\cos x-y)\,dx+x\,dy=0$을 풀어라.

풀이 주어진 상미분방정식은 완전미분형이 아니다. 먼저,

$$x^2\cos x\,dx+(x\,dy-y\,dx)\,dy\;=\;0$$

으로 변형하고, 이 식의 양 변을 $\dfrac{1}{x^2}$로 곱하면

$$\cos x\,dx+\frac{(x\,dy-y\,dx)}{x^2}\,dy\;=\;0$$

이므로

$$d\big(\sin x+\frac{y}{x}\big)\;=\;0$$

이다. 이로부터 위의 식의 양 변을 적분하면, 일반해는

$$\sin x+\frac{y}{x}\;=\;c\qquad(c\text{는 임의상수})$$

이다. ◀

문제 2 $x\,dy - ydx - (x^2+y^2)\,dx = 0$을 풀어라.

풀이 주어진 상미분방정식은 완전미분형이 아니다. 이 식의 양 변을

$$\frac{1}{x^2+y^2}$$

으로 곱하면

$$\frac{xdy - ydx}{x^2+y^2} - dx = 0$$

으로 변형하고,

$$d\left(\tan^{-1}\frac{y}{x} - x\right) = 0$$

이다. 이로부터 위의 식의 양 변을 적분하면,

$$\tan^{-1}\frac{y}{x} - x = c \qquad (c\text{는 임의상수})$$

이므로 일반해는

$$y = x\tan(x+c) \qquad (c\text{는 임의상수})$$

이다. ◀

문제 3 상미분방정식 $y\,dx - x\,dy = 0$의 적분인수를 구하라. 단, $xy \neq 0$이다.

풀이 먼저 주어진 상미분방정식의 적분인수를

$$\lambda(x,y) = x^{\alpha}y^{\beta} \qquad (\alpha,\ \beta\text{는 정수})$$

라 가정하자. 그러면

$$P(x,y) = y, \qquad Q(x,y) = -x$$

이므로 식 (2.45)를 이용하면

$$y\,x^{\alpha}\,(\beta y^{\beta-1}) - (-x)\,(\alpha\,x^{\alpha-1})\,y^{\beta} = (-1-1)x^{\alpha}y^{\beta}$$

이고, 가정에 의하여 $xy \neq 0$이므로 이 식의 양 변을

$$\frac{1}{x^{\alpha}y^{\beta}}$$

로 곱하면 항등식을 풀면,

$$\alpha + \beta = -2$$

이다. 이 값을 만족하는 정수 α와 β의 값을 구하면

$$\beta = 0, \quad -1, \quad -2, \quad -3,$$

일 때 각각

$$\alpha = -2, \quad -1, \quad 0, \quad 1, \quad \cdots$$

이므로 적분인수는

$$\frac{1}{x^2}, \quad \frac{1}{xy}, \quad \frac{1}{y^2}, \quad \frac{x}{y^3}, \quad \cdots$$

이다. ◀

위의 문제 3과 같이 어떤 상미분방정식이 주어졌을 때, 적분인수가 오직 하나만 존재하는 것이 아니라 무수히 많이 존재한다는 사실에 주의하자.

문제 4 상미분방정식 $(x+my)\,dx + (ax+by)\,dy = 0$이 완전미분형이 되도록 상수 a, b의 값을 정하고 일반해를 구하라.

풀이 먼저

$$P(x,y) = x + my\,, \qquad Q(x,y) = ax + by$$

라 하면

$$\frac{\partial Q}{\partial x} = a, \qquad \frac{\partial P}{\partial y} = m$$

이다. 그런데 이 상미분방정식은 완전미분형이 되기 위해서는

$$a = m\,, \qquad b = \text{임의상수}$$

이어야 한다. 이로부터 주어진 상미분방정식은

$$(x+my)\,dx + (mx+by)\,dy = 0$$

으로 나타낼 수 있고, 이 식을 다시 정리하면

$$\begin{aligned}(my\,dx + mx\,dy) + x\,dx + by\,dy &= 0\\ m\,d(xy) + d\left(\frac{x^2}{2} + \frac{b}{2}y^2\right) &= 0\\ d\left(mxy + \frac{x^2}{2} + \frac{b}{2}y^2\right) &= 0\end{aligned}$$

이므로 일반해는

$$mxy + \frac{x^2}{2} + \frac{b}{2}y^2 = c \quad (c\text{는 임의상수})$$

또는

$$x^2 + 2mxy + by^2 = c^* \quad (c^* = 2c\text{는 임의상수})$$

이다. ◀

문제 5 상미분방정식 $(x^2 + y^2 + x)\,dx + xy\,dy = 0$을 풀어라.

풀이 먼저,

$$P(x,y) = x^2 + y^2 + x\,, \qquad Q(x,y) = xy$$

라 하면

$$\frac{\partial Q}{\partial x} = y, \qquad \frac{\partial P}{\partial y} = 2y$$

이므로 주어진 상미분방정식은 완전미분형이 아니다. 그러나

$$\begin{aligned} \mu &= \frac{\dfrac{\partial Q}{\partial x} - \dfrac{\partial P}{\partial y}}{Q} \\ &= \frac{y - 2y}{xy} \\ &= -\frac{1}{x} \end{aligned}$$

이므로 적분인수는

$$\begin{aligned} \lambda &= \exp\Bigl(-\int (-\frac{1}{x})\,dx\Bigr) \\ &= \exp\bigl(\ln x\bigr) \\ &= x \end{aligned}$$

이다. 주어진 상미분방정식에 적분인수 x를 곱하면

$$(x^3 + xy^2 + x^2)\,dx + x^2y\,dy = 0$$

이고 공식을 이용하여 일반해를 구하면

$$\begin{aligned}
&\int (x^3+xy^2+x^2)\,dx + \int \Big[x^2y - \frac{\partial}{\partial y}\int (x^3+xy^2+x^2)\,dx\Big]\,dy = c_1,\\
&\frac{1}{4}x^4+\frac{1}{2}x^2y^2+\frac{1}{3}x^3 + \int \Big[x^2y - \frac{\partial}{\partial y}\big(\frac{1}{4}x^4+\frac{1}{2}x^2y^2+\frac{1}{3}x^3\big)\Big]\,dy = c_1,\\
&\frac{1}{4}x^4+\frac{1}{2}x^2y^2+\frac{1}{3}x^3 + \int \big[x^2y - x^2y\big]\,dy = c_1,\\
&\frac{1}{4}x^4+\frac{1}{2}x^2y^2+\frac{1}{3}x^3 = c_1,
\end{aligned}$$

이므로 일반해는

$$\frac{1}{4}x^4+\frac{1}{2}x^2y^2+\frac{1}{3}x^3 = c_1 \qquad (c_1\text{은 임의상수})$$

또는

$$3x^4+6x^2y^2+4x^3 = c \quad (c=12c_1\text{은 임의상수})$$

이다. ◀

문제 6 다음 상미분방정식을 풀어라.

$$(2xy^4e^y+2xy^3+y)\,dx+(x^2y^4e^y-x^2y^2-3x)\,dy=0$$

풀이 먼저

$$\begin{aligned}
P(x,y) &= 2xy^4e^y+2xy^3+y\,,\\
Q(x,y) &= x^2y^4e^y-x^2y^2-3x
\end{aligned}$$

라 하면

$$\begin{aligned}
\frac{\partial Q}{\partial x} &= 2xy^4e^y-2xy^2-3,\\
\frac{\partial P}{\partial y} &= 8xy^3e^y+2xy^4e^y+6xy^2+1
\end{aligned}$$

이므로 주어진 상미분방정식은 완전미분형이 아니다. 그러나

$$\begin{aligned}\nu &= \frac{\dfrac{\partial Q}{\partial x} - \dfrac{\partial P}{\partial y}}{P} \\ &= -\frac{8xy^3e^y + 8xy^2 + 4}{2xy^4e^y + 2xy^2 + y} \\ &= -\frac{4}{y}\end{aligned}$$

이므로 적분인수는

$$\begin{aligned}\lambda &= \exp\left(\int (-\frac{4}{y})\, dy\right) \\ &= \exp(-4\ln y) \\ &= \frac{1}{y^4}\end{aligned}$$

이다. 주어진 상미분방정식에 적분인수 $\dfrac{1}{y^4}$을 곱하면

$$\left(2xe^y + \frac{2x}{y} + \frac{1}{y^3}\right)dx + \left(x^2e^y - \frac{x^2}{y^2} - \frac{3x}{y^4}\right)dy = 0$$

이고 공식을 이용하면

$$\begin{aligned}&\int (2xe^y + \frac{2x}{y} + \frac{1}{y^3})\, dx \\ &\quad + \int \Big[(x^2e^y - \frac{x^2}{y^2} - \frac{3x}{y^4}) - \frac{\partial}{\partial y}\int (2xe^y + \frac{2x}{y} + \frac{1}{y^3})\, dx\Big]\, dy = c_1\end{aligned}$$

이고

$$\begin{aligned}x^2e^y + \frac{x^2}{y} + \frac{x}{y^3} + \int \Big[(x^2e^y - \frac{x^2}{y^2} - \frac{3x}{y^4}) - \frac{\partial}{\partial y}(x^2e^y + \frac{x^2}{y} + \frac{x}{y^3})\Big]\, dy &= c, \\ x^2e^y + \frac{x^2}{y} + \frac{x}{y^3} + \int \Big[(x^2e^y - \frac{x^2}{y^2} - \frac{3x}{y^4}) - (x^2e^y - \frac{x^2}{y^2} - \frac{3x}{y^4})\Big]\, dy &= c, \\ x^2e^y + \frac{x^2}{y} + \frac{x}{y^3} &= c_1\end{aligned}$$

이므로 일반해는

$$x^2e^y + \frac{x^2}{y} + \frac{x}{y^3} = c \qquad (c\text{는 임의상수})$$

이다. ◀

문제 7 다음 상미분방정식을 풀어라.

$$(x^4 + y^4)\,dx - xy^3\,dy = 0$$

풀이 먼저

$$P(x,y) = x^4 + y^4, \qquad Q(x,y) = -xy^3$$

이라 하면, 주어진 상미분방정식은 완전미분형이 아니지만 동차형 상미분방정식이다. 먼저, 적분인수를 구하면

$$\begin{aligned}\lambda(x,y) &= \frac{1}{xP(x,y) + yQ(x,y)}\\ &= \frac{1}{x^5}\end{aligned}$$

이고, 이 적분인수를 주어진 상미분방정식에 대입하면

$$\left(\frac{1}{x} + \frac{y^4}{x^5}\right)dx - \frac{y^3}{x^4} = 0$$

이다. 공식을 이용하면

$$\int\left(\frac{1}{x} + \frac{y^4}{x^5}\right)dx + \int\left[-\frac{y^3}{x^4} - \frac{\partial}{\partial y}\int\left(\frac{1}{x} + \frac{y^4}{x^5}\right)dx\right]dy = c_1$$

이고

$$\begin{aligned}\ln|x| - \frac{y^4}{4x^4} + \int[-\frac{y^3}{x^4} - \frac{\partial}{\partial y}\left(\ln|x| - \frac{y^4}{4x^4}\right)]\,dy &= c,\\ \ln|x| - \frac{y^4}{4x^4} + \int[-\frac{y^3}{x^4} + \frac{y^3}{x^4}]\,dy &= c\end{aligned}$$

이므로 일반해는

$$\ln|x| - \frac{y^4}{4x^4} = c \qquad (c\text{는 임의상수})$$

또는

$$y^4 = 4x^4\ln|x| + c^*x^4 \quad (c^* = -4c\text{는 임의상수})$$

이다. ◀

연 습 문 제 2-4

1. 다음 상미분방정식의 적분인수를 구하라.

(1) $(x^2y^3 + 2y)\,dx + (2x - 2x^3y^2)\,dy = 0$

(2) $x\,dx + y\,dy + 4y^3(x^2 + y^2))\,dy = 0$

(3) $(x^3 + xy^2 - y)\,dx + (y^3 + x^2y + x)\,dy = 0$

2. 다음 상미분방정식의 적분인수와 그 일반해를 구하라.

(1) $(2y - 3x)\,dx + x\,dy = 0$

(2) $(x - y^2)\,dx + 2xy\,dy = 0$

(3) $(3x^2 + y^2)\,dx - 2xy\,dy = 0$

(4) $(xy - 2y^2)\,dx - (x^2 - 3xy)\,dy = 0$

(5) $2y\,dx - 3xy^2\,dx - x\,dy = 0$

3. 다음 상미분방정식을 풀어라.

(1) $(3y^3 - xy)\,dx - (x^2 + 6xy^2)\,dy = 0$

(2) $3x^2y^2\,dx + 4(x^3y - 3)\,dy = 0$

(3) $(2y + 3xy^2)\,dx + (x + 2x^2y)\,dy = 0$

제 3 장

1계 선형상미분방정식

3.1 1계 선형미분방정식

x를 독립변수, y를 종속변수라 하자. 이때 x의 미지함수 y와 미지함수 y의 1계 도함수의 차수가 1차이면, 이 상미분방정식을 1계 선형상미분방정식(linear ordinary differential equation of first order)이라한다. 이 정의로부터 1계 선형상미분방정식의 일반형은 다음과 같다.

$$\frac{dy}{dx} + P(x)y = Q(x) \qquad \big(P(x)\text{와 } Q(x)(\neq 0)\text{는 } x\text{의 함수}\big) \tag{3.1}$$

여기서, $Q(x)$를 보통 비제차항(또는 비동차항)(nonhomogeneous term)이라 부른다. 이제 1계 선형상미분방정식의 일반해를 두 가지 방법으로 구해 보자. 첫 번째 방법은 상수변화법(method of a constant variatiion) 또는 경수변화법(method of a parameter variatiion)이며, 두 번째는 제 2장에 설명한 적분인수를 구하여 그 일반해를 구하는 방법이다.

[I] 상수(경수)변화법 : 1계 선형상미분방정식

$$\frac{dy}{dx} + P(x)y = Q(x) \qquad \big(P(x)\text{와 } Q(x)(\neq 0)\text{는 } x\text{의 함수}\big) \tag{3.2}$$

에서 비제차항 $Q(x) = 0$으로 놓은 다음

$$\frac{dy}{dx} + P(x)y = 0 \tag{3.3}$$

의 일반해를 구해 보자. 이 상미분방정식은 변수분리형이므로 변수를 분리하면

$$\frac{1}{y}dy = -P(x)\,dx \tag{3.4}$$

이, 이 식의 양 변을 적분하면

$$\ln|y| = -\int P(x)\,dx + c_1 \qquad (c_1\text{은 임의상수}) \tag{3.5}$$

이 식을 정리하면, 일반해

$$y = c\exp\left(-\int P(x)\,dx\right) \tag{3.6}$$

$$= c\,e^{-\int P(x)\,dx} \qquad (c = \pm e^{c_1}\text{은 임의상수}) \tag{3.7}$$

를 얻는다. 이제 식 (3.7)에 포함되는 있는 임의상수 c를 x의 함수인 $c(x)$로 대체하면

$$y = c(x)\,e^{-\int P(x)\,dx} \tag{3.8}$$

이고, 이 식이 주어진 1계 선형상미분방정식 $\frac{dy}{dx} + P(x)y = Q(x)$를 만족하도록 $c(x)$를 구하여 다시 식 (3.8)에 대입하면 이것이 우리가 구하고자 하는 1계 선형상미분방정식 (3.2)의 일반해이다. 먼저, 식 (3.8)을 x에 관해 미분하면,

$$y' = c'(x)\,e^{-\int P(x)\,dx} - c(x)\,P(x)\,e^{-\int P(x)\,dx} \tag{3.9}$$

이다. 이 식을 식 (3.1)에 대입하면

$$c'(x)\,e^{-\int P(x)\,dx} - c(x)\,P(x)\,e^{-\int P(x)\,dx} + P(x)\,c(x)\,e^{-\int P(x)\,dx} = Q(x) \tag{3.10}$$

이므로

$$c'(x)\, e^{-\int P(x)\, dx} = Q(x) \tag{3.11}$$

이다. 이로부터

$$c'(x) = e^{\int P(x)\, dx}\, Q(x) \tag{3.12}$$

이므로 이 식의 양 변을 적분하면

$$c(x) = \int e^{\int P(x)\, dx}\, Q(x)\, dx + c \qquad (c\text{는 임의상수}) \tag{3.13}$$

이다. 여기서 구한 $c(x)$를 식 (3.8)에 대입하면 식 (3.2)의 일반해는

$$y = e^{-\int P(x)\, dx} \left[\int e^{\int P(x)\, dx}\, Q(x)\, dx + c \right] \qquad (c\text{는 임의상수}) \tag{3.14}$$

이다.

[II] 적분인수 : 1계 선형상미분방정식

$$\frac{dy}{dx} + P(x)y = Q(x) \qquad \big(P(x)\text{와 } Q(x)\text{는 } x\text{의 함수}\big) \tag{3.15}$$

을 다음과 같이 변형하면

$$\big(P(x)y - Q(x)\big)\, dx + dy = 0 \tag{3.16}$$

이다. 그런데 위의 1계 상미분방정식은 완전미분형이 아니므로

$$P^*(x,y) = P(x)y - Q(x), \qquad Q^*(x,y) = 1$$

이라 하면

$$\mu = \frac{\dfrac{\partial Q^*(x,y)}{\partial x} - \dfrac{\partial P^*(x,y)}{\partial y}}{Q^*(x,y)} \tag{3.17}$$

$$= -P(x) \tag{3.18}$$

는 x만의 함수이므로 적분인수는

$$\lambda = \exp\left(- \int \big(-P(x)\big)\, dx \right) = e^{\int P(x)\, dx} \tag{3.19}$$

이다. 이로부터 식 (3.10)의 적분인수를 식 (3.15)의 양변에 곱하면

$$e^{\int P(x)\,dx}\frac{dy}{dx} + e^{\int P(x)\,dx}P(x)\,y = e^{\int P(x)\,dx}Q(x) \tag{3.20}$$

이고

$$\frac{d}{dx}\left(y\,e^{\int P(x)\,dx}\right) = e^{\int P(x)\,dx}Q(x) \tag{3.21}$$

이므로 이 식의 양 변을 적분하면, 1계 선형방미분방정식의 일반해

$$y = e^{-\int P(x)\,dx}\left[\int e^{\int P(x)\,dx}Q(x)\,dx + c\right] \qquad (c\text{는 임의상수}) \tag{3.22}$$

를 얻는다.

문제 1 다음 상미분방정식을 풀어라.

$$(x+x^3)y' + 4x^2y = 2$$

풀이 주어진 상미분방정식을 변형하면

$$y' + \frac{4x}{1+x^2}\,y = \frac{2}{x+x^3}$$

이므로 이것은 1계 선형상미분방정식이다. 공식을 이용하면, 일반해는

$$\begin{aligned} y &= e^{-\int \frac{4x}{1+x^2}\,dx}\left[\int e^{\int \frac{4x}{1+x^2}\,dx}\,\frac{2}{x+x^3}\,dx + c\right] \\ &= e^{-2\ln(1+x^2)}\left[\int e^{2\ln(1+x^2)}\,\frac{2}{x(1+x^2)}\,dx + c\right] \\ &= \frac{1}{(1+x^2)^2}\left[\int (1+x^2)^2\,\frac{2}{x(1+x^2)}\,dx + c\right] \\ &= \frac{1}{(1+x^2)^2}\left[2\int\left(\frac{1}{x}+x\right)dx + c\right] \\ &= \frac{1}{(1+x^2)^2}\left[(2\ln|x| + x^2) + c\right] \qquad (c\text{는 임의상수}) \end{aligned}$$

또는 $y(1+x^2)^2 - 2\ln x - x^2 = c$ (c는 임의상수)이다. ◀

문제 2 다음 상미분방정식을 풀어라.

$$y' + y = \frac{1}{1+e^x}$$

풀이 주어진 상미분방정식은 1계 선형상미분방정식이다. 공식을 이용하면, 일반해는

$$
\begin{aligned}
y &= e^{-\int 1\,dx}\left[\int e^{\int 1\,dx}\frac{1}{1+e^x}\,dx + c\right] \\
&= e^{-x}\left[\int e^x\frac{1}{1+e^x}\,dx + c\right] \\
&= e^{-x}\left[\int \frac{e^x}{1+e^x}\,dx + c\right] \\
&= e^{-x}[\ln|1+e^x| + c] \qquad (c\text{는 임의상수})
\end{aligned}
$$

또는

$$ye^x = \ln|1+e^x| + c \qquad (c\text{는 임의상수})$$

이다. ◀

연 습 문 제 3-1

1. 다음 상미분방정식을 풀어라.
   (1) $y' - \dfrac{1}{x}y = x^2$
   (2) $xy' = y + x^3 + 3x^2 - 2x$
   (3) $(x-2)y' = y + (x-2)^3$

2. 다음 초기조건을 만족하는 상미분방정식의 특수해를 구하라.
   (1) $y' - y\tan x = 3e^{-\sin x}$ $\quad (x = 0$일 때 $y = 4)$
   (2) $(x+2y)\,dx + dy = 0$ $\quad (x = 0$일 때 $y = 4)$

3.2 Bernoulli 미분방정식

x를 독립변수, y를 종속변수라 하자. 이때 다음과 같은 형태의 상미분방정식

$$\frac{dy}{dx} + P(x)y = Q(x)y^n \qquad (n \neq 0, 1,\ n = 2, 3, \cdots) \tag{3.23}$$

을 Bernoulli 미분방정식(Bernoulli's differential equation)이라 한다. 단, $P(x)$와 $Q(x)$는 x의 함수이다. 위의 식에서 $n = 0$ 이면, 이 Bernoulli 미분방정식은 1계 선형상미분방정식이 되므로 앞 절의 식 (3.14) 또는 식 (3.22)를 이용하여 일반해를 구하면 된다. 또한 $n = 1$이면, 일반해는

$$y = c\exp\left(-\int\big(P(x) - Q(x)\big)\,dx\right) \quad (c\text{는 임의상수}) \tag{3.24}$$

이다. 사실상, $n = 2, 3, 4, \cdots$ 이면 Bernoulli 미분방정식은 비선형상미분방정식이다. 하지만 적당한 치환을 이용하면 선형상미분방정식으로 변환시킬 수 있으며, 이 방법으로 Bernoulli 미분방정식의 일반해를 구하면 된다. 먼저 식 (2.23)에서 $n \geqslant 2$이고 $y \neq 0$라 가정하자. 식 (3.23)의 양변을 y^{-n}으로 곱하면

$$y^{-n}\frac{dy}{dx} + P(x)\,y^{1-n} = Q(x) \tag{3.25}$$

이므로 이 식에서 변수 v를 $v = y^{1-n}$이라 두면,

$$\frac{dv}{dx} = (1-n)\,y^{-n}\frac{dy}{dx} \tag{3.26}$$

이고 이로부터

$$\frac{dy}{dx} = \frac{1}{(1-n)}\,y^{n}\frac{dv}{dx} \tag{3.27}$$

이다. 따라서 식 (3.25)는

$$y^{-n}\frac{1}{(1-n)}\,y^{n}\frac{dv}{dx} + P(x)\,v = Q(x) \tag{3.28}$$

이므로

$$\frac{dv}{dx} + (1-n)P(x)\,v = (1-n)Q(x) \tag{3.29}$$

이다. 이 식은 변수 v에 관한 1계 선형상미분방정식이므로로 그 일반해는

$$v = e^{-\int(1-n)P(x)\,dx}\left[\int e^{\int(1-n)P(x)\,dx}\,(1-n)\,Q(x)\,dx + c\right] \quad (c\text{는 임의상수}) \tag{3.30}$$

이다. 여기서 $v = y^{(1-n)}$이므로 식 (3.30)에 대입하면 Bernoulli 미분방정식의 일반해는

$$y^{1-n} = e^{-\int(1-n)P(x)\,dx}\left[\int e^{\int(1-n)P(x)\,dx}\,(1-n)\,Q(x)\,dx + c\right] \tag{3.31}$$

$(c$는 임의상수$)$

이다.

문제 1 다음 상미분방정식을 풀어라.

$$y' = x^2y^6 - \frac{y}{x}$$

풀이 주어진 상미분방정식을 변형하면

$$y' + \frac{1}{x}y = x^2y^6$$

이므로 $n = 6$인 Bernoulli 미분방정식이다. 공식을 이용하면,

$$\begin{aligned} y^{1-6} &= e^{-\int(1-6)\frac{1}{x}\,dx}\left[\int e^{\int(1-6)\frac{1}{x}\,dx}(1-6)\,x^2\,dx + c\right] \\ &= e^{5\ln x}\left[-5\int e^{-5\ln x}\,x^2\,dx + c\right] \\ &= x^5\left[-5\int \frac{1}{x^5}\,x^2\ + c\right] \\ &= x^5\left[\frac{5}{2x^2}\ + c\right] \\ &= \frac{5}{2}x^3 + cx^5 \qquad (c\text{는 임의상수}) \end{aligned}$$

이므로 일반해는

$$\frac{1}{y^5} = \frac{5}{2}x^3 + cx^5 \qquad (c\text{는 임의상수})$$

이다. ◀

문제 2 다음 상미분방정식을 풀어라.

$$y' = -y + y^2(\cos x - \sin x)$$

풀이 주어진 상미분방정식을 변형하면

$$y' + y = y^2(\cos x - \sin x)$$

이므로 $n=2$인 Bernoulli 미분방정식이다. 공식을 이용하면,

$$\begin{aligned}
y^{1-2} &= e^{-\int(1-2)\,dx}\left[\int e^{\int(1-2)\,dx}\,(1-2)\,(\cos x-\sin x)\,dx+c\right]\\
&= e^{x}\left[-\int e^{-x}\,(\cos x-\sin x)\,dx+c\right]\\
&= e^{x}\left[-\int e^{-x}\,\cos x\,dx+\int e^{-x}\sin x\,dx+c\right]\\
&= e^{x}\left[-\frac{e^{-x}}{2}(-\cos x+\sin x)+\frac{e^{-x}}{2}(-\sin x-\cos x)+c\right]\\
&= e^{x}\left[-e^{-x}\sin x+c\right]\\
&= -\sin x+c\,e^{x} \qquad (c\text{는 임의상수})
\end{aligned}$$

이므로 일반해는

$$\frac{1}{y} = -\sin x+c\,e^{x} \qquad (c\text{는 임의상수})$$

이다. ◀

이제 다음과 같은 형태의 비선형 상미분방정식의 일반해를 구해보자.

$$R'(y)\frac{dy}{dx} + R(y)\,P(x) = Q(x)\,. \tag{3.32}$$

단, $R(y)$는 y의 함수, $R'(y)$는 종속변수 y의 1계 도함수이고 $Q(x)$는 x의 함수이다. 이 식에서 v를

$$v = R(y)$$

로 치환하고 이 식의 양 변을 x에 관해 미분하면

$$\frac{dv}{dx} = \frac{dR(y)}{dx} \tag{3.33}$$

$$= \frac{dR(y)}{dy}\,\frac{dy}{dx} \tag{3.34}$$

이므로

$$\frac{dy}{dx} = \frac{1}{R'(y)}\,\frac{dv}{dx} \tag{3.35}$$

이다. 이로부터 식(3.32)는 다음과 같이 변형된다.

$$\frac{dv}{dx} + P(x)\,v = Q(x) \tag{3.36}$$

이 식은 $v = R(y)$에 관한 1계 선형상미분방정식이므로 3장 1절의 일반해를 구하는 공식을 이용하면 된다. 참고로 Bernoulli 미분방정식도 식 (3.32)의 형태의 상미분방정식이다.

문제 2 다음 상미분방정식을 풀어라.

$$y' + 1 = 4e^{-y}\sin x$$

풀이 주어진 상미분방정식을 변형하면

$$e^{y}y' + e^{y} = 4\sin x$$

이므로

$$v = R(y) = e^{y}$$

으로 치환하면, 이 상미분방정식은

$$\frac{dv}{dx} + v = 4\sin x$$

인 형태의 v에 관한 1계 선형상미분방정식이다. 공식을 이용하면,

$$\begin{aligned} v = e^{y} &= e^{-\int 1dx}\left[\int e^{\int 1dx}(4\sin x)\,dx + c\right] \\ &= e^{-x}\left[4\int e^{x}\sin x\,dx + c\right] \\ &= e^{-x}\left[2e^{x}(-\cos x + \sin x) + c\right] \\ &= 2(-\cos x + \sin x) + c\,e^{-x} \qquad (c\text{는 임의상수}) \end{aligned}$$

이고 $v = e^{y}$이므로 일반해는

$$y = \ln\bigl(2(\cos x - \sin x) + c\,e^{-x}\bigr) \qquad (c\text{는 임의상수})$$

이다. ◀

연 습 문 제 3-2

1. 다음 상미분방정식을 풀어라.
   (1) $x^2y' - y^2 = 2xy$
   (2) $xy' + y = y^2 \ln x$
   (3) $\dfrac{dy}{dx} + \tan y = \dfrac{x}{\cos y}$
   (4) $\sin y \dfrac{dy}{dx} = \cos x\,(2\cos y - \sin^2 x)$

3.3 Riccati 미분방정식

x를 독립변수, y를 종속변수라 할 때, 다음 비선형상미분방정식

$$\frac{dy}{dx} + P(x) + Q(x)\,y + R(x)\,y^2 = 0 \tag{3.37}$$

을 Riccati 미분방정식(Riccati's differential equation)이라 한다. 단, $P(x)$, $Q(x)$, $R(x)$는 x의 함수이다. 위의 Riccati 미분방정식의 일반해를 구하는 일반적인 해법은 아직까지도 알려져 있지 않다. 여기에서는 Riccati 미분방정식의 한 특수해 $y = y_1(x)$를 알고 있을 때, 이 특수해를 이용하여 일반해를 구하는 방법을 소개한다. 이제 식 (3.37)의 일반해가

$$y = y_1(x) + u(x) = y_1 + u \tag{3.38}$$

의 형태라 가정하고, 이 식을 주어진 Riccati 미분방정식 (3.37)에 대입하여 보자.

$$y' = y_1' + u' \tag{3.39}$$

이므로

$$y_1' + u' + P + Q(y_1 + u) + R(y_1 + u)^2 = 0 \tag{3.40}$$

$$y_1' + u' + P + Q(y_1 + u) + R(y_1^2 + 2u_1u + u^2) = 0 \tag{3.41}$$

이고 이 식을 전개하여 정리하면

$$\left(y_1' + P + Q\,y_1 + R\,y_1^2\right) + \left(u' + (Q + 2Ry_1)\,u + R\,u^2\right) = 0 \tag{3.42}$$

이다. 그런데 y_1은 Riccati 미분방정식의 한 특수해이므로 $y_1'+P+Qy_1+Ry_1^2=0$이고

$$u' + (Q + 2Ry_1)\,u \;=\; -Ru^2 \tag{3.43}$$

이다. 이 식은 $n=2$일 때, u에 관한 Bernoulli 미분방정식이고 일반해는

$$u^{1-2} \;=\; e^{-\int (1-2)(Q+2Ry_1)\,dx}\left[\int e^{\int (1-2)(Q+2Ry_1)\,dx}\,(1-2)(-R)\,dx + c\right] \tag{3.44}$$

$$= e^{\int (Q+2Ry_1)\,dx}\left[\int e^{-\int (Q+2Ry_1)\,dx}\,R\,dx + c\right] \quad (c\text{는 임의상수}) \tag{3.45}$$

이다. 여기서 $u=y-y_1$이고 그러므로 주어진 Riccati 미분방정식의 일반해는

$$\frac{1}{y-y_1} \;=\; e^{\int (Q+2Ry_1)\,dx}\left[\int e^{-\int (Q+2Ry_1)\,dx}\,R\,dx + c\right] \quad (c\text{는 임의상수}) \tag{3.46}$$

이다.

연 습 문 제 3-3

1. 괄호 안의 함수가 주어진 상미분방정식의 한 특수해임을 보이고 그 상미분방정식을 풀어라.

(1) $\dfrac{dy}{dx} + (1-x+x^2) + (2x-1)y + y^2 \;=\; 0 \qquad (y=-x)$

(2) $\dfrac{dy}{dx} + \dfrac{x-2}{x-x^2}\,y + \dfrac{1}{x^2-x^3}\,y^2 \;=\; 0 \qquad (y=x)$

3.4 1계 고차 상미분방정식

이 절에서는 1계 n차 상미분방정식의 일반해를 구하는 방법에 대하여 알아 본다. 일반적으로 1계 n차 상미분방정식의 일반해를 구하는 일은 대단히 복잡하고 어려우므로 여기에서는 세 가지 비교적 간단한 경우로 제한하여 일반해를 구해 본다.

x를 독립변수, y를 종속변수라 하고 $p=\frac{dy}{dx}$라 하자. 1계 n차 상미분방정식의 일반형은 다음과 같다.

$$a_0(x,y)p^n + a_1(x,y)p^{n-1} + a_2(x,y)p^{n-2} + \cdots + a_{n-1}(x,y)p + a_n(x,y) \;=\; 0 \tag{3.47}$$

단, $a_0(x,y)$, $a_1(x,y)$, $a_2(x,y)$, $\cdots$, $a_{n-1}(x,y)$, $a_n(x,y)$는 x와 y의 함수이고, $n \geqslant 2$이다. 이제 세 가지 방법으로 1계 n차 상미분방정식 (3.47)의 일반해를 구해 보자. 참고로 1계 고차 상미분방정식은 일반해 또는 일반해로부터 초기조건을 만족하여 얻어지는 특수해, 그리고 예기치 않게 특이해를 포함하는 경우도 있다는 사실에 주의하자.

(1) 식 (3.47)이 p에 관하여 인수분해 되는 경우.

1계 n차 상미분방정식 (3.47)을 $p = \frac{dy}{dx}$에 관한 n차 대수방정식으로 간주하여, p에 대하여 대수적으로 풀어 다음과 같은 n개의 1계 1차 상미분방정식

$$p = f_1(x,y), \quad p = f_2(x,y), \quad \cdots, \quad p = f_n(x,y) \tag{3.48}$$

를 얻었다고 하자. 위의 상미분방정식을 각각 풀어서 얻은 n개의 일반해를 음함수로 표현하여

$$F_1(x,y,c) = 0, \quad F_2(x,y,c) = 0, \quad \cdots, \quad F_n(x,y,c) = 0 \tag{3.49}$$

이 되었다면, 식 (3.47)의 일반해는

$$F_1(x,y,c)\,F_2(x,y,c)\,\cdots\,F_n(x,y,c) = 0 \tag{3.50}$$

이다. 단, c는 임의상수이다.

문제 1 $p^2 - (2x+3y)p + 6xy = 0$을 풀어라. 단, $p = \frac{dy}{dx}$이다.

풀이 주어진 상미분방정식을 p에 대하여 인수분해가 가능하므로 인수분해하면,

$$(p-2x)\,(p-3y) = 0$$

이고

$$p - 2x = 0, \qquad p - 3y = 0$$

을 각각 풀면 일반해

$$y - x^2 - c = 0, \qquad y - ce^{3x} = 0 \qquad (c\text{는 임의상수})$$

을 얻는다. 따라서, 주어진 상미분방정식의 일반해는

$$(y - x^2 - c)\,(y - c\,e^{3x}) = 0 \qquad (c\text{는 임의상수})$$

이다. ◀

문제 2 $x^2p^2 + 3xyp + 2y^2 = 0$을 풀어라. 단, $p = \frac{dy}{dx}$이다.

풀이 주어진 상미분방정식을 p에 대하여 인수분해 하면,

$$(xp + y)(xp + 2y) = 0$$

이고

$$xp + y = 0, \qquad xp + 2y = 0$$

을 각각 풀면 일반해

$$xy + c = 0, \qquad x^2y + c = 0 \qquad (c\text{는 임의상수})$$

을 얻는다. 따라서, 주어진 상미분방정식의 일반해는

$$(xy + c)(x^2y + c) = 0 \qquad (c\text{는 임의상수})$$

이다. ◀

(2) 식 (3.47)을 종속변수 y에 관하여 대수적으로 풀었을 때 $y = f(x, p)$가 되는 경우.

1계 n차 상미분방정식 (3.47)을 종속변수 y에 대하여 대수방정식으로 간주하고 y에 대하여 대수적으로 풀어서

$$y = f(x, p) \tag{3.51}$$

를 얻었다고 하자. 위의 식의 양 변을 독립변수 x에 관하여 미분하면

$$\frac{dy}{dx} = \frac{\partial f}{\partial x} + \frac{\partial f}{\partial y}\frac{dp}{dx}, \tag{3.52}$$

$$p = \frac{\partial f}{\partial x} + \frac{\partial f}{\partial y}\frac{dp}{dx} \tag{3.53}$$

이고 이것은 x의 함수 p에 관한 1계 1차 상미분방정식이다. 이 1계 1차 상미분방정식을 풀어서 얻은 일반해를

$$F(x, p, c) = 0 \qquad (c\text{는 임의상수}) \tag{3.54}$$

이라 하면, (3.47)과 식 (3.51) 그리고 식 (3.54)로부터 p를 소거하면 식 (3.47)의 일반해를 얻는다. 만약, p를 소거하기가 어려우면 p를 매개변수(parameter)로 하는 다음과 같은 매개변수방정식

$$\begin{cases} y = f(x,p), \\ F(x,p,c) = 0 \quad (c\text{는 임의상수}) \end{cases} \tag{3.55}$$

이 주어진 식 (3.47)의 일반해이다.

문제 3 $xp^2 - 2yp - x = 0$을 풀어라. 단, $x \neq 0$이고 $p = \frac{dy}{dx}$이다.

풀이 주어진 상미분방정식을 종속변수 y에 대하여 대수적으로 정리하면,

$$2y = x\,\frac{p^2-1}{p}$$

이고 이 식의 양 변을 독립변수 x에 대하여 미분하면,

$$2p = \frac{p^2-1}{p} + x\left(1+\frac{1}{p^2}\right)\frac{dp}{dx}$$

이다. 이 식을 정리하면

$$\frac{p^2+1}{p} = x\left(\frac{p^2+1}{p^2}\right)\frac{dp}{dx}$$

이고 이때, $\frac{p^2+1}{p} \neq 0$이므로

$$\frac{dp}{p} = \frac{dx}{x}$$

이고 이 변수분리형 상미분방정식의 일반해는

$$p = cx \qquad (c\text{는 임의상수})$$

이다. 위의 식과 주어진 상미분방정식에서 p을 소거하면 일반해는

$$c^2x^2 - 2cy - 1 = c \qquad (c\text{는 임의상수})$$

또는

$$y = \frac{c}{2}x^2 - \frac{1}{2c} \qquad (c\text{는 임의상수})$$

이다. ◀

(3) 식 (3.47)을 독립변수 x에 관하여 대수적으로 풀었을 때 $x = g(y,p)$가 되는 경우.

1계 n차 상미분방정식 (3.47)을 독립변수 x에 대하여 대수방정식으로 간주하고 x에 대하여 대수적으로 풀어서

$$x = g(y,p) \tag{3.56}$$

를 얻었다고 하자. 위의 식의 양 변을 종속변수 y에 관하여 미분하면

$$\frac{dx}{dy} = \frac{\partial g}{\partial y} + \frac{\partial g}{\partial p}\frac{dp}{dy}, \tag{3.57}$$

$$\frac{1}{p} = \frac{\partial g}{\partial y} + \frac{\partial g}{\partial y}\frac{dp}{dx} \tag{3.58}$$

이고 이것은 y의 함수 p에 관한 1계 1차 상미분방정식이다. 이 1계 1차 상미분방정식을 풀어서 얻은 일반해를

$$G(y,p,c) = 0 \qquad (c\text{는 임의상수}) \tag{3.59}$$

이라 한다면, (3.47)과 식 (3.51) 그리고 식 (3.54)로부터 p를 소거하면 식 (3.47)의 일반해를 얻는다. 만약, p를 소거하기가 어려우면 p를 매개변수(parameter)로 하는 다음과 같은 매개변수방정식

$$\begin{cases} x = g(y,p), \\ G(y,p,c) = 0 \quad (c\text{는 임의상수}) \end{cases} \tag{3.60}$$

이 주어진 식 (3.47)의 일반해이다.

문제 4 $9yp^2 - 2xp + y = 0$을 풀어라. 단, $p = \frac{dy}{dx}$이다.

풀이 주어진 상미분방정식을 독립변수 x에 대하여 대수적으로 정리하면,

$$2x = y\,\frac{9p^2+1}{p}$$

이고 이 식의 양 변을 종속변수 y에 대하여 미분하면,

$$\frac{2}{p} = \frac{9p^2+1}{p} + y\left(9 - \frac{1}{p^2}\right)\frac{dp}{dy}$$

이다. 이 식을 정리하면

$$\frac{9p^2-1}{p} = -x\left(\frac{9p^2-1}{p^2}\right)\frac{dp}{dy}$$

이고 이때 다음 두 가지 경우로 나누어 해를 구한다.

(i) $9p^2 - 1 \neq 0$일 경우 :

$$\frac{dp}{p} = -\frac{dy}{y}$$

이고 이 변수분리형 상미분방정식의 일반해는

$$p = \frac{c}{y} \qquad (c\text{는 임의상수})$$

이다. 위의 식과 주어진 상미분방정식에서 p을 소거하면, 일반해

$$y^2 - 2cx + 9c^2 = 0 \qquad (c\text{는 임의상수})$$

을 얻는다.

(ii) $9p^2 - 1 = 0$일 경우 :

$p = \pm\frac{1}{3}$이므로 이 값을 주어진 식에 대입하면

$$y \mp \frac{2}{3}x + y = 0$$

에서

$$y = \pm\frac{1}{3}x$$

이다. 그런데 해 $y = \pm\frac{1}{3}x$는 임의상수를 포함하고 있지 않으므로 일반해가 아니며, 더욱이 이 해는 일반해 중에서 임의상수에 특정한 값을 대입하여 얻을 수 있는 특수해도 아니므로 특이해(singular solution)이다. ◀

연습문제 3-4

1. 다음 상미분방정식을 풀어라. 단, $p = \frac{dy}{dx}$이다.

   (1) $p(p-1)(p-x)(p-2y) = 0$

(2) $p^2 - xp + y = 0$

(3) $y - px + \frac{1}{4}p^4 = 0$

(4) $16x^2 + 2p^2y - p^2x = 0$

(5) $y = 2px + p^4x^2$

(6) $y = 3px + 6p^2y^2$

(7) $p^3 - 2xyp + 4y^2 = 0$

3.5 특이해를 포함하는 상미분방정식

특이해를 포함하고 있는 상미분방정식에 대하여 알아보자. 먼저, x을 독립변수, y를 종속변수, $p = \frac{dy}{dx}$라 하자. 다음과 같은 상미분방정식을 Clairaut 미분방정식이라 한다.

$$y = xp + f(p) \qquad \big(f(p)\text{는 } p\text{의 함수}\big) \tag{3.61}$$

위의 Clairaut 미분방정식의 해는 3장 4절의 (2)를 이용하여 구한다. 식 (3.61)의 양 변을 x에 관해 미분하면,

$$p = p + \left(x + \frac{df}{dp}\right)\frac{dp}{dx} \tag{3.62}$$

이고 이 식을 정리하면

$$\left(x + \frac{df}{dp}\right)\frac{dp}{dx} = 0 \tag{3.63}$$

이다.

(i) $\frac{dp}{dx} = 0$이면, $p = c$ (c는 임의상수)이므로 이 값을 주어진 식 (3.61)에 대입하면 일반해

$$y = cx + f(c) \qquad (c\text{는 임의상수}) \tag{3.64}$$

를 얻는다. 위의 일반해는 기하학적으로 기울기가 임의상수 c이고 y 절편이 $f(c)$인 직선군을 나타낸다.

(ii) $x + \frac{df}{dp} = 0$이면 $x = -\frac{df}{dp}$이고 이 식과 식 (3.61)에서 p를 소거하면, Clairaut 미분방정식 (3.61)의 특이해를 얻는다. 만약, p를 소거하기 어려우면 p를 매개

변수로 하는 다음과 같은 매개변수방정식으로 나타낸다.

$$\begin{cases} x = -\dfrac{df}{dp}, \\ y = xp + f(p), \end{cases} \tag{3.65}$$

위의 식 $x + \frac{df}{dp} = 0$ 즉, $x + f'(p) = 0$과 식 (3.61)에서 p를 소거하면 일반적으로 다음과 같은 음함수

$$F(x, y) = 0 \tag{3.66}$$

을 얻는다. 그런데 위의 식은 임의상수를 포함하고 있지 않으며 곡선군(family of curves)을 나타낸다. 또한, $x + f'(p) = 0$은 식 $y = xp + f(p)$를 p에 관하여 편미분한 식이므로 이 두 식에서 p를 소거하여 얻은 음함수 $f(x, y) = 0$은 일반해 $y = cx + f(c)$와 이 일반해를 c에 관하여 편미분한 식 $x + f'(c) = 0$에서 임의상수 c를 소거한 식과 같다. 이것은 곡선이 나타내는 곡선군의 포락선[1](envelope)이다.

문제 1 다음 상미분방정식을 풀어라. 단, $p = \frac{dy}{dx}$이다.

$$y = xp - \frac{1}{4}p^4$$

풀이 주어진 상미분방정식은 Clairaut 미분방정식이므로 양 변을 x로 미분하면

$$p = p + xp' - p^3 p'$$

이고 이 식을 정리하면

$$p'(x - p^3) = 0$$

이다.

(i) $p' = 0$이면, $p = c$ (c는 임의상수)이고, 이 값을 주어진 식 (3.61)에 대입하면 일반해

$$y = cx - \frac{1}{4}c^4 \qquad (c\text{는 임의상수})$$

[1] 어떤 단일 곡선군의 모든 곡선에 접하는 곡선을 말한다. 예를 들면, 모든 곡선은 그 접선군의 포락선이다. 엄밀한 정의는 제 3장 5절, 정의 3.1을 참조.

를 얻는다.

(ii) $x - p^3 = 0$이면 $p = \sqrt[3]{x}$이므로 특이해는

$$y = \frac{3}{4}\sqrt[3]{x^4}$$

이다. ◀

이제 Clairaut 미분방정식보다 좀 더 일반적인 상미분방정식을 생각해 보자. x를 독립변수, y를 종속변수, $p = \frac{dy}{dx}$라 할 때, 다음 상미분방정식을 Lagrange 미분방정식 (또는 광의의 Clairaut 미분방정식)이라 한다.

$$y = xf(p) + g(p) \qquad \big(f(p),\ g(p)\text{는 } p\text{의 함수}\big) \tag{3.67}$$

Lagrange 미분방정식의 해는 3장 4절의 (2)번을 이용하여 구한다. 식 (3.67)의 양 변을 x에 관해 미분하면,

$$p = f(p) + xf'(p)\frac{dp}{dx} + g'(p)\frac{dp}{dx} \tag{3.68}$$

를 얻는다.

(i) $p - f(p) \neq 0$인 경우 :

$$\frac{dx}{dp} - \frac{f'(p)}{p - f(p)}x = \frac{g'(p)}{p - f(p)} \tag{3.69}$$

이고 이것은 p의 함수 x에 관한 1계 선형 상미분방정식이므로 일반해를 구할 수 있다.

(ii) $p - f(p) = 0$이면, 여기서 구한 p를 식 (3.67)에 대입하면, 특수해 또는 특이해를 얻는다.

문제 2 다음 상미분방정식을 풀어라. 단, $p = \frac{dy}{dx}$이다.

$$y = xp^2 + p^2 - 2p$$

풀이 주어진 상미분방정식은 Lagrange 미분방정식이다. 이 식의 양 변을 x로 미분하면

$$p = p^2 + 2xp\frac{dp}{dx} + 2(p-1)\frac{dp}{dx}$$

이다.

(i) $p(p-1) \neq 0$이면,

$$\frac{dx}{dp} + \frac{2}{p-1}x = -\frac{2}{p}$$

이다. 그런데 이 식은 p의 함수 x에 대한 1계 선형 상미분방정식이므로 일반해는

$$\begin{aligned} x &= \frac{1}{(p-1)^2}\left(-\int (p-1)^2 \frac{2}{p}\,dp + c\right) \\ &= \frac{1}{(p-1)^2}\left(-p^2 + 4p - 2\ln|p| + c\right) \qquad (c\text{는 임의상수}) \end{aligned}$$

이다. 이 식을 주어진 식에 대입하면

$$y = \frac{p^2}{(p-1)^2}\left(-p^2 + 4p - 2\ln|p| + c\right) + p^2 - 2p$$

이다. 따라서 주어진 Lagrange 미분방정식의 일반해는 p를 매개변수로 하는 매개변수방정식

$$\begin{cases} x = \frac{1}{(p-1)^2}\left(-p^2 + 4p - 2\ln|p| + c\right), \\ y = \frac{p^2}{(p-1)^2}\left(-p^2 + 4p - 2\ln|p| + c\right) + p^2 - 2p \qquad (c\text{는 임의상수}) \end{cases}$$

이다.

(ii) $p=0$ 또는 $p=1$일 때, 이것을 주어진 식에 각각 대입하면 특이해

$$y = 0, \qquad y = x - 1$$

을 얻는다. ◀

정의 3.1 xy 평면 상에 곡선군 $g(x, y, c) = 0$ (c는 임의상수)이 주어졌을 때, 어떤 곡선 C가 다음 두 가지 조건을 만족하면 즉,

(1) 곡선 C의 각 점에서 곡선 C에 접하는 곡선군에 속하는 곡선이 적어도 하나 존재한다.

(2) 곡선군의 각 곡선은 곡선 C와 접한다.

이 곡선 C를 곡선군 $g(x, y, c) = 0$의 포락선(envelope)라 한다.

1계 상미분방정식 $F(x,y,p)=0$의 일반해 $f(x,y,c)=0$이 나타내는 곡선군의 포락선이 존재하면, 이 포락선의 방정식은 주어진 상미분방정식의 해가 된다. 왜냐하면, 포락선 상의 임의의 점 $A(x_0,y_0)$에서의 접선의 기울기를 p_0라 하면, p_0는 점 점 $A(x_0,y_0)$를 지나는 특수해가 나타내는 곡선의 기울기와 같으므로 $F(x_0,y_0,p_0)=0$을 만족하기 때문이다. 그런데, 이 포락선의 방정식은 일반해인 곡선군 $f(x,y,c)=0$에 포함되지 않으므로 특이해임을 말해 준다

일반적으로 상미분방정식 $F(x,y,p)=0$의 특이해를 구하는 방법을 증명없이 소개한다.

(1) 주어진 상미분방정식을 풀어서 일반해 $f(x,y,c)=0$ (c는 임의상수)을 구한다. 다음에 $f(x,y,c)=0$이 나타내는 곡선군의 포락선을 구한다. 이것은 다음 연립방정식

$$\begin{cases} f(x,y,p) = 0 \\ \dfrac{\partial}{\partial c}f(x,y,c) = 0 \end{cases} \tag{3.70}$$

을 풀어서 임의상수 c를 소거하면 얻는다. 여기서 얻어진 해가 주어진 상미분방정식 $F(x,y,p)=0$을 만족하는지 반드시 확인한다.

(2) 주어진 상미분방정식 $F(x,y,p)=0$의 일반해를 모를 때에는, 다음 연립방정식

$$\begin{cases} F(x,y,p) = 0 \\ \dfrac{\partial}{\partial p}F(x,y,p) = 0 \end{cases} \tag{3.71}$$

을 풀어서 p를 소거한 다음, 이 식이 주어진 상미분방정식 $F(x,y,p)=0$을 만족하는지 반드시 확인한다.

문제 3 다음 상미분방정식의 특이해를 구하라. 단, $p=\frac{dy}{dx}$이다.

$$y = px + p^2$$

풀이 주어진 상미분방정식의 양 변을 p로 편미분하면 $x+2p=0$이고 이 식을 주어진 식에 대입하여 p를 소거하면 특이해 $4y+x^2=0$을 얻는다. ◀

문제 4 다음 상미분방정식의 특이해를 구하라. 단, $p = \frac{dy}{dx}$ 이다.

$$y^2(1 + p^2) = 0$$

풀이 주어진 상미분방정식의 양 변을 p로 편미분하면 $2y^2p = 0$이고 이 식을 주어진 식에 대입하면 특이해 $y = 0$을 얻는다. ◀

문제 5 다음 상미분방정식의 특이해를 구하라. 단, $p = \frac{dy}{dx}$ 이다.

$$4p^2 - 9x = 0$$

풀이 주어진 상미분방정식의 양 변을 p로 편미분하면 $p = 0$이다. 그러나 $p = 0$은 주어진 상미분방정식을 만족하지 않으므로 특이해가 아니다. ◀

연 습 문 제 3-5

1. 다음 상미분방정식을 풀어라. 단, $p = \frac{dy}{dx}$ 이다.

   (1) $y = px + \sqrt{4 + p^2}$ (2) $(y - px)^2, = 1 + p^2$

2. 상미분방정식 $y = px - e^p$ 의 일반해와 특이해를 구하라. 단, $p = \frac{dy}{dx}$ 이다.

3. 다음 상미분방정식의 특이해를 구하라. 단, $p = \frac{dy}{dx}$ 이다.

   (1) $p^3 - 4xyp + 8y^2 = 0$ (2) $y = px + \dfrac{1}{p^2}$

4. 상미분방정식 $x^2p^2 + x^2yp + 1 = 0$을 풀어라. 단, $p = \frac{dy}{dx}$ 이다.

제 4 장

고계상수계수 선형상미분방정식

4.1 n계 선형상미분방정식의 기본성질

이 절에서는 제 4장은 물론 제 5장에서 필요한 n계 선형상미분방정식 이론에 대하여 고찰해 본다. 이미 3장 1절에서 1계 상미분방정식이 선형이 되기 위한 정의를 내린 것과 마찬가지로 x를 독립변수, y를 종속변수라 할 때, 미지함수 y와 미지함수 y의 도함수의 차수가 모두 1차이면, 이러한 상미분방정식을 선형(linear)이라 한다. 이로부터 일반적인 n계 선형상미분방정식은 다음과 같다.

$$y^{(n)} + p_1(x)y^{(n-1)} + p_2(x)y^{(n-2)} + \cdots + p_{n-1}(x)y' + p_n(x)y = R(x) \quad (4.1)$$

단, $p_1(x)$, $p_2(x)$, $\cdots$, $p_{n-1}(x)$, $p_n(x)$, $R(x)$는 모두 x의 함수이고 $R(x)$를 비

제차항 또는 비동차항(nonhomogeneous term)이라 부른다. 만약, n계 선형상미분방정식의 비제차항이 $R(x) \neq 0$이면 즉,

$$y^{(n)} + p_1(x)y^{(n-1)} + p_2(x)y^{(n-2)} + \cdots + p_{n-1}(x)y' + p_n(x)y = R(x)(\neq 0) \tag{4.2}$$

이면, n계 선형상미분방정식을 n계 비제차선형상미분방정식 또는 n계 비동차선형상미분방정식(nonhomogenous linear ordinary differential equation of order n)이라 부르고, 처음부터 비제차항이 $R(x) = 0$이면 즉,

$$y^{(n)} + p_1(x)y^{(n-1)} + p_2(x)y^{(n-2)} + \cdots + p_{n-1}(x)y' + p_n(x)y = 0 \tag{4.3}$$

이면, 이 n계 선형상미분방정식을 n계 제차선형상미분방정식 또는 n계 동차선형상미분방정식(homogeneous linear ordinary differential equation of order n)이라 부른다. 특히, n계 비제차선형상미분방정식이 주어졌을 때, 비제차항 $R(x) = 0$으로 놓은 상미분방정식

$$y^{(n)} + p_1(x)y^{(n-1)} + p_2(x)y^{(n-2)} + \cdots + p_{n-1}(x)y' + p_n(x)y = 0 \tag{4.4}$$

을 n계 비제차선형상미분방정식 (4.2)의 여방정식(complementary equation) 또는 n계 수반제차선형상미분방정식(self-adjoint homogeneous linear ordinary differential equation of order n)이라 하고, 여방정식의 일반해를 여함수(complementary function)라 한다. 일반적으로 선형상미분방정식의 특이해는 존재하지 않는다.

종속변수 y에 대하여 n계 선형상미분방정식 (4.1)의 좌변을 다음과 같이 정리하여 이것을 L로 정의하면 즉,

$$L = \frac{d^n}{dx^n} + p_1(x)\frac{d^{n-1}}{dx^{n-1}} + p_2(x)\frac{d^{n-2}}{dx^{n-2}} + \cdots + p_{n-1}(x)\frac{d}{dx} + p_n(x) \tag{4.5}$$

이라 하자. 그러면 n계 비제차선형상미분방정식은 간단히

$$L(y) = R(x) \tag{4.6}$$

로, n계 수반제차선형상미분방정식은

$$L(y) = 0 \tag{4.7}$$

으로 나타낼 수 있다. 이와같은 연산기호 L을 연산자(operator)라 한다. 이때 이 연산자 L은 임의의 상수 c_1, c_2와 미분가능한 함수 y_1, y_2에 대하여

$$L(c_1y_1 + c_2y_2) = c_1L(y_1) + c_2L(y_2) \tag{4.8}$$

가 성립한다. 이와 같은 성질을 연산자 L의 선형성질(linear property)이라 하고 이때, L은 선형연산자(linear operator)라 한다.

이제 n계 선형상미분방정식에 관한 몇 가지 기본사실에 대하여 알아보자.

정리 4.1 n개의 함수 $u_1(x)$, $u_2(x)$, $\cdots$, $u_n(x)$가 n계 제차선형상미분방정식

$$y^{(n)} + p_1(x)y^{(n-1)} + p_2(x)y^{(n-2)} + \cdots + p_{n-1}(x)y' + p_n(x)y = 0 \qquad (4.9)$$

의 해(solutions)이면, n개의 임의 상수 c_1, c_2, $\cdots$, c_n에 대하여 일차결합

$$y = c_1u_1(x) + c_2u_2(x) + \cdots + c_nu_n(x) \qquad (4.10)$$

도 식(4.9)의 해이다. 이 성질을 해의 중첩원리(principle of the superposition of solutions)라 한다.

증명 연산자 L의 정의에 의하여

$$L = \frac{d^n}{dx^n} + p_1(x)\frac{d^{n-1}}{dx^{n-1}} + p_2(x)\frac{d^{n-2}}{dx^{n-2}} + \cdots + p_{n-1}(x)\frac{d}{dx} + p_n(x) \qquad (4.11)$$

라 하면, n개의 함수 $u_1(x)$, $u_2(x)$, $\cdots$, $u_n(x)$가 n 계 제차선형상미분방정식의 해이므로 모든 $i = 1, 2, 3, \cdots, n$에 대하여,

$$L\big(u_i(x)\big) = 0$$

이다. 따라서 L의 선형성질에 의하여

$$\begin{aligned} L(y) &= L\big(c_1u_1(x) + c_2u_2(x) + \cdots + c_nu_n(x)\big) &(4.12)\\ &= c_1\,L\big(u_1(x)\big) + c_2\,L\big(u_2(x)\big) + \cdots + c_n\,L\big(u_n(x)\big) &(4.13)\\ &= 0 &(4.14)\end{aligned}$$

이다. ■

함수의 일차종속과 일차독립에 대하여 알아보자. n개의 함수 $u_1(x)$, $u_2(x)$, $\cdots$, $u_n(x)$가 어떤 구간 I에서 모두는 영(zero)이 아닌 n개의 상수 c_1, c_2, $\cdots$, c_n에 대하여 항등적으로 일차결합

$$c_1u_1(x) + c_2u_2(x) + \cdots + c_nu_n(x) = 0 \qquad (4.15)$$

이면, n개의 함수 $u_1(x)$, $u_2(x)$, $\cdots$, $u_n(x)$는 구간 I에서 일차종속(linearly dependent)이라고 하며, 일차종속이 아닐 때 일차독립(linearly independent)이

라 한다. 따라서 n개의 함수 $u_1(x)$, $u_2(x)$, $\cdots$, $u_n(x)$는 구간 I에서 일차독립이면, n개의 상수 c_1, c_2, $\cdots$, c_n중에 어떤 하나라도 영(zero)이 아닌 것이 있을 때, 일차결합

$$c_1u_1(x) + c_2u_2(x) + \cdots + c_nu_n(x) \neq 0 \tag{4.16}$$

임을 의미한다. 다시 말하면, n개의 함수 $u_1(x)$, $u_2(x)$, $\cdots$, $u_n(x)$는 구간 I에서 일차독립이란 말은

$$c_1u_1(x) + c_2u_2(x) + \cdots + c_nu_n(x) = 0 \tag{4.17}$$

이면,

$$c_1 = c_2 = \cdots = c_n = 0 \tag{4.18}$$

임을 의미한다.

어떤 구간 I에서 정의된 n개의 함수 $u_1(x)$, $u_2(x)$, $\cdots$, $u_n(x)$에 대하여 함수행렬식

$$W(u_1, u_2, \cdots, u_n) = W\big(u_1(x), u_2(x), \cdots, u_n(x)\big) \tag{4.19}$$

$$= \begin{vmatrix} u_1(x) & u_2(x) & \cdots & u_n(x) \\ u_1'(x) & u_2'(x) & \cdots & u_n'(x) \\ u_1''(x) & u_2''(x) & \cdots & u_n''(x) \\ \vdots & \vdots & \ddots & \vdots \\ u_1^{(n-1)}(x) & u_2^{(n-1)}(x) & \cdots & u_n^{(n-1)}(x) \end{vmatrix} \tag{4.20}$$

를 n개의 함수 $u_1(x)$, $u_2(x)$, $\cdots$, $u_n(x)$의 Wronskian이라 한다.

정리 4.2 n개의 함수 $u_1(x)$, $u_2(x)$, $\cdots$, $u_n(x)$가 어떤 구간 I에서 일차종속이면, 이 구간 I에서 n개의 함수 $u_1(x)$, $u_2(x)$, $\cdots$, $u_n(x)$의 Wronskian은 항등적으로 영(zero)이다. 즉, $W(u_1, u_2, \cdots, u_n) = 0$이다.

증명 n개의 함수 $u_1(x)$, $u_2(x)$, $\cdots$, $u_n(x)$가 어떤 구간 I에서 일차종속이면, 이 구간 I에서 모두는 영(zero)이 아닌 n개의 상수 c_1, c_2, $\cdots$, c_n에 대하여 $c_1u_1(x) + c_2u_2(x) + \cdots + c_nu_n(x) = 0$이므로 이 식의 양 변을 차례로 $n-1$번

미분하고 연립방정식을 만들면

$$\begin{cases} c_1u_1(x)+c_2u_2(x)+\cdots+c_nu_n(x) = 0 \\ c_1u_1'(x)+c_2u_2'(x)+\cdots+c_nu_n'(x) = 0 \\ c_1u_1''(x)+c_2u_2''(x)+\cdots+c_nu_n''(x) = 0 \\ \quad\vdots \qquad\quad \vdots \qquad\quad \vdots \qquad \vdots \\ c_1u_1^{(n-1)}(x)+c_2u_2^{(n-1)}(x)+\cdots+c_nu_n^{(n-1)}(x) = 0 \end{cases} \tag{4.21}$$

을 얻는다. 위의 식 (4.21)에서 n개의 상수 c_1, c_2, $\cdots$, c_n을 소거하면

$$\begin{vmatrix} u_1(x) & u_2(x) & \cdots & u_n(x) \\ u_1'(x) & u_2'(x) & \cdots & u_n'(x) \\ u_1''(x) & u_2''(x) & \cdots & u_n''(x) \\ \vdots & \vdots & \ddots & \vdots \\ u_1^{(n-1)}(x) & u_2^{(n-1)}(x) & \cdots & u_n^{(n-1)}(x) \end{vmatrix} = 0 \tag{4.22}$$

이다. 즉,

$$W\big(u_1(x), u_2(x), \cdots, u_n(x)\big) = 0 \tag{4.23}$$

이다. ■

이 정리의 대우명제를 취하면 다음 정리를 얻는다.

정리 4.3 구간 I에서 함수 $u_1(x)$, $u_2(x)$, $\cdots$, $u_n(x)$의 Wronskian이 항등적으로 영(zero)이 아니면 즉, 구간 I의 모든 점에서 $W\big(u_1, u_2, \cdots, u_n\big) \neq 0$이면, 구간 I에서 n개의 함수 $u_1(x)$, $u_2(x)$, $\cdots$, $u_n(x)$는 일차독립이다.

이제 위의 결과를 n계 선형상미분방정식에 적용하여 보자.

정리 4.4 구간 I에서 $u_1(x)$, $u_2(x)$, $\cdots$, $u_n(x)$를 n계 제차선형상미분방정식 $L(y) = 0$을 만족하는 n개의 해라고 하자. 이때 임의의 점 $a \in I$에서 $u_1(x)$, $u_2(x)$, $\cdots$, $u_n(x)$의 Wronskian이 $W\big(u_1(a), u_2(a), \cdots, u_n(a)\big) = 0$이면, 이 구간 I에서 n개의 함수 $u_1(x)$, $u_2(x)$, $\cdots$, $u_n(x)$는 일차종속이다.

증명 가정에 의해서 임의의 점 $a \in I$에서 $W(u_1(a), u_2(a), \cdots, u_n(a)) = 0$이

으로 모두는 영(zero)이 아닌 n개의 상수 c_1, c_2, $\cdots$, c_n에 대하여

$$\begin{cases} c_1u_1(a) + c_2u_2(a) + \cdots + c_nu_n(a) \;=\; 0 \\ c_1u_1'(a) + c_2u_2'(a) + \cdots + c_nu_n'(a) \;=\; 0 \\ c_1u_1''(a) + c_2u_2''(a) + \cdots + c_nu_n''(a) \;=\; 0 \\ \quad\vdots \qquad\quad \vdots \qquad\qquad \vdots \qquad \vdots \\ c_1u_1^{(n-1)}(a) + c_2u_2^{(n-1)}(a) + \cdots + c_nu_n^{(n-1)}(a) \;=\; 0 \end{cases} \tag{4.24}$$

을 만족한다. 위의 식은 n계 제차선형상미분방정식 $L(y) = 0$의 해

$$y \;=\; u(x) \;=\; c_1u_1(x) + c_2u_2(x) + \cdots + c_nu_n(x) \tag{4.25}$$

가 점 $x = a$에서 $u(a) = 0$, $u'(a) = 0$, $\cdots$, $u^{(n-1)}(a) = 0$임을 뜻한다. 한편, 항등적으로 영(zero)인 $y = 0$도 $L(y) = 0$의 한 해이고 또한, 각 계의 미분계수도 모두 영(zero)이다. 그러므로 해의 유일성에 의하여 구간 I에서 $u(x) = 0$이다. 그러므로 구간 I에서 $c_1u_1 + c_2u_2 + \cdots + c_nu_n = 0$ 이고 n개의 상수 c_1, c_2, $\cdots$, c_n는 모두는 영(zero)이 아니므로 구간 I에서 n개의 함수 $u_1(x)$, $u_2(x)$, $\cdots$, $u_n(x)$는 일차종속이다. ■

위의 정리의 대우명제를 취하면 다음 계를 얻는다.

정리 4.5 n계 제차선형상미분방정식 $L(y) = 0$의 n개의 해 $u_1(x)$, $u_2(x)$, $\cdots$, $u_n(x)$가 어떤 구간 I에서 일차독립이면, 이 구간 I의 어떤 점에서도 Wronskian은 $W(u_1(a), u_2(a), \cdots, u_n(a)) \neq 0$이다.

정리 4.6 n계 제차선형상미분방정식 $L(y) = 0$의 일반해는 주어진 n계 제차선형상미분방정식 $L(y) = 0$을 만족하는 일차독립인 n개의 해 $u_1(x)$, $u_2(x)$, $\cdots$, $u_n(x)$들의 일차결합으로 표시된다.

$$y \;=\; c_1u_1(x) + c_2u_2(x) + \cdots + c_nu_n(x) \tag{4.26}$$

단, c_1, c_2, $\cdots$, c_n은 임의상수이다.

증명 구간 I에서 $u_1(x)$, $u_2(x)$, $\cdots$, $u_n(x)$를 n계 제차선형상미분방정식 $L(y) = 0$을 만족하는 일차독립인 n개의 해라고 하자. 앞의 정리 4.5에 의하면 구간 I의 어떤 점에서도 $W(u_1, u_2, \cdots, u_n) \neq 0$이다. 여기서 $L(y) = 0$의 한 해를 $v(x)$라 하자. 그러면 임의의 점 $a \in I$에서 $W(u_1(a), u_2(a), \cdots, u_n(a)) \neq 0$이

므로 이 점 a에서

$$\begin{cases} c_1u_1(a)+c_2u_2(a)+\cdots+c_nu_n(a) = v(a) \\ c_1u_1'(a)+c_2u_2'(a)+\cdots+c_nu_n'(a) = v'(a) \\ c_1u_1''(a)+c_2u_2''(a)+\cdots+c_nu_n''(a) = v''(a) \\ \quad\vdots \qquad\qquad \vdots \qquad\qquad \vdots \qquad\quad \vdots \\ c_1u_1^{(n-1)}(a)+c_2u_2^{(n-1)}(a)+\cdots+c_nu_n^{(n-1)}(a) = v^{(n-1)}(a) \end{cases} \tag{4.27}$$

를 만족하는 상수 n개의 상수 $c_1, c_2, \cdots, c_n$이 존재한다. 이들 상수를 계수로 하여 $u(x)$를

$$u(x) = c_1u_1(x)+c_2u_2(x)+\cdots+c_nu_n(x) \tag{4.28}$$

라 놓으면 정리 4.1에 의하여 $L(u)=0$이고 식 (4.27)에 의하여

$$u(a) = v(a),\ u'(a) = v'(a),\ u''(a) = v''(a),\ \cdots,\ u^{(n-1)}(a) = v^{(n-1)}(a) \tag{4.29}$$

이다. 즉 $u(x)$와 $v(x)$는 같은 초기조건을 만족하는 $L(y)=0$의 해이다. 따라서 해의 유일성에 의하여 $u(x)$와 $v(x)$는 같은 해이고 $u(x)$는 식 (4.28)에 의하여 일차결합이다. 따라서 n계 제차선형상미분방정식 $L(y)=0$의 일차독립인 n개의 해를 $u_1(x), u_2(x), \cdots, u_n(x)$라 하면 이들의 일차결합

$$y = c_1u_1(x)+c_2u_2(x)+\cdots+c_nu_n(x) \tag{4.30}$$

는 n계 제차선형상미분방정식 $L(y)=0$의 일반해이다. ■

정리 4.7 n계 비제차선형상미분방정식 $L(y) = R(x)$의 일반해는 다음과 같다. 먼저, n계 비제차선형상미분방정식 $L(y) = R(x)$의 한 특수해를 y_p, n계 수반제차선형상미분방정식 $L(y)=0$의 일반해(여함수)를 y_c라 하면, 주어진 n계 비제차선형상미분방정식 $L(y) = R(x)$의 일반해 y_G는

$$y_G = y_c + y_p \tag{4.31}$$

이다.

증명 가정에 의해서

$$L(y_c) = 0, \qquad L(y_c) = R(x) \tag{4.32}$$

이므로 연산자 L의 선형성질에 의하여

$$L(y_G) = L(y_c) + L(y_p) = R(x) \tag{4.33}$$

이다. 이로부터 $y_G = y_c + y_p$는 n계 비제차선형상미분방정식 $L(y) = R(x)$의 한 해이다. 그리고 y_c는 n개 임의상수를 포함하므로 y_c+y_p도 n개의 임의상수를 포함한다. 따라서 $y_G = y_c+y_p$는 n계 비제차선형상미분방정식 $L(y) = R(x)$의 일반해이다. ■

문제 1 상미분방정식 $y'' - y' - 2y = 0$은 $y = e^{ax}$와 같은 형의 두 개의 서로 다른 해를 갖는 것을 보여라.

풀이 $y = e^{ax}$, $y' = ae^{ax}$, $y'' = a^2e^{ax}$이므로 이것을 주어진 상미분방정식에 대입하면

$$y'' - y' - 2y = e^{ax}(a^2 - a - 2) = 0$$

이다. 그런데 모든 $a, x \in \mathbb{R}$에 대하여 $e^{ax} \neq 0$이므로 $a^2 - a - 2 = 0$에서 $a = -1, 3$이다. 따라서, $y = e^{-x}$와 $y = e^{2x}$는 주어진 상미분방정식의 서로 다른 두 개의 해이다. ◀

문제 2 c_1, c_2를 임의의 상수라 할 때,

$$y = c_1e^{-x} + c_2e^{2x}$$

는 위의 문제 1의 일반해임을 보여라.

풀이 c_1, c_2를 임의의 상수라 할 때, $y = c_1e^{-x} + c_2e^{2x}$라 하면 미분에 의하여 주어진 상미분방정식 $y''-y'-2y = 0$의 해임을 알 수 있다. 그런데 주어진 상미분방정식은 2계이므로 일반해는 두 개의 임의상수를 가져야 한다. 여기서 $y = c_1e^{-x} + c_2e^{2x}$는 두 개의 임의상수를 포함하고 있으므로 두 함수 e^{-x}와 e^{2x}가 일차독립임을 보이면 된다. Wronskian을 이용하면

$$W(e^{-x}, e^{2x}) = \begin{vmatrix} e^{-x} & e^{2x} \\ -e^{-x} & 2e^{2x} \end{vmatrix} = 3e^{x} \neq 0$$

이므로 e^{-x}와 e^{2x}는 일차독립이다. ◀

문제 3 위의 문제 1과 문제 2를 참고하여 $y = -\sin x$는 다음 2계 상수계수 비제차선형상미분방정식

$$y'' - y' - 2y = 3\sin x + \cos x$$

의 한 특수해임을 보이고 이로부터 일반해를 구하라.

풀이 $y = -\sin x$를 미분하여 상미분방정식 $y'' - y' - 2y = 0$에 대입하면 명백히 만족한다. 그런데 문제 2로부터 여함수는 $y = c_1e^{-x} + c_2e^{2x}$ (c_1, c_2는 임의상수)이므로 주어진 상미분방정식의 일반해는 $y = c_1e^{-x} + c_2e^{2x} - \sin x$ (c_1, c_2는 임의상수)이다. ◀

문제 4 $y = e^{-2x}\cos 3x$, $y = e^{-2x}\sin 3x$는 상미분방정식 $y'' + 4y' + 13y = 0$의 해임을 보여라.

풀이 $y = e^{-2x}\cos 3x$, $y = e^{-2x}\sin 3x$를 각각 미분하여 주어진 상미분방정식에 대입하면 명백히 만족한다. 다음에, $y = e^{-2x}\cos 3x$, $y = e^{-2x}\sin 3x$의 Wronskian을 구하면

$$\begin{aligned} & W(e^{-2x}\cos 3x, e^{-2x}\sin 3x) \\ &= \begin{vmatrix} e^{-2x}\cos 3x & e^{-2x}\sin 3x \\ -2e^{-2x}\cos 3x - 3e^{-2x}\sin 3x & -2e^{-2x}\sin 3x + 3e^{-2x}\cos 3x \end{vmatrix} \\ &= 3e^{-4x} \neq 0 \end{aligned}$$

이므로 $e^{-2x}\cos 3x$, $e^{-2x}\sin 3x$는 일차독립이고, 일반해는

$$y = e^{-2x}(c_1\cos 3x + c_2\sin 3x) \qquad (c_1,\ c_2\text{는 임의상수})$$

이다. ◀

연 습 문 제 4-1

1. 다음 문제에 주어진 함수들은 일차독립임을 보여라.
   (1) $\sin ax$, $\cos ax$ ($a \neq 0$는 상수)
   (2) 1, x, x^2
   (3) e^{ax}, e^{bx}, e^{cx}, ($a \neq b \neq c$는 상수)
   (4) $\ln x$, $x\ln x$, $x^2\ln x$
   (5) e^x, xe^x, x^2e^x, x^3e^x

2. $y = e^x$, $y = e^{2x}$가 $y'' - 3y' + 2y = 0$의 해임을 밝히고 일반해를 적어라.

4.2 미분연산자 다항식과 그 성질

제 4장 1절에서 n계 선형상미분방정식의 기본성질에 대하여 알아 보았다. 이 절에서는 n계 상수계수 제차선형상미분방정식의 일반해를 구하는 방법에 대하여 알아 본다. 먼저, n계 상수계수 제차선형상미분방정식은 다음과 같다.

$$y^{(n)} + a_1 y^{(n-1)} + a_2 y^{(n-2)} + \cdots + a_{n-1} y' + a_n y = 0 \tag{4.34}$$

단, a_1, a_2, $\cdots$, a_{n-1}, a_n은 상수이다.

x를 독립변수, y를 종속변수라 할 때, 도함수 $\frac{d}{dx}y$에서 기호 $\frac{d}{dx}$를 간단히 D로 표시하면 $\frac{d}{dx}y$는 Dy로 나타낼 수 있다. 이때 D를 미분연산자(differential operator)라 한다. 미분연산자 D를 이와같이 정의하면 임의의 상수 c_1, c_2와 미분가능한 함수 y_1, y_2에 대하여

$$\frac{d}{dx}(c_1 y_1 + c_2 y_2) = c_1 \frac{dy_1}{dx} + c_2 \frac{dy_2}{dx} \tag{4.35}$$

는 미분연산자 D를 사용하면

$$D(c_1 y_1 + c_2 y_2) = c_1 D y_1 + c_2 D y_2 \tag{4.36}$$

로 나타낼 수 있다. 이로부터 미분연산자 D는 선형성질을 만족하므로 선형연산자이다. 특히, D^0을 종속변수 y에 대응시키면

$$D^0\, y = y \tag{4.37}$$

가 되는데, 이때 $D^0 = 1$로 정의하고 1을 단위연산자(unit operator) 또는 항등연산자(identity operator)라 한다.

이제 미분연산자 D를 이용한 계산 예를 살펴보면 다음과 같다.

(1) $Dx^3 = 3x^2$,

(2) $D\cos ax = -a\sin ax$,

(3) $(7D)e^{ax} = 7ae^{ax}$,

(4) $(5D)\ln x = \dfrac{5}{x}$

x를 독립변수, y를 종속변수, D를 미분연산자라 하자. 그러면

$$(DD)y = D(Dy) = \frac{d}{dx}\left(\frac{dy}{dx}\right) = \frac{d^2y}{dx^2}, \tag{4.38}$$

$$(DDD)y = D(DD)y = \frac{d}{dx}\left(\frac{d^2y}{dx^2}\right) = \frac{d^3y}{dx^3}, \tag{4.39}$$

$$(DDDD)y = D(DDD)y = \frac{d}{dx}\left(\frac{d^3y}{dx^3}\right) = \frac{d^4y}{dx^4}, \tag{4.40}$$

$$\vdots \qquad \vdots \qquad \vdots \qquad \vdots \tag{4.41}$$

$$(\overbrace{DDD\cdots D}^{n\text{번}})y = D(\overbrace{DD\cdots D}^{(n-1)\text{번}})y = \frac{d}{dx}\left(\frac{d^{n-1}y}{dx^{n-1}}\right) = \frac{d^ny}{dx^n}, \tag{4.42}$$

이므로

$$D^2 = DD = \frac{d^2}{dx^2}, \tag{4.43}$$

$$D^3 = DDD = \frac{d^3}{dx^3}, \tag{4.44}$$

$$D^4 = DDDD = \frac{d^4}{dx^4}, \tag{4.45}$$

$$\vdots \qquad \vdots \qquad \vdots \tag{4.46}$$

$$D^n = (\overbrace{DDD\cdots D}^{n\text{번}}) = \frac{d^n}{dx^n}, \tag{4.47}$$

이다.

다음은 고계 미분연산자를 이용한 계산 예이다.

(5) $D^2x^3 = 6x$.

(6) $D^3\cos ax = a^3\sin ax \quad (a \neq 0$는 상수$)$

(7) $(7D^n)e^{ax} = 7a^ne^{ax}$.

(8) $(5D^2)\ln x = -\frac{5}{x^2}$.

식 (4.47)에 의해서 미분연산자 D^n은 다음 성질이 성립함을 쉽게 보일 수 있다.

(1) 임의의 상수 c에 대하여, $D^n(cy) = c\,D^n(y) \quad (n = 0, 1, 2, \cdots)$

(2) 임의의 상수 c_1, c_2에 대하여,

$$D^n(c_1y_1 + c_2y_2) = c_1D^n(y_1) + c_2D^n(y_2) \quad (n = 0, 1, 2, \cdots)$$

(3) $D^nD^m(y) = D^{n+m}(y) \quad (n, m = 0, 1, 2, \cdots)$

t에 관한 n차 다항식을

$$f(t) = t^n + a_1t^{n-1} + a_2t^{n-2} + \cdots + a_{n-1}t + a_n \tag{4.48}$$

이라 하자. 이때 식 (4.48)에서 t 대신에 미분연산자 D를 대입하면

$$f(D) = D^n + a_1D^{n-1} + a_2D^{n-2} + \cdots + a_{n-1}D + a_n \tag{4.49}$$

이 얻어지는데, 이것을 미분연산자 다항식(polynomial of differential operator)이라 한다. 이를 이용하여 미분가능한 종속변수 y에 대하여 $f(D)y$를 다음과 같이 정의한다.

$$\begin{aligned} f(D)y &= (D^n + a_1D^{n-1} + a_2D^{n-2} + \cdots + a_{n-1}D + a_n)y & (4.50)\\ &= D^ny + a_1D^{n-1}y + a_2D^{n-2}y + \cdots + a_{n-1}Dy + a_ny & (4.51)\\ &= y^{(n)} + a_1y^{(n-1)} + a_2y^{(n-2)} + \cdots + a_{n-1}y' + a_ny & (4.52)\end{aligned}$$

이 정의에 의하여 n계 상수계수 제차선형상미분방정식 (4.34)는 간단히

$$f(D)y = 0 \tag{4.53}$$

으로 나타낼 수 있다.

다음은 미분연산자 다항식을 이용한 계산 예이다.

(9) $(D^2 + 3D - 2)x^3 = D^2(x^3) + 3D(x^3) - 2(x^3) = 6x + 9x^2 - 2x^3$.

(10) $(D^2 + 2D)\sin 3x = D^2 \sin 3x + 2D \sin 3x = -9\sin 3x + 6\cos 3x$.

(11) $(D^n + c\,D^{n-1})e^{ax} = D^ne^{ax} + c\,D^{n-1}e^{ax} = (a^n + ca^{n-1})e^{ax}$.

단, $a \neq 0$, $c \neq 0$는 상수이다.

이제 $a \neq 0$, $b \neq 0$를 상수라 할 때, 미분연산자 다항식 $D - a$와 $D - b$의 곱

$$(D - a)(D - b) \tag{4.54}$$

의 연산에 대하여 알아보자. y를 미분가능한 함수라 하면

$$\begin{aligned}\{(D-a)(D-b)y\} &= (D-a)\{(D-b)y\} &(4.55)\\ &= (D-a)(Dy-by) &(4.56)\\ &= D(Dy-by)-a(Dy-by) &(4.57)\\ &= D^2y-bDy-aDy+aby &(4.58)\\ &= D^2y-(b+a)Dy+aby &(4.59)\\ &= \{D^2-(b+a)D+ab\}y &(4.60)\end{aligned}$$

이므로 이로부터

$$\begin{aligned}(D-a)(D-b) &= D^2-(b+a)D+ab &(4.61)\\ &= D^2-(a+b)D+ab &(4.62)\\ &= (D-b)(D-a) &(4.63)\end{aligned}$$

인 것을 알 수 있으며 따라서, 두 미분연산자 다항식은 곱은 곱에 대한 교환법칙이 성립한다.

미분연산자 다항식 $f(D)$와 $g(D)$을 각각

$$\begin{aligned}f(D) &= D^n+a_1D^{n-1}+a_2D^{n-2}+\cdots+a_{n-1}D+a_n\,, &(4.64)\\ g(D) &= D^n+b_1D^{n-1}+b_2D^{n-2}+\cdots+b_{n-1}D+b_n &(4.65)\end{aligned}$$

으로 정의하면 다음 성질이 성립한다.

(1) 임의의 상수 c에 대하여,

$$f(D)(cy) = c\,f(D)(y)\,.$$

(2) 임의의 상수 c_1, c_2에 대하여,

$$f(D)(c_1y_1+c_2\,y_2) = c_1f(D)(y_1)+c_2f(D)(y_2)\,. \qquad (4.66)$$

(3) $\big(f(D)\pm g(D)\big)(y) = f(D)y\pm g(D)y.$

(4) $f(D)\big(g(D)y\big) = \big(f(D)g(D)\big)y.$

(5) $\big(f(D)+g(D)\big)y = \big(g(D)+f(D)\big)y.$

(5) $\big(f(D)g(D)\big)y = \big(g(D)f(D)\big)y.$

식 (4.66)에 의하여 미분연산자 다항식 $f(D)$ 역시 선형성질을 만족하므로 선형연산자임을 알 수 있다.

정리 4.8 미분연산자 다항식 $f(D)$를

$$f(D) = D^n + a_1D^{n-1} + a_2D^{n-2} + \cdots + a_{n-1}D + a_n \tag{4.67}$$

이라 하면, $f(D)$는 다음 성질을 만족한다.

(1) $f(D)e^{\alpha x} = f(\alpha)e^{\alpha x}$

(2) $f(D)\big(e^{\alpha x}y\big) = e^{\alpha x}f(D+\alpha)y$

증명 (1) 지수함수의 미분법에 의하여

$$De^{\alpha x} = \alpha e^{\alpha x}, \quad D^2e^{\alpha x} = \alpha^2e^{\alpha x}, \quad \cdots, \quad D^ne^{\alpha x} = \alpha^ne^{\alpha x}$$

이므로

$$\begin{aligned} f(D)y &= (D^n + a_1D^{n-1} + a_2D^{n-2} + \cdots + a_{n-1}D + a_n)e^{\alpha x} \\ &= D^ne^{\alpha x} + a_1D^{n-1}e^{\alpha x} + a_2D^{n-2}e^{\alpha x} + \cdots + a_{n-1}De^{\alpha x} + a_ne^{\alpha x} \\ &= \alpha^ne^{\alpha x} + a_1\alpha^{n-1}e^{\alpha x} + a_2\alpha^{n-2}e^{\alpha x} + \cdots + a_{n-1}\alpha e^{\alpha x} + a_ne^{\alpha x} \\ &= \big(\alpha^n + a_1\alpha^{n-1} + a_2\alpha^{n-2} + \cdots + a_{n-1}\alpha + a_n\big)e^{\alpha x} \\ &= f(\alpha)e^{\alpha x} \end{aligned}$$

이다.

(2) 먼저,

$$\begin{aligned} D(e^{\alpha x}y) &= e^{\alpha x}Dy + (De^{\alpha x})y \\ &= e^{\alpha x}Dy + \alpha e^{\alpha x}y \\ &= e^{\alpha x}(D+\alpha)y \end{aligned}$$

이므로

$$\begin{aligned} D^2(e^{\alpha x}y) &= D\big(D(e^{\alpha x}y)\big) \\ &= D\big(e^{\alpha x}(D+\alpha)y\big) \\ &= \alpha e^{\alpha x}(D+\alpha)y + e^{\alpha x}D\big((D+\alpha)y\big) \\ &= e^{\alpha x}(D+\alpha)\{(D+\alpha)y\} \\ &= e^{\alpha x}(D+\alpha)^2 y \end{aligned}$$

이다. 또한

$$\begin{aligned} D^3(e^{\alpha x}y) &= D\big(D^2(e^{\alpha x}y)\big) \\ &= D\big(e^{\alpha x}(D+\alpha)^2 y\big) \\ &= \alpha e^{\alpha x}(D+\alpha)^2 y + e^{\alpha x}D\big((D+\alpha)^2 y\big) \\ &= e^{\alpha x}(D+\alpha)\{(D+\alpha)^2 y\} \\ &= e^{\alpha x}(D+\alpha)^3 y \end{aligned}$$

이다. 수학적 귀납법에 의해서

$$\begin{aligned} D^n(e^{\alpha x}y) &= D\big(D^{n-1}(e^{\alpha x}y)\big) \\ &= D\big(e^{\alpha x}(D+\alpha)^{n-1} y\big) \\ &= e^{\alpha x}(D+\alpha)\{(D+\alpha)^{n-1} y\} \\ &= e^{\alpha x}(D+\alpha)^n y \end{aligned}$$

가 성립한다. 따라서

$$\begin{aligned} f(D)(e^{\alpha x}y) &= (D^n + a_1D^{n-1} + a_2D^{n-2} + \cdots + a_{n-1}D + a_n)(e^{\alpha x}y) \\ &= (D^n(e^{\alpha x}y) + a_1D^{n-1}(e^{\alpha x}y) + a_2D^{n-2}(e^{\alpha x}y) + \cdots \\ &\qquad + a_{n-1}D(e^{\alpha x}y) + a_n(e^{\alpha x}y) \\ &= e^{\alpha x}(D+\alpha)^n y + a_1e^{\alpha x}(D+\alpha)^{n-1}y + a_2e^{\alpha x}(D+\alpha)^{n-2}y + \cdots \\ &\qquad + a_{n-1}e^{\alpha x}(D+\alpha)y + a_ne^{\alpha x}y \\ &= e^{\alpha x}\big\{(D+\alpha)^n + a_1(D+\alpha)^{n-1} + a_2(D+\alpha)^{n-2} + \cdots \\ &\qquad + a_{n-1}(D+\alpha) + a_n\big\}y \\ &= e^{\alpha x}f(D+\alpha)y \end{aligned}$$

이다. ∎

문제 1 미분연산자 다항식 $f(D)$를

$$f(D) = D^n + a_1 D^{n-1} + a_2 D^{n-2} + \cdots + a_{n-1} D + a_n \tag{4.68}$$

이라 할 때,

$$f(D^2) \sin \alpha x = f(-\alpha^2) \sin \alpha x \tag{4.69}$$

임을 보여라.

풀이 미분연산자의 정의에 의하여 차례료 계산하면,

$$\begin{aligned} D^2 \sin \alpha x &= -\alpha^2 \sin \alpha x, \\ D^4 \sin \alpha x &= \alpha^4 \sin \alpha x, \\ &\vdots \\ D^{2n} \sin \alpha x &= (-1)^n \alpha^{2n} \sin \alpha x \end{aligned}$$

이고

$$\begin{aligned} f(D^2) \sin \alpha x &= \big(D^{2n} + a_1 D^{2(n-1)} + a_2 D^{2(n-2)} + \cdots + a_{n-1} D^2 + a_n\big) \sin \alpha x \\ &= \big((-1)^n \alpha^{2n} + a_1 (-1)^{n-1} \alpha^{2(n-1)} + a_2 (-1)^{n-2} \alpha^{2(n-2)} + \cdots \\ &\qquad + a_{n-1}(-\alpha^2) + a_n\big) \sin \alpha x \\ &= f(-\alpha^2) \sin \alpha x \end{aligned}$$

이다. ◀

4.3 n계 상수계수 제차선형상미분방정식

n계 상수계수 제차선형상미분방정식은 다음과 같다.

$$y^{(n)} + a_1 y^{(n-1)} + a_2 y^{(n-2)} + \cdots + a_{n-1} y' + a_n y = 0 \tag{4.70}$$

단, a_1, a_2, $\cdots$, a_{n-1}, a_n, 모두 상수이다. 위의 식 (4.70)을 미분연산자 다항식

$$f(D) = D^n + a_1 D^{n-1} + a_2 D^{n-2} + \cdots + a_{n-1} D + a_n \tag{4.71}$$

을 이용하여 나타내면

$$f(D)y = 0 \tag{4.72}$$

이다. 앞 절에서 이미 미분연산자와 미분연산자 다항식에 대한 성질을 설명하였으므로 이 절에서는 n계 상수계수 제차선형상미분방정식 $f(D)y = 0$의 일반해를 구하는 방법에 대하여 알아본다.

미분연산자 다항식 $f(D)$에서 D 대신에 변수 t로 대체하여 만든 t에 관한 n차 다항식을 즉,

$$f(t) = t^n + a_1 t^{n-1} + a_2 t^{n-2} + \cdots + a_{n-1} t + a_n \tag{4.73}$$

이라 하자. 이로부터 t에 관한 n차 방정식

$$f(t) = t^n + a_1 t^{n-1} + a_2 t^{n-2} + \cdots + a_{n-1} t + a_n = 0 \tag{4.74}$$

을 n계 상수계수 제차선형상미분방정식 (4.70)의 특성방정식(characteristic equation) 또는 보조방정식(auxiliary equation)이라 한다. n계 상수계수 제차선형상미분방정식의 일반해를 구할 때, 특성방정식 (4.74)가 중요한 역할을 한다. 특성방정식 (4.74)의 좌변은 t에 관한 실계수다항식이므로 인수분해 하였을 때,

$$(t-\alpha)^m = 0 \quad \text{또는} \quad (t^2 + at + b)^m = 0 \qquad (a^2 - 4b < 0) \tag{4.75}$$

의 형태이거나 또는 두 식의 곱의 형태로 표시된다. 그러면 이에 대응하는 미분연산자 다항식 $f(D)$도 마찬가지로

$$(D-\alpha)^m y = 0 \qquad \text{또는} \qquad (D^2 + aD + b)^m y = 0 \qquad (a^2 - 4b < 0) \tag{4.76}$$

의 형태이거나 또는 두 미분연산자 다항식의 곱의 형태로 표시된다. 따라서, n계 상수계수 제차선형상미분방정식

$$f(D)y = 0 \tag{4.77}$$

의 해를 구하려면 다음과 같은 제차선형상미분방정식

$$(D-\alpha)^m y = 0 \tag{4.78}$$

또는

$$(D^2 + aD + b)^m y = 0 \qquad (a^2 - 4b < 0) \tag{4.79}$$

해를 구하면 된다. 먼저, 다음 정리를 살펴보자.

정리 4.9 n계 상수계수 제차선형상미분방정식

$$f(D)y = (D^n + a_1 D^{n-1} + a_2 D^{n-2} + \cdots + a_{n-1} D + a_n)y = 0 \tag{4.80}$$

이 주어졌을 때, 미분연산자 다항식 $f(D)$가

$$f(D) = \varphi(D)\,\psi(D) \tag{4.81}$$

로 표시된다고 하자. 이때,

$$\varphi(D)y = 0, \qquad \psi(D)y = 0 \tag{4.82}$$

의 일반해를 각각 y_1과 y_2라 하고 y_1과 y_2의 각 항이 모두 일차독립이면, n계 상수계수 제차선형상미분방정식 $f(D)y = 0$의 일반해는

$$y = y_1 + y_2 \tag{4.83}$$

이다.

증명 $f(D)$, $\varphi(D)$, $\psi(D)$의 최고계수를 각각 n, m, l이라 하면, $n = m + l$이고

$$f(D)y = 0, \qquad \varphi(D)y_1 = 0, \qquad \psi(D)y_2 = 0 \tag{4.84}$$

이므로 일반해 y_1과 y_2는 각각 n개와 l개의 일차독립인 함수를 포함하고 있다. 이때,

$$\begin{aligned} f(D)(y_1 + y_2) &= \varphi(D)\,\psi(D)(y_1 + y_2) && (4.85)\\ &= \varphi(D)\,\psi(D)y_1 + \varphi(D)\,\psi(D)y_2 && (4.86)\\ &= 0 && (4.87) \end{aligned}$$

이므로 $y = y_1 + y_2$는 $f(D)y = 0$의 해이다. 이 해들은 모두 일차독립인 함수들이며, 그 개수는 $n(= m + l)$개이다. 따라서, 해의 중첩원리에 의하여

$$y = y_1 + y_2 \tag{4.88}$$

는 $f(D)y = 0$의 일반해이다. ■

정리 4.10 n계 상수계수 제차선형상미분방정식

$$(D-\alpha)^n y = 0 \quad (\alpha > 0) \tag{4.89}$$

의 일반해는 그 특성방정식을 $(t-\alpha)^n = 0$이라 할 때, 다음과 같다.

$$y = (c_1 + c_2 x + c_3 x^2 + \cdots + c_n x^{n-1})\, e^{\alpha x} \tag{4.90}$$

단, c_1, c_2, c_3, $\cdots$, c_n은 임의상수이다.

증명 정리 4.8의 (2)를 이용하면,

$$D^n(e^{-\alpha x} y) = e^{-\alpha x}(D-\alpha)^n y \tag{4.91}$$

이므로 주어진 n계 상수계수 제차선형상미분방정식$(D-\alpha)^n y = 0$은 다음과 같다.

$$D^n(e^{-\alpha x} y) = 0, \quad \text{또는} \quad \frac{d^n}{dx^n}(e^{-\alpha x} y) = 0\,. \tag{4.92}$$

이 식의 양 변을 n번 적분하면

$$e^{-\alpha x}\, y = (c_1 + c_2 x + c_3 x^2 + \cdots + c_n x^{n-1}) \tag{4.93}$$

이다. 단, c_1, c_2, c_3, $\cdots$, c_n은 임의상수이다. 따라서 일반해는

$$y = (c_1 + c_2 x + c_3 x^2 + \cdots + c_n x^{n-1})\, e^{\alpha x} \tag{4.94}$$

이다. 단, c_1, c_2, c_3, $\cdots$, c_n은 임의상수이다. ■

정리 4.11 $2m$계 상수계수 제차선형상미분방정식

$$(D^2 + aD + b)^m y = 0 \quad (a^2 - 4b < 0) \tag{4.95}$$

의 일반해는 그 특성방정식 $t^2 + at + b = 0$의 서로 다른 두 허근을 $t = \lambda \pm i\mu$ ($2m$ 중근)라 할 때, 다음과 같다.

$$y = e^{\lambda x}\big\{(c_1 + c_2 x + c_3 x^2 + \cdots + c_m x^{m-1}) \cos \mu x + \tag{4.96}$$

$$(d_1 + d_2 x + d_3 x^2 + \cdots + d_m x^{m-1})\big\} \sin \mu x \tag{4.97}$$

단, c_1, c_2, c_3, $\cdots$, c_m, d_1, d_2, d_3, $\cdots$, d_m은 임의상수이고 $i = \sqrt{-1}$이다.

증명 특성방정식이 다음과 같이 인수분해 된다고 하자.

$$t^2 + at + b = (t - \alpha)(t - \beta) \quad (\alpha = \lambda + i\mu,\ \beta = \lambda - i\mu) \tag{4.98}$$

그러면 주어진 상수계수 선형상미분방정식

$$(D^2 + aD + b)^m y = 0 \tag{4.99}$$

은

$$(D - \alpha)^m (D - \beta)^m y = 0 \tag{4.100}$$

으로 변형된다. 정리 4.9에 의하여

$$(D - \alpha)^m (D - \beta)^m y = 0 \tag{4.101}$$

의 일반해는

$$(D - \alpha)^m y = 0 \tag{4.102}$$

의 일반해

$$y = (a_1 + a_2 x + a_3 x^2 + \cdots + a_m x^{m-1})\, e^{\alpha x} \tag{4.103}$$

와

$$(D - \beta)^m y = 0 \tag{4.104}$$

의 일반해

$$y = (b_1 + b_2 x + b_3 x^2 + \cdots + b_m x^{m-1})\, e^{\beta x} \tag{4.105}$$

와의 합

$$\begin{aligned} y = {} & (a_1 + a_2 x + a_3 x^2 + \cdots + a_m x^{m-1})\, e^{\alpha x} \\ & + (b_1 + b_2 x + b_3 x^2 + \cdots + b_m x^{m-1})\, e^{\beta x} \end{aligned} \tag{4.106}$$

으로 표시된다. 단, a_1, a_2, a_3, $\cdots$, a_m, b_1, b_2, b_3, $\cdots$, b_m은 임의상수이다. 이제, Euler의 공식

$$\begin{cases} e^{i\mu x} = \cos\mu x + i\sin\mu x \\ e^{-i\mu x} = \cos\mu x - i\sin\mu x \end{cases} \tag{4.107}$$

를 이용하여 식 (4.108)을 정리하면, $\alpha = \lambda + i\mu$, $\beta = \lambda - i\mu$이므로

$$\begin{aligned} y &= (a_1 + a_2x + a_3x^2 + \cdots + a_mx^{m-1})\, e^{\lambda x}e^{i\mu x} + \\ &\qquad (b_1 + b_2x + b_3x^2 + \cdots + b_mx^{m-1})\, e^{\lambda x}e^{-i\mu x} \\ &= e^{\lambda x}(a_1 + a_2x + a_3x^2 + \cdots + a_mx^{m-1})\,(\cos\mu x + i\sin\mu x) + \\ &\qquad e^{\lambda x}(b_1 + b_2x + b_3x^2 + \cdots + b_mx^{m-1})\,(\cos\mu x - i\sin\mu x) \\ &= e^{\lambda x}\big\{(c_1 + c_2x + c_3x^2 + \cdots + c_mx^{m-1})\,\cos\mu x + \\ &\qquad (d_1 + d_2x + d_3x^2 + \cdots + d_mx^{m-1})\big\}\,\sin\mu x \end{aligned} \tag{4.108}$$

이다. 단, $c_j = a_j + b_j$, $d_j = i(a_j - b_j)$, $(j = 1, 2, 3, \cdots, m)$은 임의상수이고 $i = \sqrt{-1}$ 이다. ■

위의 정리를 좀 더 구체적으로 설명하면 다음과 같다. n계 상수계수 제차선형상미분방정식

$$f(D)y = (D^n + a_1D^{n-1} + a_2D^{n-2} + \cdots + a_{n-1}D + a_n)y = 0 \tag{4.109}$$

의 특성방정식을

$$f(t) = t^n + a_1t^{n-1} + a_2t^{n-2} + \cdots + a_{n-1}t + a_n = 0 \tag{4.110}$$

이라 하자.

(I) 특성방정식 $f(t) = 0$의 근 α_j $(j = 1, 2, 3, \cdots, n)$가 단근(simple root)인 경우는 특성방정식이 $f(t) = (t - \alpha_1)(t - \alpha_2)\cdots(t - \alpha_n) = 0$으로 인수분해 되므로 주어진 n계 상수계수 제차선형상미분방정식의 일반해는

$$y = c_1e^{\alpha_1 x} + c_2e^{\alpha_2 x} + c_3e^{\alpha_3 x} + \cdots + c_ne^{\alpha x} \tag{4.111}$$

단, c_1, c_2, c_3, $\cdots$, c_n은 임의상수이다.

(II) 특성방정식 $f(t) = 0$의 근 α가 n중근 (n multiple roots)인 경우는 특성방정식이 $f(t) = (t - \alpha)^n = 0$이므로 주어진 n계 상수계수 제차선형상미분방정식의 일반해는

$$y = (c_1 + c_2x + c_3x^2 + \cdots + c_nx^{n-1})\, e^{\alpha x} \tag{4.112}$$

이다. 단, c_1, c_2, c_3, $\cdots$, c_n은 임의상수이다. 만약, 특성방정식이 서로 다른 실근 α_{m_1}, α_{m_2}, $\cdots$, α_{m_k}를 가지고 각 근 α_{m_j}의 중복도(multiplicity)가 m_j

$(m_1 + m_2 + \cdots + m_k = n)$이면, 주어진 n계 상수계수 제차선형상미분방정식의 일반해는

$$\begin{aligned} y \;=\; & \left(c_{11} + c_{12}x + c_{13}x^2 + \cdots + c_{1m_1}x^{m_1-1}\right)e^{\alpha_{m_1}x} \\ & + \left(c_{21} + c_{22}x + c_{23}x^2 + \cdots + c_{2m_2}x^{m_2-1}\right)e^{\alpha_{m_2}x} \\ & + \left(c_{31} + c_{32}x + c_{33}x^2 + \cdots + c_{3m_3}x^{m_3-1}\right)e^{\alpha_{m_3}x} \\ & \quad \vdots \qquad\qquad \vdots \qquad\qquad \vdots \\ & + \left(c_{k1} + c_{k2}x + c_{k3}x^2 + \cdots + c_{km_k}x^{m_k-1}\right)e^{\alpha_{m_k}x} \end{aligned} \tag{4.113}$$

이다. 단, c_{11}, c_{12}, $\cdots$, c_{1m_1}, c_{21}, $\cdots$, c_{k1},$\cdots$, c_{km_k}는 모두 임의상수이다.

(III) 가장 전형적인 형태로서, 특성방정식 $f(t) = 0$을 인수분해하여

$$\begin{aligned} f(t) \;=\; & (t-\alpha_1)^{m_1}(t-\alpha_2)^{m_2}\cdots(t-\alpha_k)^{m_k} \\ & \times\{(t-a_1)^2 + b_1^2\}^{n_1}\{(t-a_2)^2 + b_2^2\}^{n_2}\cdots\{(t-a_j)^2 + b_1^2\}^{n_l} \;=\; 0 \end{aligned} \tag{4.114}$$

과 같이 인수분해 되었다고 하자. 단, α_1, α_2, $\cdots$, α_k, $a_1 \pm ib_1$, $a_2 \pm ib_2$, $\cdots$, $a_l \pm ib_l$은 각각 모두 다른 상수이다. 이때 주어진 n계 상수계수 제차선형상미분방정식의 일반해는

$$\begin{aligned} y \;=\; & P_1(x)e^{\alpha_1 x} + P_2(x)e^{\alpha_2 x} + \cdots + P_k(x)e^{\alpha_k x} \\ & + e^{a_1 x}\{Q_1(x)\cos b_1 x + R_1(x)\sin b_1 x\} + e^{a_2 x}\{Q_2(x)\cos b_2 x + \\ & \cdots + R_2(x)\sin b_2 x\} + e^{a_l x}\{Q_l(x)\cos b_l x + R_l(x)\sin b_l x\} \end{aligned} \tag{4.115}$$

이다. 단, $P_i(x)$는 x의 $(m_i - 1)$차 다항식 $(i = 1, 2, 3, \cdots, k)$이고, $Q_j(x)$, $R_j(x)$는 모두 x의 $(n_j - 1)$차 다항식 $(j = 1, 2, 3, \cdots, l)$이다.

문제 1 상미분방정식 $y'' + y' - 6y = 0$을 풀어라.

풀이 주어진 상미분방정식을 미분연산자 D를 이용하여 나타내면 $(D^2 + D - 6y)y = 0$이다. 이때 특성방정식은 $t^2 + t - 6 = 0$이고 인수분해하면, $(t+3)(t-2) = 0$이므로 서로 다른 두 실근 $t = -3, 2$를 갖는다. 따라서 주어진 상미분방정식의 일반해는 $y = c_1 e^{-3x} + c_2 e^{2x}$ (c_1, c_2는 임의상수)이다. ◀

문제 2 상미분방정식 $y''' - y'' - 12y' = 0$을 풀어라.

풀이 주어진 상미분방정식을 미분연산자 D를 이용하여 나타내면 $(D^3-D^2-12D)y=0$이다. 이때 특성방정식은 $t^3-t^2-12t=0$이고 인수분해하면, $t(t+3)(t-4)=0$이므로 서로 다른 세 실근 $t=0,-3,4$를 갖는다. 따라서 주어진 상미분방정식의 일반해는

$$y = c_1 + c_2e^{-3x} + c_3e^{4x} \quad (c_1,\ c_2,\ c_3\text{는 임의상수})$$

이다. ◀

문제 3 다음 상미분방정식 $y''' + 2y'' - 5y' - 6y = 0$을 풀어라.

풀이 미분연산자 D를 이용하여 나타내면 $(D^3+2D^2-5D-6)y=0$이다. 특성방정식은 $t^3+2t^2-5t-6=(t+3)(t+1)(t-2)=0$이므로 서로 다른 세 실근 $t=-3,-1,2$를 갖는다. 따라서 주어진 상미분방정식의 일반해는

$$y = c_1e^{-3x} + c_2e^{-x} + c_3e^{2x} \quad (c_1,\ c_2,\ c_3\text{는 임의상수})$$

이다. ◀

문제 4 다음 상미분방정식 $y''' - 3y'' + 3y' - y = 0$을 풀어라.

풀이 미분연산자 D를 이용하여 나타내면 $(D^3-3D^2+3D-1)y=(D-1)^3y=0$이다. 특성방정식은 $(t-1)^3=0$이므로 $t=1$에서 실근으로서 삼중근을 갖는다. 이로부터 일반해는

$$y = (c_1 + c_2x + c_3x^2)\,e^x = c_1e^x + c_2xe^x + c_3x^2e^x \quad (c_1,\ c_2,\ c_3\text{는 임의상수})$$

이다. ◀

문제 5 다음 상미분방정식 $(D^4+6D^3+5D^2-24D-36)y = 0$을 풀어라.

풀이 주어진 상미분방정식의 특성방정식은 $t^4+6t^3+5t^2-24t-36=0$이고 인수분해 하면 $(t+2)(t-2)(t+3)^2=0$이므로 $t=-2,2,-3$(이중근)을 갖는다. 이로부터 일반해는

$$y = c_1e^{-2x} + c_2e^{2x} + e^{-3x}(c_3+c_4x) \quad (c_1,\ c_2,\ c_3,\ c_4\text{는 임의상수})$$

이다. ◀

문제 6 상미분방정식 $(D^4-D^3-9D^2-11D-4)y = 0$을 풀어라.

풀이 주어진 상미분방정식의 특성방정식은 $t^4 - t^3 - 9t^2 - 11t - 4 = 0$이고 인수분해 하면 $(t-4)(t+1)^3 = 0$이므로 $t = 4, -1$(삼중근)을 갖는다. 일반해는

$$y = c_1 e^{4x} + (c_2 + c_3 x + c_4 x^2)e^{-x} \quad (c_1,\ c_2,\ c_3,\ c_4\text{는 임의상수})$$

이다. ◀

문제 7 상미분방정식 $y'' - 2y' + 10y = 0$을 풀어라.

풀이 주어진 상미분방정식의 특성방정식은 $t^2 - 2t + 10 = 0$이고 $t = 1 \pm 3i$이므로 서로 다른 두 허근을 갖는다. 일반해는

$$y = e^x(c_1 \cos 3x + c_2 \sin 3x) \quad (c_1,\ c_2\text{는 임의상수})$$

이다. ◀

문제 8 상미분방정식 $y''' + 4y' = 0$을 풀어라.

풀이 주어진 상미분방정식의 특성방정식은 $t(t^2+4) = 0$이고 그 근은 $t = 0, \pm 2i$이므로 한 개의 실근과 서로 다른 두 허근을 갖는다. 일반해는

$$y = c_1 + (c_2 \cos 2x + c_3 \sin 3x) \quad (c_1,\ c_2,\ c_3\text{는 임의상수})$$

이다. ◀

문제 9 $y^{(4)} + y''' + 2y'' - y' + 3y = 0$을 풀어라.

풀이 주어진 상미분방정식의 특성방정식은

$$t^4 + t^3 + 2t^2 - t + 3 = (t^2 + 2t + 3)(t^2 - t + 1) = 0$$

이고 그 근은 $t = -1 \pm \sqrt{2}i,\ \frac{1}{2} \pm \frac{\sqrt{3}}{2}i$이므로 일반해는

$$y = e^{-x}(c_1 \cos \sqrt{2}x + c_2 \sin \sqrt{2}x) + e^{\frac{1}{2}x}\left(c_3 \cos \frac{\sqrt{3}}{2}x + c_4 \sin \frac{\sqrt{3}}{2}x\right)$$

이다. 단, c_1, c_2, c_3, c_4는 임의상수이다. ◀

문제 10 $y^{(4)} + 5y'' - 36y = 0$을 풀어라.

풀이 주어진 상미분방정식의 특성방정식은

$$t^4 + 5t^2 - 36 = (t^2 - 4)(t^2 + 9) = 0$$

이고 그 근은 $t=\pm 2,\ \pm 3i$이므로 일반해는

$$y = c_1e^{-2x} + c_2e^{2x} + c_3\cos 3x + c_4\sin 3x \quad (c_1,\ c_2,\ c_3,\ c_4\text{는 임의상수})$$

이다. ◀

문제 11 $(y''-2y'+5y)^2 = 0$을 풀어라.

풀이 주어진 상미분방정식의 특성방정식은

$$(t^2-2t+5)^2 = 0$$

이고 그 근은 $t=1\pm 2i$ (이중근)이므로 일반해는

$$y = e^x\{(c_1+c_2x)\cos 2x + (c_3+c_4x)\sin 2x\} \quad (c_1,\ c_2,\ c_3,\ c_4\text{는 임의상수})$$

이다. ◀

연 습 문 제 4-3

1. 다음 상미분방정식을 풀어라.

(1) $y''+3y'-54y = 0$

(2) $y''-5y'+6y = 0$

(3) $y''-2y'+y = 0$

(4) $y''-4y = 0$

(5) $y''+4y = 0$

(6) $y''-4y+4y = 0$

(7) $y''-4y+5y = 0$

2. 다음 상미분방정식을 풀어라.

(1) $(D^3+3D^3+3D+1)y = 0$

(2) $(D^3+1)y = 0$

(3) $(D^3-1)y = 0$

(4) $(D^4 - k^4)y = 0 \quad (k \neq 0$는 상수)

(5) $(D^4 - 2k^2D^2 + k^4)y = 0 \quad (k \neq 0$는 상수)

3. 상미분방정식

$$\frac{d^2y}{dx^2} + \lambda^2 y = 0 \qquad (\lambda\text{는 상수})$$

의 일반해를 $y = A\cos(\lambda x - \theta)$와 같이 나타낼 수 있을 증명하라. 단, A, θ는 적분상수이다.

4. 다음 상미분방정식을 풀어라. 단, $i = \sqrt{-1}$이다

(1) $\dfrac{d^2y}{dx^2} + (1-i)\dfrac{dy}{dx} - iy = 0$

(2) $\dfrac{d^2y}{dx^2} - 2i\dfrac{dy}{dx} - y = 0$

4.4 n계 상수계수 비제차선형상미분방정식

제 4장 3절에서는 n계 제차 선형상미분방정식의 일반해를 구하는 방법에 대하여 알아 보았다. 이 절에서는 n계 상수계수 비제차선형상미분방정식의 일반해를 구하는 방법에 대하여 알아본다. 제 4장 1절에서 언급한 것처럼 n계 상수계수 비제차선형상미분방정식의 일반형은 다음과 같다.

$$y^{(n)} + a_1 y^{(n-1)} + a_2 y^{(n-2)} + \cdots + a_{n-1}y' + a_n y = R(x)(\neq 0) \qquad (4.116)$$

단, a_1, a_2, $\cdots$, a_{n-1}, a_n은 모두 상수이고 비제차항 $R(x)$는 x의 함수이다.

x를 독립변수, y를 종속변수라 할 때, 미분연산자 다항식

$$f(D) = D^n + a_1 D^{n-1} + a_2 D^{n-2} + \cdots + a_{n-1}D + a_n \qquad (4.117)$$

을 이용하면, n계 상수계수 비제차선형상미분방정식 (4.117)은

$$f(D)y = R(x) \qquad (4.118)$$

로 나타낼 수 있다. 정리 4.7에 의하여 n계 상수계수 비제차선형상미분방정식

$$f(D)y = R(x) \qquad (4.119)$$

의 일반해 y는 n계 상수계수 비제차선형상미분방정식 $f(D)y = R(x)$의 한 특수해 y_p와 여방정식(수반제차 선형상미분방정식) $f(D)y = 0$의 여함수(일반해) y_c의 합

$$y = y_p + y_c \tag{4.120}$$

로 표현된다. 따라서, n계 상수계수 비제차선형상미분방정식 $f(D)y = R(x)$의 일반해를 구할 때, 여방정식 $f(D)y = 0$의 여함수를 구하는 문제는 곧 n계 상수계수 제차선형상미분방정식 $f(D)y = 0$의 일반해를 구하는 문제와 같다. 따라서, 이 절에서는 n계 상수계수 비제차선형상미분방정식 $f(D)y = R(x)$의 특수해를 구하는 방법에 대하여 논할 것이며 이로부터 일반해를 구할 것이다.

x를 독립변수, y를 종속변수라 할 때, $f(D)$를

$$f(D) = D^n + a_1 D^{n-1} + a_2 D^{n-2} + \cdots + a_{n-1} D + a_n \tag{4.121}$$

이라 하자. 이때 n계 상수계수 비제차선형상미분방정식

$$f(D)y = R(x) \tag{4.122}$$

의 한 특수해 y_p를 구함에 있어서 새로운 연산자 $\dfrac{1}{f(D)}$를 도입하여

$$y_p = \frac{1}{f(D)} R(x) \tag{4.123}$$

와 같이 나타낼 수 있다면, $f(D)$의 역수(reciprocal)로 간주하여 사용하는 것이 편리할 것이다. 그런데, 이와같이 나타내려면 연산자 $\dfrac{1}{f(D)}$에 대한 의미를 엄밀하게 정의하여 식 (4.119)의 한 특수해가 되게 하여야 한다.

이제 $\dfrac{1}{f(D)}$의 의미를 다음과 같이 정의한다. n계 상수계수 비제차선형상미분방정식

$$f(D)y = R(x) \tag{4.124}$$

를 만족하는 적당한 x의 함수 y가 존재하여, 이 y를

$$y = \frac{1}{f(D)} R(x) \tag{4.125}$$

로 나타내고, y를 비제차항 $R(x)$에 연산자 $\frac{1}{f(D)}$를 연산한 것이라고 정의한다. 이때 $\frac{1}{f(D)}$를 $f(D)$의 역연산자 다항식(polynomial of inverse operator)이라 한

다. 여기서 주의해야 할 것은 식 (4.125)의 양 변에 미분연산자 다항식 $f(D)$를 연산하면

$$f(D)y = f(D)\frac{1}{f(D)}R(x) \tag{4.126}$$

이므로

$$f(D)y = R(x) \tag{4.127}$$

가 된다. 이로부터

$$f(D)\frac{1}{f(D)} = 1 \tag{4.128}$$

이 성립한다. 식 (4.129)의 우변의 1을 단위연산자(unit operator)라 부른다. 특히, $f(D) = D$이면,

$$D\frac{1}{D}R(x) = R(x) \tag{4.129}$$

이므로 $D\dfrac{1}{D} = 1$이 성립하지만 $\dfrac{1}{D}D = 1$이라고는 말할 수 없다. 이로부터 일반적으로

$$\frac{1}{f(D)}f(D) = 1 \tag{4.130}$$

은 성립하지 않는다는 사실에 주의하자. 이제, 몇 가지 역미분연산자 다항식의 성질에 대하여 알아보자.

(1) $f(D) = f_1(D)\,f_2(D)$일 때,

$$\frac{1}{f_1(D)\,f_2(D)}R(x) = \frac{1}{f_2(D)}\left\{\frac{1}{f_1(D)}R(x)\right\} \tag{4.131}$$

증명 $f(D) = f_1(D)\,f_2(D)$라 하면,

$$\begin{aligned}
&f_1(D)\,f_2(D)\left\{\frac{1}{f_2(D)}\left\{\frac{1}{f_1(D)}R(x)\right\}\right\} \\
&= f_1(D)\left\{f_2(D)\frac{1}{f_2(D)}\left\{\frac{1}{f_1(D)}R(x)\right\}\right\} \\
&= f_1(D)\left\{\frac{1}{f_1(D)}R(x)\right\} \\
&= R(x)
\end{aligned}$$

이므로

$$\frac{1}{f_1(D)\,f_2(D)}\,R(x) = \frac{1}{f_2(D)}\left\{\frac{1}{f_1(D)}\,R(x)\right\} \tag{4.132}$$

이다. ■

(2) 역연산자 다항식 $\dfrac{1}{f(D)}$은 선형성질을 만족한다. 즉,

$$\frac{1}{f(D)}\,\{c_1R_1(x)+c_2R_2(x)\} = c_1\,\frac{1}{f(D)}\,R_1(x)+c_2\,\frac{1}{f(D)}\,R_2(x) \tag{4.133}$$

가 성립한다.

증명 먼저,

$$f(D)\left\{c_1\,\frac{1}{f(D)}\,R_1(x)+c_2\,\frac{1}{f(D)}\,R_2(x)\right\}$$

를 구하면

$$\begin{aligned}
&c_1\,f(D)\left\{\frac{1}{f(D)}\right\}R_1(x)+c_2\,f(D)\left\{\frac{1}{f(D)}\,R_2(x)\right\}\\
&= c_1\left\{f(D)\,\frac{1}{f(D)}\right\}R_1(x)+c_2\left\{f(D)\,\frac{1}{f(D)}\,R_2(x)\right\}\\
&= c_1R_1(x)+c_2R_2(x)
\end{aligned}$$

이므로

$$\frac{1}{f(D)}\,\{c_1R_1(x)+c_2R_2(x)\} = c_1\,\frac{1}{f(D)}\,R_1(x)+c_2\,\frac{1}{f(D)}\,R_2(x) \tag{4.134}$$

이다. ■

(3) $f(D)=f_1(D)\,f_2(D)$이고

$$\frac{1}{f(t)} = \frac{1}{f_1(t)\,f_2(t)} = \frac{c_1}{f_1(t)}+\frac{c_2}{f_2(t)} \qquad (c_1,\ c_2\text{는 상수}) \tag{4.135}$$

라 할 때, 다음 식이 성립한다.

$$\frac{1}{f(D)}\,R(x) = c_1\frac{1}{f_1(D)}\,R(x)+c_2\frac{1}{f_2(D)}\,R(x) \tag{4.136}$$

증명 먼저, $\frac{1}{f(t)} = \frac{1}{f_1(t)\,f_2(t)}$를 부분분수로 나누어 다음과 같은 형태가 되었다고 하자.

$$\begin{aligned}\frac{1}{f_1(t)\,f_2(t)} &= \frac{c_1}{f_1(t)} + \frac{c_2}{f_2(t)} \\ &= \frac{c_1\,f_2(t) + c_2 f_1(t)}{f_1(t)\,f_2(t)} \end{aligned} \tag{4.137}$$

이 식은 t에 관한 항등식이므로 우변의 분자는 $c_1\,f_2(t) + c_2 f_1(t) = 1$이어야 한다. 여기서 t 대신에 미분연산자 D을 대입하면, D에 관한 항등식 $c_1\,f_2(D) + c_2 f_1(D) = 1$ (1은 단위연산자)을 얻는다. 이로부터

$$\begin{aligned} & f(D)\left\{c_1\,\frac{1}{f_1(D)}\,R(x) + c_2\,\frac{1}{f_2(D)}\,R(x)\right\} \\ &= c_1\,\left\{f(D)\,\frac{1}{f_1(D)}\right\}\,R(x) + c_2\,\left\{f(D)\,\frac{1}{f_2(D)}\,R(x)\right\} \\ &= c_1\,f_2(D)\,R(x) + c_2\,f_1(D)\,R(x) \\ &= \big(\,c_1\,f_2(D) + c_2\,f_1(D)\,\big)\,R(x) \\ &= R(x) \end{aligned}$$

이므로

$$\frac{1}{f(D)}\,R(x) = c_1\frac{1}{f_1(D)}\,R(x) + c_2\frac{1}{f_2(D)}\,R(x) \tag{4.138}$$

이다. ∎

(4) $\dfrac{1}{f(D)}\,R(x) = e^{\alpha x}\dfrac{1}{f(D+\alpha)}\{e^{-\alpha x}\,R(x)\}$

증명 주어진 식의 오른쪽 항에 $f(D)$를 연산하고 정리 4.8의 식 (2)를 적용하면,

$$\begin{aligned} & f(D)\left\{e^{\alpha x}\frac{1}{f(D+\alpha)}\{e^{-\alpha x}\,R(x)\,\}\right\} \\ &= e^{\alpha x} f(D+\alpha)\left\{\frac{1}{f(D+\alpha)}\{e^{-\alpha x}\,R(x)\,\}\right\} \\ &= e^{\alpha x}\left\{f(D+\alpha)\,\frac{1}{f(D+\alpha)}\right\}\{e^{-\alpha x}\,R(x)\,\} \\ &= e^{\alpha x}\{e^{-\alpha x}\,R(x)\,\} \\ &= R(x) \end{aligned}$$

이므로

$$\frac{1}{f(D)}\,R(x) = e^{\alpha x}\frac{1}{f(D+\alpha)}\{e^{-\alpha x}\,R(x)\} \tag{4.139}$$

이다. ■

(5) $\dfrac{1}{f(D)}\,\{e^{\alpha x}\,R(x)\} = e^{\alpha x}\dfrac{1}{f(D+\alpha)}\,R(x)$

증명 앞의 식 (5)의 비제차항 $R(x)$ 대신에 $e^{\alpha x}\,R(x)$를 대입하고 공식 (5)를 적용하면,

$$\begin{aligned}\frac{1}{f(D)}\{e^{\alpha x}\,R(x)\} &= e^{\alpha x}\frac{1}{f(D+\alpha)}\{e^{-\alpha x}\,e^{\alpha x}R(x)\}\\ &= e^{\alpha x}\frac{1}{f(D+\alpha)}\,R(x)\end{aligned} \tag{4.140}$$

를 얻는다. ■

이제 n계 상수계수 비제차 선형상미분방정식 $f(D)y$와 여러 가지 형태의 비제차항 $R(x)$이 주어졌을 때, 특수해 y_p를 구하는 공식에 대하여 살펴보자.

(I) $R(x) = e^{\alpha x}$ $(\alpha \neq 0)$이면,

$$\frac{1}{f(D)}\,e^{\alpha x} = \frac{e^{\alpha x}}{f(\alpha)} \qquad (\text{단, } f(\alpha) \neq 0) \tag{4.141}$$

이다. 특히, $R(x) = 1$이면,

$$\frac{1}{f(D)}\,1 = \frac{1}{f(0)} \qquad (\text{단, } f(0) \neq 0) \tag{4.142}$$

이다.

증명 식 (4.142)의 우변을 $f(D)$로 연산하면 즉,

$$\begin{aligned}f(D)\left(\frac{e^{\alpha x}}{f(\alpha)}\right) &= \frac{1}{f(\alpha)}f(\alpha)e^{\alpha x}\\ &= e^{\alpha x}\end{aligned}$$

이므로

$$\frac{1}{f(D)}\,e^{\alpha x} = \frac{e^{\alpha x}}{f(\alpha)} \qquad (\text{단, } f(\alpha) \neq 0) \tag{4.143}$$

이다. 여기서 $\alpha = 0$이면,

$$\frac{1}{f(D)}1 = \frac{1}{f(0)} \qquad (f(0) \neq 0) \tag{4.144}$$

이다. ∎

(II) 비제차항 $R(x)$에 대하여,

$$\frac{1}{(D-\alpha)^n}R(x) = e^{\alpha x}\int^{(n)} e^{-\alpha x}R(x)\,(dx)^n \tag{4.145}$$

$$= e^{\alpha x}\overbrace{\int\int\cdots\int}^{n\text{번}} e^{-\alpha x}R(x)\,\overbrace{dxdx\cdots dx}^{n\text{번}} \tag{4.146}$$

이다.

증명 식 (4.142)의 우변을 $(D-\alpha)^n$으로 연산하면

$$\begin{aligned}(D-\alpha)^n\left(e^{\alpha x}\int^{(n)} e^{-\alpha x}R(x)\,(dx)^n\right) &= e^{\alpha x}D^n\left(\int^{(n)} e^{-\alpha x}R(x)\,(dx)^n\right)\\ &= e^{\alpha x}\big(e^{-\alpha x}R(x)\big)\\ &= R(x)\end{aligned}$$

이므로

$$\begin{aligned}\frac{1}{(D-\alpha)^n}R(x) &= e^{\alpha x}\int^{(n)} e^{-\alpha x}R(x)\,(dx)^n\\ &= e^{\alpha x}\overbrace{\int\int\cdots\int}^{n\text{번}} e^{-\alpha x}R(x)\,\overbrace{dxdx\cdots dx}^{n\text{번}}\end{aligned} \tag{4.147}$$

이다. ∎

식 (2)의 특별한 경우로 다음 세 가지가 있다. 먼저, 식 (4.146)에서 $\alpha = 0$이면,

$$\frac{1}{D^n}R(x) = \int^{(n)} R(x)\,(dx)^n \tag{4.148}$$

이고 식 (4.146)에서 비제차항이 $R(x) = e^{\alpha x}$이면,

$$\frac{1}{(D-\alpha)^n}e^{\alpha x} = \frac{x^n\,e^{\alpha x}}{n!} \tag{4.149}$$

이고 마찬가지로 식 (4.146)에서 비제차항이 $R(x) = e^{\alpha x}$이면

$$\frac{1}{g(D)(D-\alpha)^n}\, e^{\alpha x} \;=\; \frac{e^{\alpha x}\, x^n}{g(\alpha)\, n!} \qquad (g(\alpha) \neq 0,\ n = 1, 2, 3, \cdots) \tag{4.150}$$

이 얻어진다.

(III) 비제차항 $R(x)$가 x의 n차 다항식이라 할 때,

$$\frac{1}{f(t)} \;=\; k_0 + k_1 t + k_2 t^2 + \cdots + k_n t^n + \frac{Q(t)}{f(t)} \tag{4.151}$$

와 같이 표시된다고 하자. 여기서, k_0, k_1, k_2, $\cdots$, k_n은 상수이고 $Q(t)$는 t의 $(n+1)$차 이상의 다항식이다. 그러면,

$$\frac{1}{f(D)}\, R(x) \;=\; (\, k_0 + k_1 D + k_2 D^2 + \cdots + k_n D^n \,)\, R(x) \tag{4.152}$$

가 성립한다.

증명 먼저,

$$\frac{1}{f(t)} \;=\; k_0 + k_1 t + k_2 t^2 + \cdots + k_n t^n + \frac{Q(t)}{f(t)}$$

이므로

$$1 \;=\; f(t)\, (\, k_0 + k_1 t + k_2 t^2 + \cdots + k_n t^n \,) + Q(t) \tag{4.153}$$

이고

$$1 - f(t)\, (k_0 + k_1 t + k_2 t^2 + \cdots + k_n t^n \,) \;=\; Q(t) \tag{4.154}$$

이다. 그런데 위의 식은 t에 관한 항등식이므로 t를 미분연산자 D로 대체하면, 이 역시 D에 관한 항등식이므로

$$1 - f(D)\, (k_0 + k_1 t + k_2 t^2 + \cdots + k_n t^n \,) \;=\; Q(D) \tag{4.155}$$

가 성립한다. 이제 위의 식 (4.156)에 우변에 비제차항 $R(x)$를 곱하면,

$$\left\{1 - f(D)\, (k_0 + k_1 t + k_2 t^2 + \cdots + k_n t^n \,)\right\} R(x) \;=\; Q(D)\, R(x) \tag{4.156}$$

이다. 그런데 (4.157)의 우변에서 $Q(D)$는 미분연산자 D의 $n+1$차 이상의 다항식이고 비제차항 $R(x)$는 x의 n차 다항식이므로 $Q(D)\, R(x) = 0$이다. 그러므로

$$R(x) - f(D)\, (k_0 + k_1 t + k_2 t^2 + \cdots + k_n t^n \,)\, R(x) \;=\; 0 \tag{4.157}$$

이고

$$f(D)\,(k_0 + k_1 t + k_2 t^2 + \cdots + k_n t^n\,)\,R(x) \;=\; R(x) \tag{4.158}$$

이므로

$$\frac{1}{f(D)}\,R(x) \;=\; (\,k_0 + k_1 D + k_2 D^2 + \cdots + k_n D^n\,)\,R(x) \tag{4.159}$$

가 성립한다.

(IV) 비제차항이 $R(x) = R_1(x) + iR_2(x)$의 형태일 때, $\mathrm{Re}\frac{1}{f(D)}$과 $\mathrm{Im}\frac{1}{f(D)}$을 각각

$$\mathrm{Re}\,\frac{1}{f(D)}\,R(x) \;=\; \mathrm{Re}\,\frac{1}{f(D)}\,\big(R_1(x) + iR_2(x)\big) \;=\; \frac{1}{f(D)}\,R_1(x) \tag{4.160}$$

$$\mathrm{Im}\,\frac{1}{f(D)}\,R(x) \;=\; \mathrm{Im}\,\frac{1}{f(D)}\,\big(R_1(x) + iR_2(x)\big) \;=\; \frac{1}{f(D)}\,R_2(x) \tag{4.161}$$

로 정의한다. 단, $i = \sqrt{-1}$ 이다.

문제 1 $\dfrac{1}{D^2 + D + 1}\,e^{3x}$ 을 구하라.

풀이

$$\frac{1}{D^2 + D + 1}\,e^{3x} \;=\; \frac{1}{3^2 + 3 + 1}\,e^{3x} \;=\; \frac{1}{13}\,e^{3x}$$

◀

문제 2 $\dfrac{1}{D^2 + 3D + 2}\,e^{-x}$ 을 구하라.

풀이

$$\begin{aligned}
\frac{1}{D^2 + 3D + 2}\,e^{-x} \;&=\; \frac{1}{(D+2)(D+1)}\,e^{-x} \\
&= \frac{1}{D+1}\,\frac{1}{D+2}\,e^{-x} \\
&= \frac{1}{D+1}\,e^{-x} \\
&= e^{-x}\frac{1}{(D-1+1)}e^{x}\,e^{-x} \\
&= e^{-x}\frac{1}{D}1 \\
&= xe^{-x}
\end{aligned}$$

◀

문제 3 $\dfrac{1}{D^3-7D^2+15D-9}2e^{3x}$ 을 구하라.

풀이
$$\begin{aligned}\frac{1}{D^3-7D^2+15D-9}2e^{3x} &= 2\frac{1}{(D-1)(D-3)^2}e^{3x}\\ &= 2\frac{1}{(D-3)^2(D-1)}e^{3x}\\ &= 2\frac{1}{(D-3)^2}\frac{1}{D-1}e^{3x}\\ &= 2\frac{1}{(D-3)^2}\left(\frac{1}{2}e^{3x}\right)\\ &= e^{3x}\frac{1}{(D+3-3)^2}(e^{-3x}e^{3x})\\ &= e^{3x}\frac{1}{D^2}1\\ &= \frac{1}{2}x^2e^{3x}\end{aligned}$$
◀

문제 4 $\dfrac{1}{D+1}x$ 을 구하라.

풀이 먼저,
$$\frac{1}{1+t} = 1-t+\frac{t^2}{1+t}$$
이므로
$$\begin{aligned}\frac{1}{1+D}x &= (1-D+\frac{D^2}{1+D})x\\ &= (1-D)x\\ &= x-1\end{aligned}$$
이다. ◀

문제 5 $\dfrac{1}{D^2-5D+4}x$ 을 구하라.

풀이 먼저,
$$\begin{aligned}\frac{1}{t^2-5t+4} &= \frac{1}{4}\frac{1}{1-\frac{5}{4}t+\frac{1}{4}t^2}\\ &= \frac{1}{4}(1+\frac{5}{4}t+\cdots)\end{aligned}$$

이므로

$$\begin{aligned}\frac{1}{D^2-5D+4} &= \frac{1}{4}\frac{1}{1-\frac{5}{4}D+\frac{1}{4}D^2}x \\ &= \frac{1}{4}\left(1+\frac{5}{4}D+\cdots\right)x \\ &= \frac{1}{4}x+\frac{5}{16}\end{aligned}$$

이다. ◀

문제 6 다음 상미분방정식 $(D^3-3D^2+2D)y = x^2$의 한 특수해 y_p를 구하라.

풀이 먼저, 주어진 상미분방정식의 한 특수해 y_p는

$$\begin{aligned}y_p &= \frac{1}{D^3-3D^2+2D}x^2 \\ &= \frac{1}{D(D^2-3D+2)}x^2 \\ &= \frac{1}{D}\left(\frac{1}{D^2-3D+2}\right)x^2\end{aligned} \tag{4.162}$$

이다. 다음에,

$$\begin{aligned}\frac{1}{t^3-3t^2+2t} &= \frac{1}{2}\frac{1}{1-\frac{3}{2}t+\frac{1}{2}t^2} \\ &= \frac{1}{2}\left(1+\frac{3}{2}t+\frac{7}{4}t^2+\cdots\right)\end{aligned} \tag{4.163}$$

이므로

$$\begin{aligned}y_p &= \frac{1}{D^3-3D^2+2D}x^2 \\ &= \frac{1}{D}\frac{1}{2}\left(1+\frac{3}{2}D+\frac{7}{4}D^2\right)x^2 \\ &= \frac{1}{2}\int\left(x^2+3x+\frac{7}{2}\right)dx \\ &= \frac{1}{2}\left(\frac{x^3}{3}+\frac{3}{2}x^2+\frac{7}{2}x\right) \\ &= \frac{x^3}{6}+\frac{3}{4}x^2+\frac{7}{4}x\end{aligned} \tag{4.164}$$

이다. ◀

문제 7 다음 상미분방정식 $(D^2 - D - 2)y = \cos x$의 한 특수해 y_p를 구하라.

풀이 먼저, 주어진 상미분방정식의 한 특수해 y_p는

$$\begin{aligned} y_p &= \frac{1}{D^2 - D - 2}\cos x \\ &= \mathrm{Re}\,\frac{1}{D^2 - D - 2}\,e^{ix} \end{aligned}$$

이고 이로부터,

$$\begin{aligned} y_p &= \mathrm{Re}\,\frac{1}{i^2 - i - 2}\,e^{ix} \\ &= \mathrm{Re}\,\frac{1}{-3 - i}\,e^{ix} \\ &= \mathrm{Re}\,\frac{-3 + i}{(-3 - i)(-3 + i)}\,e^{ix} \\ &= \mathrm{Re}\,\frac{-3 + i}{10}\,e^{ix} \\ &= \mathrm{Re}\,\frac{-3 + i}{10}(\cos x + i\sin x) \\ &= \mathrm{Re}\left(-\frac{1}{10}(3\cos x + \sin x) + i\frac{1}{10}(\cos x - 3\sin x)\right) \\ &= -\frac{1}{10}(3\cos x + \sin x) \end{aligned}$$

이다. ◀

문제 8 다음 상미분방정식 $(D^2 - 3D + 2)y = e^x$를 풀어라.

풀이 주어진 상미분방정식의 여방정식은 $(D^2 - 3D + 2)y = 0$이고 특성방정식은 $t^2 - 3t + 2 = 0$이다. 이 특성방정식을 풀면 서로 다른 두 실근 $t = 1, 2$를 가진다. 이로부터 여함수는 $y_c = c_1e^x + c_2e^{2x}$ (c_1, c_2는 임의상수)이다. 이제 특

수해 y_p를 구하면 다음과 같다.

$$\begin{aligned} y_p &= \frac{1}{D^2-3D+2}\,e^x \\ &= \frac{1}{(D-1)(D-2)}\,e^x \\ &= -\frac{1}{D-1}e^x \\ &= -e^x\,\frac{1}{D}1 \\ &= -xe^x\,. \end{aligned}$$

따라서 일반해는 $y = y_c + y_p = c_1e^x + c_2e^{2x} - xe^x$ (c_1, c_2는 임의상수)이다. ◀

문제 9 다음 상미분방정식 $(D-2)^3y = e^{2x}$을 풀어라.

풀이 주어진 상미분방정식의 여방정식은 $(D-2)^3y = 0$이고 특성방정식은 $(t-2)^3 = 0$이므로 이 특성방정식의 근은 $t = 2$(삼중근)이다. 이로부터 여함수는 $y_c = (c_1 + c_2x + c_3x^2)\,e^{3x}$ (c_1, c_2, c_3는 임의상수)이다. 이제 특수해 y_p를 구하면

$$\begin{aligned} y_p &= \frac{1}{(D-2)^3}\,e^{2x} \\ &= e^{2x}\frac{1}{(D+2-2)^3}\,e^{-2x}\,e^{2x} \\ &= e^{2x}\,\frac{1}{D^3}1 \\ &= \frac{x^3}{6}\,e^{2x} \end{aligned}$$

이다. 따라서 일반해는 $y = y_c + y_p = (c_1 + c_2x + c_3x^2)\,e^{3x} + \frac{1}{6}x^3e^{2x}$ (c_1, c_2, c_3는 임의상수)이다. ◀

문제 10 상미분방정식 $(D^2 - D + 1)y = x^3$을 풀어라.

풀이 주어진 상미분방정식의 여방정식은 $(D^2-D+1)y = 0$이고 특성방정식은 $t^2-t+1 = 0$이므로 이 특성방정식의 근은 서로 다른 두 허근 $t = \frac{1}{2}\pm\frac{\sqrt{3}}{2}i$이다. 이로부터 여함수는

$$y_c = e^{\frac{1}{2}x}\,(c_1\cos\frac{\sqrt{3}}{2} + c_2\sin\frac{\sqrt{3}}{2}) \quad (c_1,\ c_2\text{는 임의상수})$$

이고, 특수해 y_p를 구하면

$$\begin{aligned} y_p &= \frac{1}{D^2 - D + 1}\, x^3 \\ &= (1 + D - D^3)\, x^3 \\ &= x^3 + 3x^2 - 6 \end{aligned}$$

이다. 따라서 일반해는

$$y = y_c + y_p = e^{\frac{1}{2}x}\left(c_1 \cos\frac{\sqrt{3}}{2} + c_2 \sin\frac{\sqrt{3}}{2}\right) + x^3 + 3x^2 - 6$$

이다. 단, c_1, c_2는 임의상수이다. ◀

문제 11 상미분방정식 $(D^2 - 3D + 2)y = xe^x$을 풀어라.

풀이 주어진 상미분방정식의 여방정식은 $(D^2 - 3D + 2)y = 0$이고 특성방정식은 $t^2 - 3t + 2 = 0$이므로 이 특성방정식의 근은 서로 다른 두 실근 $t = 1, 2$이다. 이로부터 여함수는

$$y_c = c_1 e^x + c_2 e^{2x} \qquad (c_1,\ c_2\text{는 임의상수})$$

이고, 특수해 y_p를 구하면

$$\begin{aligned} y_p &= \frac{1}{D^2 - 3D + 2}\, xe^x \\ &= e^x \frac{1}{(D+1)^2 - 3(D+1) + 2}\, e^{-x}\, xe^x \\ &= e^x \frac{1}{D(D-1)}\, x \\ &= -e^x \frac{1}{D}(1 + D)\, x \\ &= -e^x \frac{1}{D}\, (x+1) \\ &= -\frac{1}{2}x(x+2)\, e^x \end{aligned}$$

이다. 따라서 일반해는

$$\begin{aligned} y &= y_c + y_p \\ &= c_1 e^x + c_2 e^{2x} - \frac{1}{2}x(x+2)\, e^x \qquad (c_1,\ c_2\text{는 임의상수}) \end{aligned}$$

이다. ◀

문제 12 다음 미분방정식을 풀어라.

$$(D^2 + 2D + 2)y = 2e^x \cos x$$

풀이 주어진 상미분방정식의 여방정식은 $(D^2+2D+2)y = 0$이고 특성방정식은 $t^2+2t+2 = 0$이므로 이 특성방정식의 근은 서로 다른 두 허근 $t = -1 \pm i$이다. 이로부터 여함수는

$$y_c = e^{-x}(c_1 \cos x + c_2 \sin x) \qquad (c_1,\ c_2\text{는 임의상수})$$

이고, 특수해 y_p를 구하면

$$\begin{aligned} y_p &= \frac{1}{D^2+2D+2} 2e^x \cos x \\ &= 2e^x \frac{1}{(D+1)^2+2(D+1)+2} e^{-x} e^x \cos x \\ &= 2e^x \frac{1}{D^2+4D+5} \cos x \\ &= 2e^x \,\mathrm{Re} \frac{1}{D^2+4D+5} e^{ix} \\ &= 2e^x \,\mathrm{Re} \frac{1}{i^2+4i+5} e^{ix} \\ &= 2e^x \,\mathrm{Re} \frac{1}{4} \frac{1}{1+i} e^{ix} \\ &= 2e^x \,\mathrm{Re} \frac{1}{4} \frac{1-i}{(1+i)(1-i)} e^{ix} \\ &= 2e^x \,\mathrm{Re} \frac{1}{4} \frac{1-i}{2} (\cos x + i \sin x) \\ &= \frac{1}{4} e^x (\cos x + \sin x) \end{aligned}$$

이다. 따라서 일반해는

$$\begin{aligned} y &= y_c + y_p \\ &= e^{-x}(c_1 \cos x + c_2 \sin x) + \frac{1}{4} e^x (\cos x + \sin x) \end{aligned}$$

이다. 단, c_1, c_2는 임의상수이다. ◀

문제 13 다음 상미분방정식을 풀어라.

$$(D^2+1)y = x\cos x$$

풀이 주어진 상미분방정식의 여방정식은 $(D^2+1)y=0$이고 특성방정식은 $t^2+1=0$이므로 이 특성방정식의 근은 서로 다른 두 허근 $t=\pm i$이다. 이로부터 여함수는 $y_c = c_1\cos x + c_2\sin x$ (c_1, c_2는 임의상수)이고, 특수해 y_p는

$$\begin{aligned}
y_p &= \frac{1}{D^2+1}x\cos x \\
&= \mathrm{Re}\,\frac{1}{D^2+1}xe^{ix} \\
&= \mathrm{Re}\,e^{ix}\frac{1}{(D+i)^2+1}e^{-ix}\,xe^{ix} \\
&= \mathrm{Re}\,e^{ix}\frac{1}{D^2+2Di}x \\
&= \mathrm{Re}\,e^{ix}\frac{1}{D}\frac{1}{2i(1+\frac{1}{2i}D)}x \\
&= \mathrm{Re}\,e^{ix}\frac{1}{D}\frac{1}{2i}\Big(1-\frac{1}{2i}D\Big)x \\
&= \mathrm{Re}\,e^{ix}\frac{1}{D}\frac{1}{2i}\Big(x-\frac{1}{2i}\Big) \\
&= \frac{1}{2}\mathrm{Re}\,e^{ix}\frac{1}{D}\Big(-ix+\frac{1}{2}\Big) \\
&= \frac{1}{2}\mathrm{Re}\,e^{ix}\Big(-\frac{i}{2}x^2+\frac{1}{2}x\Big) \\
&= \frac{1}{4}\mathrm{Re}\,(\cos x+i\sin x)\,(-ix^2+x)\big) \\
&= \frac{1}{4}\mathrm{Re}\,\{(x\cos x+x^2\sin x)+i(x\sin x-x^2\cos x)\} \\
&= \frac{1}{4}(x\cos x+x^2\sin x)
\end{aligned}$$

이므로 일반해는

$$y = y_c+y_p = c_1\cos x + c_2\sin x + \frac{1}{4}(x\cos x + x^2\sin x)$$

이다. 단, c_1, c_2는 임의상수이다. ◀

문제 14 다음 상미분방정식을 풀어라.

$$(D^2+2D+4)y = e^x\sin(2x+1)$$

풀이 주어진 상미분방정식의 여방정식은 $(D^2+2D+4)y = 0$이고 특성방정식은 $t^2+2t+4 = 0$이므로 이 특성방정식의 근은 서로 다른 두 허근 $t = -1 \pm \sqrt{3}\,i$이다. 이로부터 여함수는

$$y_c = e^{-x}(c_1 \cos\sqrt{3}\,x + c_2 \sin\sqrt{3}\,x) \qquad (c_1,\ c_2\text{는 임의상수})$$

이고, 특수해 y_p를 구하면

$$\begin{aligned}
y_p &= \frac{1}{D^2+2D+4}\, e^x \sin(2x+1) \\
&= e^x \frac{1}{(D+1)^2+2(D+1)+4}\, e^{-x}\, e^x \sin(2x+1) \\
&= e^x \frac{1}{D^2+4D+7}\, \sin(2x+1) \\
&= e^x\, \mathrm{Im} \frac{1}{D^2+4D+7}\, e^{i(2x+1)} \\
&= e^x\, \mathrm{Im}\, e^i \frac{1}{(2i)^2+4(2i)+7} e^{i2x} \\
&= e^x\, \mathrm{Im} \frac{1}{3+8i}\, e^{i(2x+1)} \\
&= e^x\, \mathrm{Im} \frac{3-8i}{(3+8i)\,(3-8i)}\, \big(\cos(2x+1) + i\sin(2x+1)\big) \\
&= \frac{1}{73}\, e^x \big\{3\sin(2x+1) - 8\cos(2x+1)\big\}
\end{aligned}$$

이다. 따라서 일반해는

$$\begin{aligned}
y &= y_c + y_p \\
&= e^{-x}(c_1 \cos\sqrt{3}\,x + c_2 \sin\sqrt{3}\,x) + \frac{1}{73}\, e^x \big\{3\sin(2x+1) - 8\cos(2x+1)\big\}
\end{aligned}$$

이다. 단, c_1, c_2는 임의상수이다. ◀

문제 15 다음 상미분방정식을 풀어라.

$$(2D^2+2D+3)y = x^2+2x-1$$

풀이 주어진 상미분방정식의 여방정식은 $(2D^2+2D+3)y = 0$이고 특성방정식은 $2t^2+2t+3 = 0$이므로 이 특성방정식의 근은 서로 다른 두 허근 $t = -\frac{1}{2} \pm \frac{\sqrt{5}}{2}\,i$이다. 이로부터 여함수는

$$y_c = e^{-\frac{1}{2}x}(c_1 \cos\frac{\sqrt{5}}{2}\,x + c_2 \sin\frac{\sqrt{5}}{2}\,x) \qquad (c_1,\ c_2\text{는 임의상수})$$

이고, 특수해 y_p를 구하면

$$\begin{aligned} y_p &= \frac{1}{2D^2+2D+3}(x^2+2x-1) \\ &= \frac{1}{3}\frac{1}{1+\frac{2}{3}D+\frac{2}{3}D^2}(x^2+2x-1) \\ &= \frac{1}{3}\left(1-\frac{2}{3}D-\frac{2}{9}D^2\right)(x^2+2x-1) \\ &= \frac{1}{3}(x^2+2x-1)-\frac{2}{9}(2x+2)-\frac{2}{27}2 \\ &= \frac{1}{3}\big(x^2+\frac{2}{3}x-\frac{25}{9}\big) \end{aligned}$$

이다. 따라서 일반해는

$$\begin{aligned} y &= y_c+y_p \\ &= e^{-\frac{1}{2}x}(c_1\cos\frac{\sqrt{5}}{2}x+c_2\sin\frac{\sqrt{5}}{2}x)+\frac{1}{3}\big(x^2+\frac{2}{3}x-\frac{25}{9}\big) \end{aligned}$$

이다. 단, c_1, c_2는 임의상수이다. ◀

문제 16 다음 상미분방정식을 풀어라.

$$(D^2-2D+2)y = xe^x\cos x$$

풀이 주어진 상미분방정식의 여방정식은 $(D^2-2D+2)y=0$이고 특성방정식은 $t^2-2t+2=0$이므로 이 특성방정식의 근은 서로 다른 두 허근 $t=1\pm i$이다. 이로부터 여함수는

$$y_c = e^x(c_1\cos x+c_2\sin x) \qquad (c_1,\ c_2\text{는 임의상수})$$

이고, 특수해 y_p를 구하면

$$\begin{aligned} y_p &= \frac{1}{D^2-2D+2}xe^x\cos x \\ &= e^x\frac{1}{(D+1)^2-2(D+1)+2}x\cos x \\ &= e^x\frac{1}{D^2+1}x\cos x \\ &= \mathrm{Re}\frac{1}{D^2+1}xe^{ix} \end{aligned}$$

이므로

$$
\begin{aligned}
y_p &= \operatorname{Re} e^{ix} \frac{1}{(D+i)^2+1} x \\
&= \operatorname{Re} e^{ix} \frac{1}{D(D+2i)} x \\
&= \operatorname{Re} \frac{e^{ix}}{2i} \frac{1}{D} \left(\frac{1}{1+\frac{1}{2i}D} \right) x \\
&= \operatorname{Re} \frac{e^{ix}}{2i} \left(\frac{x^2}{2} - \frac{x}{2i} \right) x \\
&= -\frac{1}{4} \operatorname{Re} (\cos x + i \sin x)(ix^2 - x) \\
&= \frac{1}{4} e^x (x^2 \sin x + x \cos x)
\end{aligned}
$$

이다. 따라서 일반해는

$$
y = y_c + y_p = e^x(c_1 \cos x + c_2 \sin x) + \frac{1}{4} e^x (x^2 \sin x + x \cos x)
$$

이다. 단, c_1, c_2는 임의상수이다. ◀

연 습 문 제 4-4

1. 다음 상미분방정식을 풀어라.

(1) $(D^2 - 3D + 2) = e^{5x}$

(2) $(D^3 - 5D^2 + 8D - 4)y = e^{2x}$

(3) $(D^3 - 2D^2 - 5D + 6)y = e^{4x}$

(4) $(D^2 + 3D - 4)y = \sin 2x$

(5) $(D^4 + 10D^2 + 9)y = \cos(2x + 3)$

(6) $(D^2 - 4)y = x^2 e^{3x}$

(7) $(D^2 + 5D + 4)y = -2x + 3$

(8) $(D^2 + 9)y = x \cos x$

(9) $(D^3 - 2D^2 - 5D + 6)y = e^{3x}$

(10) $(D^2 + 4)y = \sin 3x$

2. 다음 상미분방정식을 풀어라.

(1) $(D^3 - 5D^2 + 8D - 4)y = e^{2x} + 2e^x + 3e^{-x}$

(2) $(D^3 + D^2 + D + 1)y = \sin 2x + \cos 3x$

(3) $(D^2 - 4D + 3)y = 2xe^{3x} + 3e^x \cos 2x$

(4) $(D^3 - 2D + 4)y = x^4 + 3x^2 - 5x + 2$

(5) $(D^3 - 2D^2 - 5D + 6)y = (e^{2x} + 3)^2$

4.5 상수계수 연립선형상미분방정식의 해법

이 절에서는 하나의 독립변수와 최소 두 개 이상의 종속변수를 포함하는 상미분방정식들이 주어졌을 때, 이들을 연립하여 주어진 상미분방정식들을 동시에 만족시키는 해를 구해보자. 이러한 상미분방정식들의 묶음을 연립미분방정식이라 하고, 그 해를 구하는 것을 연립미분방정식을 푼다라고 한다.

먼저, 상수계수 연립선형상미분방정식의 해법에 대하여 알아보자. 여기에서는 간단히 설명하기 위하여 한 개의 독립변수와 두 개의 종속변수를 갖는 상미분방정식들의 연립방정식의 해법의 경우로 설명한다. 이것을 일반적으로 확장하여도 풀이과정만 더 복잡해 질 뿐 그 방법은 똑같다. 먼저, x를 독립변수, y_1과 y_2를 종속변수라 하자. 연립상미분방정식

$$\begin{cases} f_{11}(D)y_1 + f_{12}(D)y_2 = R_1(x) \\ f_{21}(D)y_1 + f_{22}(D)y_2 = R_2(x) \end{cases} \tag{4.165}$$

의 해법은 다음과 같다. 위의 식에서

$$\Delta(D) = \begin{vmatrix} f_{11}(D) & f_{12}(D) \\ f_{21}(D) & f_{22}(D) \end{vmatrix} \tag{4.166}$$

라 하면,

$$\{ f_{11}(D)f_{22}(D) - f_{22}(D)f_{12}(D) \} y_1 = f_{22}(D)R_1(x) - f_{12}(D)R_2(x), \tag{4.167}$$

$$\{ f_{11}(D)f_{22}(D) - f_{22}(D)f_{12}(D) \} y_2 = f_{11}(D)R_2(x) - f_{21}(D)R_1(x) \tag{4.168}$$

가 된다. $\Delta(D)$가 미분연산자 D를 포함하고 있는 경우, 식 (4.168)에 의하여 y_1의 값을 구한다. 만약, $\Delta(D)$가 미분연산자 D를 포함하고 있지 않을 경우, y_1의 값은 더 쉽게 구할 수 있다. 일단 y_1을 구했으면 다음에 y_2를 구한다. 이것

은 y_1을 구한 것과 똑같은 방법으로 y_2를 구하거나 이미 구한 y_1의 값을 주어진 상미분방정식 중의 어느 하나에 대입하여 y_2에 관한 방정식을 만들어 y_2를 구하면 된다. 마지막으로, y_1과 y_2가 주어진 연립미분방정식의 해가 되도록 임의상수를 정한다. 즉, 해 y_1과 y_2에 각각 포함되어 있는 두 종류의 임의상수를 어느 한 종류로 일치시켜야 한다.

문제 1 다음 연립미분방정식을 풀어라.

$$\begin{cases} y_1' - 3y_1 + y_2 = 0 \\ y_1 - y_2' + y_2 = 0 \end{cases} \tag{4.169}$$

풀이 먼저, 주어진 연립상미분방정식을 미분연산자 D를 사용하여 나타내면

$$\begin{cases} (D-3)y_1 + y_2 = 0 \\ y_1 - (D-1)y_2 = 0 \end{cases}$$

이다. 이때

$$\begin{aligned} \Delta(D) &= \begin{vmatrix} D-3 & 1 \\ 1 & -(D-1) \end{vmatrix} \\ &= -(D-3)(D-1) - 1 \\ &= -(D-2)^2 \end{aligned}$$

이라 하자. 그러면

$$(D-2)^2\, y_1 = 0 \tag{4.170}$$

이므로 일반해는 $y_1 = (c_1 + c_2x)e^{2x}$ (c_1, c_2는 임의상수)이다. 이것을 식 (4.170)의 첫 번째 식에 대입하면,

$$\begin{aligned} y_2 &= -(D-3)y_1 \\ &= -(D-3)(c_1 + c_2x)e^{2x} \\ &= -e^{2x}(D-1)(c_1 + c_2x) \\ &= -e^{2x}(c_2 - c_1 - c_2x) \\ &= (c_1 - c_2 + c_2x)e^{2x} \end{aligned}$$

이므로 주어진 연립미분방정식을 만족하는 일반해는

$$\begin{aligned} y_1 &= (c_1 + c_2 x)\, e^{2x}, \\ y_2 &= (c_1 - c_2 + c_2 x)\, e^{2x} \quad (c_1,\ c_2\text{는 임의상수}) \end{aligned}$$

이다. ◀

문제 2 다음 연립미분방정식을 풀어라.

$$\begin{cases} y_1'' + y_1 + y_2'' + y_2' + y_2 = x \\ y_1' + y_2' + y_2 = e^x \end{cases} \tag{4.171}$$

풀이 주어진 연립상미분방정식을 미분연산자 D를 사용하여 나타내면

$$\begin{cases} (D^2+1)y_1 + (D^2+D+1)y_2 = x \\ Dy_1 + (D+1)y_2 = e^x \end{cases}$$

이고

$$\begin{aligned} \Delta(D) &= \begin{vmatrix} D^2+1 & (D^2+D+1) \\ D & (D+1) \end{vmatrix} \\ &= (D^3 + D^2 + D + 1) - (D^3 + D^2 + D) \\ &= 1 \end{aligned}$$

이므로 $\Delta(D)$가 미분연산자를 포함하지 않는다. 이로부터

$$y_1 = (D+1)\,x - (D^2+D+1)\,e^x = x + 1 - 3e^x$$

이고

$$\begin{aligned} y_2 &= (D^2+1)\,e^x - D\,x \\ &= 2e^x - 1 \end{aligned}$$

이다. 따라서, 주어진 연립미분방정식의 일반해는

$$y_1 = x + 1 - 3e^x, \qquad y_2 = 2e^x - 1$$

이다. ◀

문제 3 다음 연립미분방정식을 풀어라.

$$\begin{cases} 2y_1' - 2y_1 + y_2' + y_2 = e^x \\ y_1' + 3y_1 + y_2 = 0 \end{cases} \tag{4.172}$$

풀이 주어진 연립상미분방정식을 미분연산자 D를 사용하여 나타내면

$$\begin{cases} 2(D-2)y_1 + (D+1)y_2 = e^x \\ (D+3)y_1 + y_2 = 0 \end{cases}$$

이다. 그러면

$$\begin{aligned} \Delta(D) &= \begin{vmatrix} 2(D-2) & D-1 \\ D+3 & 1 \end{vmatrix} \\ &= -(D^2+1) \end{aligned}$$

이고, 이로부터 y_1과 y_2를 각각 구하면

$$\begin{aligned} (D^2+1)y_1 &= -e^x, \\ (D^2+1)y_2 &= 4e^x \end{aligned}$$

이다. 이제 y_1의 일반해를 구하면

$$y_1 = c_1 \cos x + c_2 \sin x - \frac{1}{2}e^x \quad (c_1,\ c_2\text{는 임의상수})$$

이고 y_2의 일반해는

$$y_2 = d_1 \cos x + d_2 \sin x + 2e^x \quad (d_1,\ d_2\text{는 임의상수})$$

이다. 임의상수를 어느 한 종류로 통일하기 위하여 y_1과 y_2를 주어진 연립상미분방정식의 첫 번째 식에 대입하면

$$(c_2 + 3c_1 + d_1)\cos x + (3c_2 - c_1 + d_2)\sin x = 0$$

이므로

$$\begin{aligned} d_1 &= -(3c_1 + c_2), \\ d_2 &= c_1 - 3c_2 \end{aligned}$$

이다. 따라서, 주어진 연립미분방정식의 일반해는

$$\begin{aligned} y_1 &= c_1 \cos x + c_2 \sin x - \frac{1}{2} e^x, \\ y_2 &= -(3c_1 + c_2)\cos x + (c_1 - 3c_2)\sin x + 2e^x \quad (c_1,\ c_2\text{는 임의상수}) \end{aligned}$$

이다. ◀

문제 4 다음 연립미분방정식을 풀어라.

$$\begin{cases} y_1' + y_1 + 2y_2' + 7y_2 = 2e^x \\ -2y_1 + y_2' + 3y_2 = -e^x + 5 \end{cases} \tag{4.173}$$

풀이 먼저, 주어진 연립상미분방정식을 미분연산자 D를 사용하여 나타내면

$$\begin{cases} (D+1)y_1 + (2D+7)y_2 = 2e^x \\ -2y_1 + (D+3)y_2 = -e^x + 5 \end{cases}$$

이다. 여기서

$$\begin{aligned} \Delta(D) &= \begin{vmatrix} D+1 & 2D+7 \\ -2 & D+3 \end{vmatrix} \\ &= D^2 + 8D + 17 \end{aligned}$$

이라 하면,

$$(D^2 + 8D + 17)y_2 = 2e^x + 5$$

이다. 이제 y_2의 일반해를 구하면

$$y_2 = e^{-4x}(c_1 \cos x + c_2 \sin x) + \frac{1}{13} e^x + \frac{5}{17} \quad (c_1,\ c_2\text{는 임의상수})$$

이다. 이 값을 주어진 연립상미분방정식의 두 번째 식에 대입하면

$$\begin{aligned} 2y_1 &= (D+3)y_2 - (5 - e^x) \\ &= (D+3)e^{-4x}(c_1 \cos x + c_2 \sin x) + (D+3)\left(\frac{1}{13} e^x + \frac{5}{17}\right) - (5 - e^x) \\ &= e^{-4x}(D-1)(c_1 \cos x + c_2 \sin x) + \frac{4}{13} e^x + \frac{15}{17} - (5 - e^x) \\ &= e^{-4x}\{(c_1 - c_2)\cos x - (c_1 + c_2)\sin x\} + \frac{17}{13} e^x - \frac{70}{17} \end{aligned}$$

이므로

$$y_1 = \frac{1}{2}e^{-4x}\{((c_1 - c_2)\cos x - (c_1 + c_2)\sin x)\} + \frac{17}{26}e^x - \frac{35}{17}$$

이다. 따라서, 주어진 연립미분방정식의 일반해는

$$y_1 = \frac{1}{2}e^{-4x}\{(c_1 - c_2)\cos x - (c_1 + c_2)\sin x)\} + \frac{17}{26}e^x - \frac{35}{17},$$
$$y_2 = e^{-4x}(c_1\cos x + c_2\sin x) + \frac{1}{13}e^x + \frac{5}{17} \quad (c_1,\ c_2\text{는 임의상수})$$

이다. ◀

문제 5 다음 연립미분방정식을 풀어라.

$$\begin{cases} 2y_1' - 4y_1 + y_2' + y_2 = e^x \\ y_1' + 3y_1 + y_2 = 0 \end{cases} \tag{4.174}$$

풀이 먼저, 주어진 연립상미분방정식을 미분연산자 D를 사용하여 나타내면

$$\begin{cases} 2(D-2)y_1 + (D+1)y_2 = e^x \\ (D+3)y_1 + y_2 = 0 \end{cases}$$

이다. 이로부터

$$\Delta(D) = \begin{vmatrix} 2(D-2) & D-1 \\ D+3 & 1 \end{vmatrix}$$
$$= -(D^2+1)$$

이고, 이로부터 y_1과 y_2를 각각 구하면

$$(D^2+1)y_1 = -e^x$$
$$(D^2+1)y_2 = 4e^x$$

이다. 이제 y_1의 일반해를 구하면

$$y_1 = c_1\cos x + c_2\sin x - \frac{1}{2}e^x \quad (c_1,\ c_2\text{는 임의상수})$$

이고 y_2의 일반해는

$$y_2 = d_1\cos x + d_2\sin x + 2e^x \quad (d_1,\ d_2\text{는 임의상수})$$

이다. 임의상수를 어느 한 종류로 통일하기 위하여 y_1과 y_2를 주어진 연립상미분방정식의 첫 번째 식에 대입하면

$$(c_2 + 3c_1 + d_1)\cos x + (3c_2 - c_1 + d_2)\sin x = 0$$

이므로

$$d_1 = -(3c_1 + c_2), \qquad d_2 = c_1 - 3c_2$$

이다. 따라서, 주어진 연립상미분방정식의 일반해는

$$\begin{aligned} y_1 &= c_1 \cos x + c_2 \sin x - \frac{1}{2}e^x, \\ y_2 &= -(3c_1 + c_2)\cos x + (c_1 - 3c_2)\sin x + 2e^x \quad (c_1,\ c_2\text{는 임의상수}) \end{aligned}$$

이다. ◀

문제 6 다음 연립미분방정식을 풀어라.

$$\begin{cases} y_1'' - y_1 + 5y_2' = x \\ 2y_1' - y_2'' + 4y_2 = 2 \end{cases} \tag{4.175}$$

풀이 주어진 연립상미분방정식을 미분연산자 D를 이용하여 나타내면,

$$\begin{cases} (D^2 - 1)y_1 + 5Dy_2 = x \\ 2Dy_1 - (D^2 - 4)y_2 = 2 \end{cases}$$

이다. 이로부터

$$\begin{aligned} \Delta(D) &= \begin{vmatrix} (D^2-1) & 5D \\ 2D & -(D^2-4) \end{vmatrix} \\ &= -(D^4 + 5D^2 + 4) \end{aligned}$$

이고, y_1과 y_2를 각각 구하면

$$\begin{aligned} (D^4 + 5D^2 + 4)y_1 &= -4x \\ (D^4 + 5D^2 + 4)y_2 &= 4 \end{aligned}$$

이다. 이제 y_1과 y_2의 일반해를 구하면

$$\begin{aligned} y_1 &= c_1 \cos x + c_2 \sin x + c_2 \cos 2x + c_4 \sin 2x - x, \\ y_2 &= d_1 \cos x + d_2 \sin x + d_3 \cos 2x + d_4 \sin 2x + 1 \end{aligned}$$

이다. 여기서, c_1, c_2, c_3, c_4,d_1, d_2, d_3, d_4는 임의상수이다. 임의상수를 어느 한 종류로 통일하기 위하여 y_1과 y_2를 주어진 연립상미분방정식의 첫 번째 식에 대입하면

$$\begin{aligned}(5d_2 - 2c_1)\cos x - (5d_1 + 2c_2)\sin x \\ + (10d_4 - 5c_3)\cos 2x - (10d_3 + 5c_4)\sin 2x + x = x\end{aligned}$$

이고, 이 식은 t에 관한 항등식이므로

$$d_2 = \frac{2}{5}c_1, \quad d_1 = -\frac{2}{5}c_2, \quad d_4 = \frac{1}{2}c_3, \quad d_3 = -\frac{1}{2}c_4$$

이다. 따라서, 주어진 연립상미분방정식의 일반해는

$$\begin{aligned} y_1 &= c_1\cos x + c_2\sin x + c_2\cos 2x + c_4\sin 2x - x, \\ y_2 &= -\frac{2}{5}c_2\cos x + \frac{2}{5}c_1\sin x - \frac{1}{2}c_4\cos 2x + \frac{1}{2}c_3\sin 2x + 1 \end{aligned}$$

이다. 단, c_1, c_2, c_3, c_4는 임의상수이다. ◀

연 습 문 제 4-5

1. 다음 연립상미분방정식의 해를 구하라.

(1) $\begin{cases} (D^2+2)y_1 + y_2 = 0 \\ y_1 + (D^2+2)y_2 = 0 \end{cases}$

(2) $\begin{cases} 2y_1 + (D+5)y_2 = 0 \\ (D+7)y_1 - y_2 = 0 \end{cases}$

(3) $\begin{cases} Dy_1 + 2y_2 = \cos x \\ -y_1 + Dy_2 = -\sin x \end{cases}$

(4) $\begin{cases} (D+1)y_1 - Dy_2 = x \\ (D-1)y_1 + y_2 = x^2 \end{cases}$

(5) $\begin{cases} (D+2)y_1 + (D+1)y_2 = x \\ 5y_1 + (D+3)y_2 = e^x \end{cases}$

제 5 장

고계 변수계수 선형상미분방정식

5.1 n계 변수계수 선형상미분방정식

n계 변수계수 비제차상선형미분방정식의 일반형은 다음과 같다.

$$a_0(x)y^{(n)} + a_1(x)y^{(n-1)} + a_2(x)y^{(n-2)} + \cdots + a_{n-1}(x)y' + a_n(x)y = R(x) \tag{5.1}$$

단, $a_0(x)(\neq 0)$, $a_1(x)$, $a_2(x)$, $\cdots$, $a_{n-1}(x)$, $a_n(x)$, $R(x)(\neq 0)$는 모두 x의 함수이다. 고계 변수계수 비제차상선형미분방정식이 주어졌을 때, 고계 상수계수 비제차상선형미분방정식의 경우와는 달리 일반적으로 그 일반해를 구하는 것은 상당히 난해한 일이다. 실제로, 일반적인 해법은 아직도 알려져 있지 않으며 통상적으로 급수해법(power series solution)으로 접근하여 그 일반해를 구한다. 따라서, 이 절에서는 이미 알려진 형태의 고계 변수계수 비제차상선형 미분방정식의 해법과 몇몇 특수한 경우에 대하여 일반해를 구할 수 있는 방법을 소개한다. 특히, 2계 변수계수 비제차상선형미분방정식은 물리학과 공학에서 자주 나타나므로 2계 변수계수 비제차상선형미분방정식의 일반해를 구하는 방법에 관해서는 좀 더 자세하게 다룰 것이다.

5.2 Cauchy-Euler 미분방정식과 Legendre 미분방정식

고계 변수계수 비제차상선형미분방정식이 주어졌을 때, 적당한 치환을 이용하면 고계 변수계수 비제차상선형미분방정식은 고계 상수계수 비제차상선형미분방정식으로 변형되어 일반해를 구할 수 있는 경우가 있다. 이 절에서는 이러한 유형의 미분방정식에 대하여 살펴 본다.

다음과 같은 형태의 n계 변수계수 비체차선형상미분방정식을 Cauchy-Euler 미분방정식이라 한다.

$$a_0x^ny^{(n)} + a_1x^{n-1}y^{(n-1)} + a_2x^{n-2}y^{(n-2)} + \cdots + a_{n-1}xy' + a_ny \;=\; R(x) \tag{5.2}$$

단, a_0, a_1, a_2, $\cdots$, a_{n-1}, a_n은 상수이고 비제차항 $R(x)(\neq 0)$는 x의 함수이다. 이 Cauchy-Euler 미분방정식의 해법은 독립변수 x를

$$x \;=\; e^t \tag{5.3}$$

로 치환하는 것이다. 그러면

$$t \;=\; \ln x \tag{5.4}$$

가 되므로 주어진 Cauchy-Euler 미분방정식은 t를 변수로 하는 n계 상수계수 비제차 선형상미분방정식으로 변형된다. 실제로, $x = e^t$이라 하면, $t = \ln x$이고 이 식의 양 변을 x에 관하여 미분하면

$$\frac{dt}{dx} \;=\; \frac{1}{x} \;=\; e^{-t} \tag{5.5}$$

이므로

$$y' \;=\; \frac{dy}{dx} \;=\; \frac{dy}{dt}\,\frac{dt}{dx} \;=\; e^{-t}\,Dy \tag{5.6}$$

가 된다. 이 관계식을 반복적으로 적용하면

$$\begin{aligned} y'' &= e^{-t}Dy' = e^{-t}D(e^{-t}Dy) \\ &= e^{-2t}(D-1)Dy \end{aligned} \tag{5.7}$$

이고

$$\begin{aligned} y''' &= e^{-t}Dy'' = e^{-t}D(e^{-2t}(D-1)Dy) \\ &= e^{-3t}(D-2)(D-1)Dy \end{aligned} \tag{5.8}$$

이다. 일반적으로

$$\begin{aligned} y^{(n)} &= e^{-t}Dy^{(n-1)} \\ &= e^{-nt}(D-(n-1))(D-(n-2))\cdots(D-3)(D-2)(D-1)Dy \end{aligned} \tag{5.9}$$

가 성립한다. 이로부터

$$xy' = e^{t}y' = Dy \tag{5.10}$$

$$x^2y'' = e^{2t}y'' = (D-1)Dy \tag{5.11}$$

$$x^3y''' = e^{3t}y''' = (D-2)(D-1)Dy \tag{5.12}$$

$$\vdots \qquad \vdots \qquad \vdots$$

$$\begin{aligned} x^ny^{(n)} &= e^{nt}y^{(n)} \\ &= (D-(n-1))(D-(n-2))\cdots(D-2)(D-1)Dy \end{aligned} \tag{5.13}$$

이므로 주어진 Cauchy-Euler 미분방정식에 각각 대입하면

$$\begin{aligned} &a_0(D-(n-1))\cdots(D-2)(D-1)Dy \\ &\quad + a_1(D-(n-2))\cdots(D-2)(D-1)Dy \\ &\quad\quad + a_2(D-(n-3))\cdots(D-2)(D-1)Dy + \cdots \\ &\quad\quad\quad + a_{n-1}Dy + a_ny = R(e^t) \end{aligned} \tag{5.14}$$

를 얻는다. 이것은 t를 독립변수로 하는 미지함수 y에 관한 n계 상수계수 비제차 선형상미분방정식이다. 이 미분방정식을 풀어 일반해를 구한 다음, 다시 독립변수 t를 $t = \ln x$라고 치환하여 대입하면 주어진 Cauchy-Euler 미분방정식의 일반해가 얻어진다.

문제 1 다음 상미분방정식을 풀어라.

$$x^2y'' + xy' - y = x^3 \tag{5.15}$$

풀이 주어진 상미분방정식은 Cauchy-Euler 미분방정식이다. 먼저, $x = e^t$라 하면, $t = \ln x$이고

$$y' = \frac{dy}{dx} = \frac{dy}{dt}\frac{dt}{dx} = e^{-t}Dy \tag{5.16}$$
$$y'' = e^{-t}Dy' = e^{-t}D(e^{-t}Dy) = e^{-2t}(D-1)Dy$$

이므로

$$xy' = e^t y' = Dy \tag{5.17}$$
$$x^2y'' = e^{2t}y'' = (D-1)Dy \tag{5.18}$$

이고 주어진 Cauchy-Euler 미분방정식은

$$(D-1)Dt + Dy - y = e^{3t} \tag{5.19}$$

이고 정리하면

$$(D^2-1)y = e^{3t} \qquad (D = \frac{d}{dt}) \tag{5.20}$$

이다. 이것은 t를 독립변수로 하는 미지함수 y에 관한 2계 상수계수 비제차선형상미분방정식이다. 먼저, 여방정식 $(D^2-1)y = 0$의 보조방정식은 $\xi^2 - 1 = 0$이고 그 근은 $\xi = -1, 1$이므로 서로 다른 두 실근이다. 이로부터 여함수는 $y_c = c_1e^{-t} + c_2e^t$ (c_1, c_2는 임의상수)이다. 또한 특수해 y_p는

$$y_p = \frac{1}{D^2-1}e^{3t} = \frac{1}{8}e^{3t} \tag{5.21}$$

이고 이로부터 일반해 y_G는

$$y_G = c_1e^{-t} + c_2e^t + \frac{1}{8}e^{3t} \qquad (c_1,\ c_2\text{는 임의상수}) \tag{5.22}$$

이다. 그러므로 주어진 Cauchy-Euler 미분방정식의 일반해는

$$y = \frac{c_1}{x} + c_2x + \frac{1}{8}x^3 \qquad (c_1,\ c_2\text{는 임의상수}) \tag{5.23}$$

이다. ◀

문제 2 다음 상미분방정식을 풀어라.

$$x^3y''' + 3x^2y'' - xy' - 4y = \sin(\ln x) \tag{5.24}$$

풀이 주어진 상미분방정식은 Cauchy-Euler 미분방정식이다. 먼저, $x = e^t$라 하면, $t = \ln x$이고

$$\begin{aligned} y' &= \frac{dy}{dx} = \frac{dy}{dt}\frac{dt}{dx} = e^{-t}\,Dy \\ y'' &= e^{-t}Dy' = e^{-t}\,D(e^{-t}Dy) = e^{-2t}(D-1)Dy \\ x^3y''' &= e^{3t}y''' = (D-2)(D-1)Dy \end{aligned}$$

이므로

$$\begin{aligned} xy' &= e^ty' = Dy \\ x^2y'' &= e^{2t}y'' = (D-1)Dy \\ x^3y''' &= e^{3t}y''' = (D-2)(D-1)Dy \end{aligned}$$

이고 주어진 Cauchy-Euler 미분방정식은

$$(D-2)(D-1)Dy + 3(D-1)Dy - Dy - 4y = \sin t \qquad (D = \frac{d}{dt})$$

이다. 이 식을 정리하면

$$(D^3 - 2D - 4)y = e^{3t} \qquad (D = \frac{d}{dt}) \tag{5.25}$$

이고 이것은 t를 독립변수로 하는 미지함수 y에 관한 3계 상수계수 비제차 선형상미분방정식이다. 먼저, 여방정식 $(D^3 - 2D - 4)y = 0$의 보조방정식은 $\xi^3 - 2\xi - 4 = 0$이고 그 근은 $\xi = 2, -1 \pm i$이다. 이로부터 여함수 y_c는

$$y_c = c_1e^{2t} + e^{-t}(c_2\cos t + c_3\sin t) \quad (c_1,\ c_2,\ c_3\text{는 임의상수}) \tag{5.26}$$

이고 특수해 y_p는

$$\begin{aligned}
y_p &= \frac{1}{D^3-2D-4}\sin t = \operatorname{Im}\frac{1}{D^3-2D-4}e^{it} \\
&= \operatorname{Im}\frac{1}{i^3-2i-4}e^{it} = \operatorname{Im}\left(-\frac{1}{4+3i}e^{it}\right) \\
&= \operatorname{Im}\left(-\frac{1}{25}\{(4\cos t+3\sin t)+i(4\sin t-3\cos t)\}\right) \\
&= \frac{1}{25}(3\cos t-4\sin t) \qquad (5.27)
\end{aligned}$$

이고 이로부터 일반해 y_G는

$$y_G = c_1e^{2t}+e^{-t}(c_2\cos t+c_3\sin t)+\frac{1}{25}(3\cos t-4\sin t) \qquad (5.28)$$

이다. 단, c_1, c_2, c_3는 임의상수이다. 그러므로 주어진 Cauchy-Euler 미분방정식의 일반해는 다음과 같다.

$$y = c_1x^2+\frac{1}{x}\big(c_2\cos(\ln x)+c_3\sin(\ln x)\big)+\frac{1}{25}\big(3\cos(\ln x)-4\sin(\ln x)\big) \qquad (5.29)$$

단, c_1, c_2, c_3는 임의상수이다. ◀

이제 Legendre 미분방정식에 관하여 알아보자. 다음과 같은 형태의 n계 변수계수 비체차선형상미분방정식을 Legendre 미분방정식이라 한다.

$$\begin{aligned}
a_0(px+q)^ny^{(n)}+a_1(px+q)^{n-1}y^{(n-1)}+a_2(px+q)^{n-2}y^{(n-2)}+\cdots \qquad (5.30) \\
+a_{n-1}(px+q)y'+a_ny = R(x) \qquad (5.31)
\end{aligned}$$

단, a_0, a_1, a_2, $\cdots$, a_{n-1}, a_n, $p(\neq 0)$, q는 상수이고 비제차항 $R(x)(\neq 0)$는 x의 함수이다. 이 Legendre 미분방정식의 해법은

$$e^t = px+q \qquad (5.32)$$

로 치환하는 것이다. 그러면

$$t = \ln(px+q) \qquad (5.33)$$

가 되므로 주어진 Legendre 미분방정식은 t를 변수로 하는 n계 상수계수 비제차 선형상미분방정식으로 변형된다. 실제로, $px+q=e^t$이라 하고 이 식의 양

변을 x에 관하여 미분하면,

$$p = \frac{d}{dx}e^t, \tag{5.34}$$

$$p = \frac{d}{dt}(e^t)\,\frac{dt}{dx}, \tag{5.35}$$

$$p = e^t\frac{dt}{dx} \tag{5.36}$$

이므로

$$\frac{dt}{dx} = \frac{p}{e^t} = \frac{p}{px+q} \tag{5.37}$$

이다. 이로부터

$$y' = \frac{dy}{dx} = \frac{dy}{dt}\frac{dt}{dx} = \frac{p}{px+q}Dy \qquad (D = \frac{d}{dt}) \tag{5.38}$$

가 된다. 이 관계식을 반복적으로 사용하면

$$y'' = \frac{d^2y}{dx^2} = \frac{d}{dx}\left(\frac{p}{px+q}Dy\right) \tag{5.39}$$

$$= -\frac{p^2}{px+q}\frac{dy}{dt} + \frac{p}{px+q}\frac{d}{dt}(\frac{dy}{dt})\,\frac{dt}{dx}$$

$$= \frac{p^2}{(px+q)^2}\left(\frac{d^2y}{dt^2} - \frac{dy}{dt}\right)$$

$$= \frac{p^2}{(px+q)^2}\,(D-1)Dy \tag{5.40}$$

이고 마찬가지로

$$y''' = \frac{d^3y}{dx^3} = \frac{p^3}{(px+q)^3}\,(D-2)(D-1)Dy \tag{5.41}$$

를 얻는다. 일반적으로

$$y^{(n)} = \frac{d^ny}{dx^n} \tag{5.42}$$

$$= \frac{p^n}{(px+q)^n}\,(D-(n-1))(D-(n-2))\cdots(D-2)(D-1)Dy$$

이므로 이로부터

$$(px+q)y' = pDy \tag{5.43}$$
$$(px+q)^2y'' = p^2(D-1)Dy \tag{5.44}$$
$$(px+q)^3y''' = p^3(D-2)(D-1)Dy \tag{5.45}$$
$$\vdots \qquad \vdots \qquad \vdots$$
$$(px+q)^ny^{(n)} = p^n(D-(n-1))(D-(n-2))\cdots(D-2)(D-1)Dy \tag{5.46}$$

를 얻는다. 이 식을 주어진 Legendre 미분방정식에 대입하면

$$\begin{aligned} &a_0\,p^n(D-(n-1))\cdots(D-2)(D-1)Dy \\ &\quad +a_1\,p^{n-1}(D-(n-2))\cdots(D-2)(D-1)Dy \\ &\quad\quad +a_2\,p^{n-2}(D-(n-3))\cdots(D-2)(D-1)Dy+\cdots \\ &\quad\quad\quad +a_{n-1}\,pDy+a_ny = R(\frac{e^t-q}{p}) \end{aligned} \tag{5.47}$$

이다. 이것은 t를 독립변수로 하는 미지함수 y에 관한 n계 상수계수 비제차선형상미분방정식이다. 이 미분방정식을 풀어 일반해를 구한 다음, 다시 독립변수 t를 $t=\ln(px+q)$라고 치환하면 주어진 Legendre 미분방정식의 일반해가 얻어진다.

문제 1 다음 상미분방정식을 풀어라.

$$(x+2)^2y''-(x+2)y'+y = 3x+4 \tag{5.48}$$

풀이 주어진 상미분방정식은 Legendre 미분방정식이다. $x+2=e^t$라 하면, $t=\ln(x+2)$이고

$$y' = \frac{1}{x+2}Dy \qquad (D=\frac{d}{dt}),$$
$$y'' = \frac{1}{(x+2)^2}(D-1)Dy$$

이다. 이로부터 주어진 Legendre 미분방정식은

$$(D(D-1)y-Dy+y = 3e^t-2,$$

이므로

$$(D-1)^2 y = 3e^t - 2 \tag{5.49}$$

이다. 이것은 t를 독립변수로 하는 미지함수 y에 관한 2계 상수계수 비제차선형상미분방정식이다. 따라서 여함수 y_p는

$$y_p = (c_1 + c_2 t)e^t \quad (c_1,\ c_2\text{는 임의상수})$$

이고 특수해 y_p는

$$y = \frac{1}{(D-1)^2}(3e^t - 2) = \frac{3}{2}t^2 e^t - 2 \tag{5.50}$$

이므로 일반해 y_G는

$$y_G = (c_1 + c_2 t)e^t + \frac{3}{2}t^2 e^t - 2 \quad (c_1,\ c_2\text{는 임의상수}) \tag{5.51}$$

이다. 이 식에 $t = \ln(x+2)$를 대입하면, 주어진 Legendre 미분방정식의 일반해는

$$y = (x+2)\big(c_1 + c_2 \ln(x+2) + \frac{3}{2}\ln^2(x+2)\big) - 2 \tag{5.52}$$

이다. 단, c_1, c_2는 임의상수이다. ◀

연 습 문 제 5-2

1. 다음 상미분방정식을 풀어라.

(1) $2x^2y'' + 3xy' - y = 0$

(2) $x^2y'' - 3xy' + 4y = x + x^2 \ln x$

(3) $(x^3D^3 + 2x^2D^2)\,y = x + \sin(\ln x)$

(4) $(x+1)^2y'' + (x+1)y' - y = \ln(x+1)^2 + x - 1$

(5) $(2x+1)^2y'' - 2(2x+1)y' - 12y = 6x$

5.3 2계 변수계수 선형상미분방정식

이 절에서는 다음과 같은 2계 변수계수 비제차선형상미분방정식

$$L(y) = y'' + P(x)y' + Q(x)y = R(x) \tag{5.53}$$

의 해법에 관하여 알아본다. 단, $P(x)$, $Q(x)$, $R(x)$는 x의 함수이다. 앞 절에서 언급하였듯이 위의 2계 변수계수 비제차선형상미분방정식의 일반적인 해법은 존재하지 않으며 다만, 특별한 경우로서 일반해를 구할 수 있는 방법이 몇 가지 있다.

[I] 제차형 $L(y) = y'' + P(x)y' + Q(x) = 0$의 특수해를 알 경우.

(1) 제차형 $L(y) = y'' + P(x)y' + Q(x) = 0$의 한 특수해 y_1을 알 경우.

y_1이 주어진 2계 비제차 선형상미분장정식의 한 특수해이므로

$$L(y_1) = y_1'' + P(x)y_1' + Q(x)y_1 = 0 \tag{5.54}$$

이다. 이제 다른 하나의 해를 $y = u = u(x)$라 두고 일반해가

$$y = y_1 u = y_1(x)u(x) \tag{5.55}$$

의 형태이 된다고 가정하자. 그러면

$$y' = y_1'u + y_1u', \tag{5.56}$$

$$y'' = y_1''u + 2y_1'u' + y_1u'' \tag{5.57}$$

이고 이 식을 주어진 비제차 선형상미분방정식 (5.53)에 대입하면

$$u''y_1 + 2u'y_1' + Pu'y_1 = R \tag{5.58}$$

이고

$$u'' + \left(P + \frac{2y_1'}{y_1}\right)u' = \frac{R}{y_1} \tag{5.59}$$

이다. 이 상미분방정식은 u'에 관한 1계 선형상미분방정식이므로 1계 선형상미분방정식의 일반해를 구하는 공식에 대입하면

$$u' = e^{-\int\left(P+\frac{2y_1'}{y_1}\right)dx}\left[\int e^{\int\left(P+\frac{2y_1'}{y_1}\right)dx}\frac{R}{y_1}\,dx + c\right] \quad (c\text{는 임의상수}) \tag{5.60}$$

이고 위의 식을 x에 관해 적분하면 u가 얻어진다. 이 값을 식 (5.55)에 대입하면 2계 비제차 선형상미분방정식 $L(y) = R(x)$의 일반해를 얻는다.

문제 1 다음 상미분방정식의 한 특수해 $y_1 = x$를 알고 있을 때, 일반해를 구하라.

$$x^2y'' - xy' + y = x^2 + x \tag{5.61}$$

풀이 먼저 구하고자 하는 일반해가

$$y = ux$$

의 형태가 된다고 가정하자. 그러면

$$\begin{aligned} y' &= u'x + u, \\ y'' &= u''x + 2u' \end{aligned}$$

이므로 이 식을 주어진 상미분방정식에 대입하면,

$$u'' + \frac{1}{x}u' = \frac{1}{x} + \frac{1}{x^2}$$

이다. 이로부터

$$\begin{aligned} u' &= e^{-\int \frac{1}{x}dx}\left[\int e^{\int \frac{1}{x}dx}\left(\frac{1}{x} + \frac{1}{x^2}\right)dx + c_1\right] \\ &= \frac{1}{x}(x + \ln x + c_1) \quad (c_1\text{은 임의상수}) \end{aligned}$$

이고

$$u = x + \frac{1}{2}\ln^2 x + c_1 \ln x + c_2 \qquad (c_1,\ c_2\text{는 임의상수})$$

이다. 따라서 주어진 상미분방정식의 일반해는

$$y = ux = x^2 + \frac{x}{2}\ln^2 x + c_1 x \ln x + c_2 x \qquad (c_1,\ c_2\text{는 임의상수}) \tag{5.62}$$

이다. ◀

(2) 제차형 $L(y) = y'' + P(x)y' + Q(x) = 0$의 두 개의 일차독립인 해 y_1과 y_2를 알 경우.

2계 변수계수 비제차선형상미분방정식 (5.53)의 여방정식의 여함수를 $y_c = c_1y_1 + c_2y_2$ 라 하면, 주어진 2계 변수계수 비제차선형상미분방정식 $L(y) = R(x)$의 일반해는 다음과 같다.

$$\begin{aligned} y &= y_c + y_p \\ &= c_1y_1 + c_2y_2 + y_1\int \frac{-R\,y_2}{W(y_1,y_2)}\,dx + y_2\int \frac{R\,y_1}{W(y_1,y_2)}\,dx \end{aligned} \tag{5.63}$$

여기서, $W(y_1, y_2)$는 함수 y_1과 y_2의 Wronskian

$$W(y_1,y_2) = \begin{vmatrix} y_1 & y_2 \\ y_1' & y_2' \end{vmatrix} = y_1y_2' - y_2y_1' \tag{5.64}$$

이고 y_1과 y_2의 일차독립성에 의해서 $W(y_1, y_2) \neq 0$이다. 위의 일반해를 경수변화법(method of a parameter variation) 또는 상수변화법(method of a consatnt variation)으로 부르는 방법으로 유도하여 보자. 이것은 여함수

$$y_c = c_1y_1 + c_2y_2 \tag{5.65}$$

에서 임의 상수 c_1과 c_2를 각각 $c_1(x)$와 $c_2(x)$로 치환하여

$$y_c = c_1(x)y_1 + c_2(x)y_2 \tag{5.66}$$

로 하여금 2계 변수계수 비제차선형상미분방정식 $L(y) = R(x)$의 특수해가 되도록 $c_1(x)$와 $c_2(x)$를 결정하는 것이다. 이러한 의미에서 이 방법을 경수변화법이라 한다. 먼저, 식 (5.67)을 이용하여 특수해 y_p를 구해보자.

$$y_c' = c_1'(x)y_1 + c_1(x)y_1' + c_2'(x)y_2 + c_2(x)y_2' \tag{5.67}$$

이므로 이 식에서

$$c_1'(x)y_1 + c_2'(x)y_2 = 0 \tag{5.68}$$

으로 놓는다. 그러면

$$y_c' = c_1(x)y_1' + c_2(x)y_2', \tag{5.69}$$

$$y_c'' = c_1(x)y'' + c_2(x)y_2'' + c_1'(x)y_1' + c_2'(x)y_2' \tag{5.70}$$

이므로 주어진 2계 상수계수비제차선형상미분방정식은

$$c_1(x)(y_1'' + Py_1' + Qy_1) + c_2(x)(y_2'' + Py_2' + Qy_2) + c_1'(x)y_1' + c_2'(x)y_2' = R$$

이 된다. 그런데 y_1 과 y_2 는 각각 다음 제차상미분방정식

$$y_1'' + Py_1' + Qy_1 = 0, \tag{5.71}$$

$$y_2'' + Py_2' + Qy_2 = 0 \tag{5.72}$$

의 해이므로

$$c_1'(x)y_1' + c_2'(x)y_2' = R \tag{5.73}$$

이 된다. 이제 식 (5.68)와 식 (5.73)에서 $c_1'(x)$와 $c_2'(x)$를 구해보자. Cramér 공식을 적용하면,

$$c_1'(x) = \frac{\begin{vmatrix} 0 & y_2 \\ R & y_2' \end{vmatrix}}{\begin{vmatrix} y_1 & y_2 \\ y_1' & y_2' \end{vmatrix}} = \frac{-R\,y_2}{W(y_1, y_2)} \tag{5.74}$$

이고

$$c_2'(x) = \frac{\begin{vmatrix} y_1 & 0 \\ y_1' & R \end{vmatrix}}{\begin{vmatrix} y_1 & y_2 \\ y_1' & y_2' \end{vmatrix}} = \frac{R\,y_1}{W(y_1, y_2)} \tag{5.75}$$

이다. 따라서, 이 식을 각각 적분하면

$$c_1(x) = \int \frac{-R\,y_2}{W(y_1, y_2)}\,dx \tag{5.76}$$

이고

$$c_2(x) = \int \frac{R\,y_1}{W(y_1, y_2)}\,dx \tag{5.77}$$

이다. 이로부터 주어진 비제차선형상미분방정식의 특수해는

$$y_p = y_1 \int \frac{-R\,y_2}{W(y_1, y_2)}\,dx + y_2 \int \frac{R\,y_1}{W(y_1, y_2)}\,dx \tag{5.78}$$

이다. 그러므로 일반해는

$$y = c_1 y_1 + c_2 y_2 + y_1 \int \frac{-R\,y_2}{W(y_1, y_2)}\,dx + y_2 \int \frac{R\,y_1}{W(y_1, y_2)}\,dx \tag{5.79}$$

또는

$$y = y_1\left(\int \frac{-Ry_2}{W(y_1,y_2)}\,dx + c_1\right) + y_2\left(\int \frac{Ry_1}{W(y_1,y_2)}\,dx + c_2\right) \tag{5.80}$$

이다. 단, c_1, c_2는 임의상수이다.

문제 2 $(D^2+1)y = \tan x$ 를 풀어라.

풀이 주어진 미분방정식은 2계 상수계수 비제차선형상미분방정식이다. 먼저 여방정식은 $(D^2+1)y = 0$이고 이때 특성방정식은 $t^2+1=0$에서 그 근은 $t=\pm i$이므로 여함수는

$$y_c = c_1\cos x + c_2\sin x \qquad (c_1,\ c_2\text{는 임의상수})$$

이다. 이제 특수해 y_p를 구하기 위하여 $y_1=\cos x$, $y_2=\sin x$라 하면 Wronskian은

$$W(y_1,y_2) = \begin{vmatrix} \cos x & \sin x \\ -\sin x & \cos x \end{vmatrix} = 1 \tag{5.81}$$

이고 이때, 특수해 y_p는

$$\begin{aligned} y_p &= \cos x\int \frac{-\tan x\,\sin x}{1}\,dx + \sin x\int \frac{\tan x\,\cos x}{1}\,dx \\ &= \cos x(\sin x - \ln|\sec x+\tan x|) + \sin(-\cos x) \\ &= -\cos x\,\ln|\sec x + \tan x| \end{aligned}$$

이다. 따라서, 주어진 상미분방정식의 일반해는

$$\begin{aligned} y &= y_c + y_p \\ &= c_1\cos x + c_2\sin x - \cos x\,\ln|\sec x+\tan x| \quad (c_1,\ c_2\text{는 임의상수}) \end{aligned} \tag{5.82}$$

이다. ◀

문제 3 $(D^2-2D+1)y = e^x\ln x$ 를 풀어라.

풀이 주어진 미분방정식은 2계 상수계수 비제차선형상미분방정식이다. 먼저 여방정식은 $(D^2-2D+1)y = 0$이고 특성방정식은 $(t-1)^2=0$에서 그 근은 $t=1$(이중근)이므로 여함수는

$$y_c = (c_1+c_2x)\,e^x = c_1e^x + c_2xe^x \quad (c_1,\ c_2\text{는 임의상수})$$

이다. 이제 특수해 y_p를 구하기 위하여 $y_1 = e^x$, $y_2 = xe^x$라 하면 Wronskian은

$$W(y_1, y_2) = \begin{vmatrix} e^x & xe^x \\ e^x & e^x + xe^x \end{vmatrix} = e^{2x} \tag{5.83}$$

이고 이때, 특수해 y_p는

$$\begin{aligned} y_p &= e^x \int \frac{-e^x(\ln x)\, xe^x}{e^{2x}}\, dx + xe^x \int \frac{e^x\,(\ln x)\, e^x}{e^{2x}}\, dx \\ &= e^x \int (-x \ln x)\, dx + xe^x \int \ln x\, dx \\ &= e^x \left(-\frac{x^2}{2} \ln x + \frac{x^2}{4} \right) + xe^x (x \ln x - x) \\ &= -x^2 e^x \left(\frac{1}{2} \ln x - \frac{1}{4} \right) + x^2 e^x (\ln x - 1) \\ &= \frac{1}{2} x^2 e^x\, (\ln x - \frac{3}{2}\,) \end{aligned}$$

이다. 따라서, 주어진 상미분방정식의 일반해는

$$\begin{aligned} y &= y_c + y_p \\ &= c_1 e^x + c_2 x e^x + \frac{1}{2} x^2 e^x\, (\ln x - \frac{3}{2}\,) \quad (c_1,\ c_2\text{는 임의상수}) \end{aligned} \tag{5.84}$$

이다. ◀

복잡하게 주어진 변수계수 비제차선형상미분방정식의 특수해를 직관적으로 발견한다는 것은 쉬운 일이 아니다. 일반적이지는 않지만 다음의 몇 가지 경우, 특수해를 구하는 공식으로 유용하게 쓰인다.

(3) 2계 변수계수 비제차선형상미분방정식

$$L(y) = y'' + P(x)y' + Q(x)y = R(x) \tag{5.85}$$

이 주어졌을 때, 특수해를 구하는 공식.

(i) $1 + P(x) + R(x) = 0$이면, $y = e^x$가 한 특수해이다.

(ii) $1 - P(x) + R(x) = 0$이면, $y = e^{-x}$가 한 특수해이다.

(ii) $m^2 + mP(x) + R(x) = 0$이면, $y = e^{mx}$가 한 특수해이다.

(iv) $P(x)+xQ(x)=0$이면, $y=x$가 한 특수해이다.

(v) $m(m-1)+mxP(x)+x^2Q(x)=0$이면, $y=x^m$이 한 특수해이다.

증명 (iii) $y=e^{mx}$를 주어진 변수계수 비제차선형상미분방정식 $L(y)=0$에 대입하면,

$$(e^{mx})''+P(x)(e^{mx})'+Q(x)e^{mx} \;=\; e^{mx}\big(m^2+mP(x)+Q(x)\big) \;=\; 0 \tag{5.86}$$

이므로 $m^2+mP(x)+Q(x)=0$에서, $y=e^{mx}$가 한 특수해이다. 특별한 경우로서, $m=1$이면 (i)의 결과를, $m=-1$이면 (ii)의 결과를 얻는다.

(v) $y=x^m$을 주어진 변수계수 비제차선형상미분방정식 $L(y)=0$에 대입하면,

$$(x^m)''+P(x)(x^m)'+Q(x)x^m \;=\; x^{m-2}\big(m(m-1)+mxP(x)+x^2Q(x)\big) \;=\; 0 \tag{5.87}$$

이므로 $m(m-1)+mxP(x)+x^2Q(x)=0$에서, $y=x^m$이 한 특수해이다. 특별한 경우로서, $m=1$이면 (iv)의 결과를 얻는다. ■

이상에서 살펴본 것과 같이 2계 변수계수 비제차선형상미분방정식의 일반해는 여방정식의 한 특수해 또는 두 개의 일차독립인 특수해를 알고 있으면 일반해를 구할 수 있다는 것을 알았다. 이 방법은 2계 상수계수 비제차선형상미분방정식의 일반해를 구할 때에도 똑같이 적용할 수 있다.

문제 4 다음 상미분방정식을 풀어라.

$$y''-\frac{x}{x-1}y'+\frac{1}{x-1}y \;=\; x-1 \qquad (x\neq 1) \tag{5.88}$$

풀이 먼저, $P(x)=-\dfrac{x}{x-1}$, $Q(x)=\dfrac{1}{x-1}$이라 하면,

$$P(x)+x\,Q(x) \;=\; -\frac{x}{x-1}+x\frac{1}{x-1} \;=\; 0$$

이고 $y_1=x$가 한 특수해이다. 또한,

$$1+P(x)+Q(x) \;=\; 1-\frac{x}{x-1}+\frac{1}{x-1} \;=\; 0$$

이므로 $y_2 = e^x$ 역시 주어진 상미분방정식의 한 특수해이다. 이제 함수 $y_1 = x$과 $y_2 = e^x$의 Wronskian은

$$W(y_1, y_2) = \begin{vmatrix} x & e^x \\ 1 & e^x \end{vmatrix} = e^x(x-1) \neq 0 \tag{5.89}$$

이므로 $y_1 = x$와 $y_2 = e^x$은 일차독립이다. 이로부터 여함수 y_c는

$$y_c = c_1 x + c_2 e^x \qquad (c_1,\ c_2\text{는 임의상수})$$

이고 특수해 y_p는

$$\begin{aligned} y_p &= x\int \frac{-(x-1)e^x}{e^x(x-1)}\,dx + e^x\int \frac{(x-1)x}{e^x(x-1)}\,dx \\ &= -x\int dx + e^x\int xe^{-x}\,dx \\ &= -x^2 - e^x e^{-x}(x+1) \\ &= -x^2 - x - 1 \end{aligned}$$

이다. 따라서, 주어진 상미분방정식의 일반해는

$$\begin{aligned} y &= y_c + y_p \\ &= c_1 x + c_2 e^x - x^2 - x - 1 \\ &= c_1^* x + c_2 e^x - x^2 - 1 \qquad (c_1^* = c_1 - 1,\ c_2\text{는 임의상수}) \end{aligned} \tag{5.90}$$

이다. ◀

문제 5 상미분방정식 $(x^2D^2 - 3xD + 3)y = 2x^3 - x^2$를 풀어라.

풀이 주어진 상미분방정식을 변형하면

$$D^2 - \frac{3}{x}D + \frac{3}{x^2}y = 2x - 1$$

이고 여기서 $P(x) = -\frac{3}{x}$, $Q(x) = \frac{3}{x^2}$이라 하면,

$$P(x) + x\,Q(x) = -\frac{3}{x} + x\frac{1}{x^2} = 0$$

이고 $y = x$가 한 특수해이다. 이제 $y = xu$라 하면,

$$Dy = x\frac{du}{dx} + u,$$
$$D^2y = x\frac{d^2u}{dx^2} + 2\frac{du}{dx}$$

이므로 주어진 상미분방정식은

$$x\frac{d^2u}{dx^2} + 2\frac{du}{dx} - 3\frac{du}{dx} - \frac{3}{x}u = 2x - 1,$$
$$x\frac{d^2u}{dx^2} - \frac{du}{dx} = 2x - 1$$

이다. 이로부터

$$\frac{d^2u}{dx^2} - \frac{1}{x}\frac{du}{dx} = 2 - \frac{1}{x}$$

이므로

$$\frac{du}{dx} = e^{\int \frac{1}{x}\,dx}\left[\int e^{-\int \frac{1}{x}\,dx}\left(2 - \frac{1}{2}\right)dx + c\right]$$
$$= 2x\ln|x| + 1 + cx \qquad (c\text{는 임의상수})$$

이고

$$u = x^2\ln|x| + x + c_1x^2 + c_2 \qquad (c\text{는 임의상수})$$

이다. 따라서, 주어진 상미분방정식의 일반해는

$$y = ux = x^3\ln|x| + x^2 + c_1x^3 + c_2x \quad \left(c_1 = \frac{c}{2} - \frac{1}{2},\ c_2\text{는 임의상수}\right)$$

이다. ◀

2계 변수계수 제차선형상미분방정식

$$y'' + P(x)y' + Q(x)y = 0$$

의 한 해 $y_1 = y_1(x)$를 알고 있을 때, 일차독립인 다른 해 $y_2 = y_2(x)$를 경수변화법으로 구해 보자. $y_1(x)$가 주어진 2계 변수계수 제차선형상미분방정식의 한 해이므로 임의상수 c에 대하여 $cy_1(x)$도 한 해가 된다. 여기서 임의수 c 대신에 x의 함수 $u = u(x)$로 바꾸고, 두 번째 해 $y_2(x)$가

$$y_2(x) = u(x)\,y_1(x)$$

가 되도록 $u(x)$를 결정하고 $y_1(x)$와 $y_2(x)$가 일차독립임을 보이면 된다. 이제 $y_2(x)$를 x에 관하여 미분하면

$$\begin{aligned} y_2' &= u'y_1 + uy_1', \\ y_2'' &= u''y_1 + 2u'y_1'uy_1'' \end{aligned}$$

이다. 여기서 y_2가 주어진 2계 변수계수 제차선형상미분방정식의 한 해라고 가정하면

$$y_2'' + P(x)y_2' + Q(x)y_2 = 0$$

이므로

$$\begin{aligned} (uy_1''y_1 + 2u'y_1'u_1'')y_1 + P(u'y_1 + uy_1') + Quy_1 &= 0, \\ u(y_1'' + Py_1' + Qy_1) + y_1u'' + u'(2y_1' + Py_1) &= 0, \end{aligned}$$

이고 이로부터

$$y_1u'' + u'(2y_1' + Py_1) = 0$$

이고

$$u'' + u'\left(2\,\frac{y_1'}{y_1} + P\right) = 0$$

이 성립한다. 그런데 위의 식은 u'에 관한 1계 선형상미분방정식이므로

$$\begin{aligned} u' &= c_1 \exp\left\{-\int\left(2\,\frac{y_1'}{y_1} + P\right)dx\right\} \\ &= c_1 e^{-2\ln y_1} e^{-\int P\,dx} \\ &= c_1\,\frac{1}{y_1^2}\,e^{-\int P\,dx} \quad (c_1\text{은 임의상수}) \end{aligned}$$

이고 다시 적분하면

$$u = c_1 \int \frac{1}{y_1^2}\,e^{-\int P\,dx}\,dx + c_2 \quad (c_1,\ c_2\text{는 임의상수})$$

이다. 여기서 임의상수를 $c_1 = 1$, $c_2 = 0$으로 놓고 $y_2 = uy_1$에 대입하면,

$$y_2 = y_1 \int \frac{1}{y_1^2}\,e^{-\int P\,dx}\,dx$$

이다. 다음에 y_1과 y_2의 Wronskian을 구하면

$$W(y_1, y_2) = \begin{vmatrix} y_1 & y_2 \\ y_1' & y_2' \end{vmatrix} = e^{-\int P\,dx}(\neq 0)$$

이므로 y_1과 y_2는 일차독립이다. 따라서, 일반해는 다음과 같다.

$$y = c_1 y_1 + c_2 y_2 \quad (c_1,\ c_2\text{는 임의상수})$$

문제 6 $y_1 = x^3$이 상미분방정식 $x^2 y'' - 6y = 0$의 해일 때, 다른 해 y_2를 구하고 일반해를 구하라.

풀이 주어진 상미분방정식을 변형하면

$$y'' - \frac{6}{x^2} y = 0$$

이므로 다른 해 y_2를 구하는 공식에 의하여

$$y_2 = x^3 \int \frac{1}{x^6}\, dx = -\frac{1}{5x^2}$$

이다. 여기서 y_1과 y_2의 Wronskian을 구하면

$$W(y_1, y_2) = \begin{vmatrix} x^3 & -\frac{1}{5x^2} \\ 3x^2 & -\frac{2}{5x^3} \end{vmatrix} = 1$$

이므로 y_1과 y_2는 일차독립이다. 따라서, 일반해는

$$y = c_1 x^3 + \frac{c_2^*}{x^2} \quad (c_1,\ c_2^* = -\frac{1}{5}c_2\text{는 임의상수})$$

이다. ◀

[II] 변수변환를 이용하는 경우.

주어진 선형상미분방정식의 특수해를 구하기가 어려운 경우 변수변환 방법을 이용한다.

(1) 종속변수의 변환.

2계 변수계수 비제차선형상미분방정식

$$L(y) = y'' + P(x)y' + Q(x)y = R(x) \tag{5.91}$$

이 주어졌을 때, 다음 변수변환

$$y = uv = u(x)\,v(x) \tag{5.92}$$

를 이용하여 보자. 그러면

$$u''v + (2v' + Pv)u' + (v'' + Pv' + Qv)u = R, \tag{5.93}$$

$$u'' + (2\frac{v'}{v} + P)u' + \frac{1}{v}(v'' + Pv' + Qv)u = \frac{R}{v} \tag{5.94}$$

이 된다.

(a) v가 $y'' + Py' + Qy = 0$의 한 특수해라고 하면, 식 (5.94)는

$$u'' + (2\frac{v'}{v} + P)u' = 0 \tag{5.95}$$

이므로 u'에 관한 1계 선형상미분방정식이므로 u'을 구한 다음, 적분을 한 번 하면 일반해가 얻어진다.

(b) 다음은 식 (5.94)에서 u'의 계수인 항을 영(zero)으로 취한다. 그러면

$$2v' + Pv = 0 \tag{5.96}$$

이고 이로부터

$$v = e^{-\frac{1}{2}\int P\,dx} \tag{5.97}$$

를 얻는다. 그러면

$$\frac{dv}{dx} = -\frac{1}{2}vP \tag{5.98}$$

이고

$$\frac{d^2v}{dx^2} = -\frac{P}{2}\frac{dv}{dx} - \frac{1}{2}v\frac{dP}{dx} \tag{5.99}$$

이므로

$$\begin{aligned}
I &= Q + \frac{P}{v}\frac{dv}{dx} + \frac{1}{v}\frac{d^2v}{dx^2} && (5.100)\\
&= Q + \frac{P}{v}\left(-\frac{1}{2}vP\right) + \frac{1}{v}\left(-\frac{1}{2}P\frac{dv}{dx} - \frac{1}{2}v - \frac{dP}{dx}\right) && (5.101)\\
&= Q - \frac{1}{2}P^2 - \frac{1}{2}\frac{dP}{dx} - \frac{P}{2v}(-\frac{1}{2}vP) && (5.102)\\
&= Q - \frac{1}{2}P' - \frac{1}{4}P^2 && (5.103)
\end{aligned}$$

이다. 따라서 식 (5.94)는

$$u'' + Iu = \frac{R}{v} = Re^{\frac{1}{2}\int P\,dx} \tag{5.104}$$

가 된다. 단, I는

$$I = Q - \frac{1}{2}P' - \frac{1}{4}P^2 \tag{5.105}$$

이다. 식 (5.104)의 u에 관한 미분방정식을 풀어 u를 구할 수 있으면 일반해는 $y = uv$가 된다. 또한 u에 관한 2계 상미분방정식이 다음 두 가지 경우이면, 일반해를 구할 수 있다.

(a) $I = k$ (k는 상수)이면, 식 (5.104)는 2계 상수계수제차형으로 만들수 있으므로 특수해를 구할 수 있다.

(b) $I = \dfrac{k}{x^2}$ (k는 상수)이면, 식 (5.104)의 2계 상수계수제차형미분방정식은

$$x^2\frac{d^2u}{dx^2} + ku = \frac{Rx^2}{v} \tag{5.106}$$

이고 이것은 Cauchy-Euler 미분방정식이므로 특수해를 구할 수 있다.

문제 7 $y'' + 2xy' + x^2y = 0$을 풀어라.

풀이 $P(x) = 2x$, $Q(x) = x^2$, $R(x) = 0$이므로

$$v = e^{-\frac{1}{2}\int(2x)\,dx} = e^{-\frac{1}{2}x^2}$$

이고

$$I = Q - \frac{1}{2}P' - \frac{1}{4}P^2 = x^2 - \frac{1}{2}2 - \frac{1}{4}(2x)^2 = -1$$

이다. 이로부터

$$y = u\,e^{-\frac{1}{2}x^2}$$

이라 하면,

$$u'' - u = 0$$

이고 일반해는

$$u = c_1e^{-x} + c_2e^{x} \quad (c_1,\ c_2\text{는 임의상수})$$

이다. 그러므로 주어진 상미분방정식의 일반해는

$$y = u\,e^{-\frac{1}{2}x^2} = (c_1e^{-x} + c_2e^{x})\,e^{-\frac{1}{2}x^2} \quad (c_1,\ c_2\text{는 임의상수}) \tag{5.107}$$

이다. ◀

문제 8 $y'' - 2xy' + (x^2+2)y = e^{\frac{1}{2}(x^2+2x)}$ 을 풀어라.

풀이 $P(x) = -2x,\ Q(x) = x^2+2,\ R(x) = e^{\frac{1}{2}(x^2+2x)}$ 이므로

$$v = e^{-\frac{1}{2}\int(-2x)\,dx} = e^{\frac{1}{2}x^2}$$

이고

$$I = Q - \frac{1}{2}P' - \frac{1}{4}P^2 = x^2 + 2 - \frac{1}{2}(-2) - \frac{1}{4}(4x^2) = 3$$

이다. 이로부터

$$y = u\,e^{\frac{1}{2}x^2}$$

이라 하면,

$$u'' + 3u = e^x$$

이고 일반해는

$$u = c_1\cos\sqrt{3}\,x + c_2\sin\sqrt{3}\,x + \frac{1}{4}e^x \quad (c_1,\ c_2\text{는 임의상수})$$

이다. 그러므로 주어진 상미분방정식의 일반해는

$$y = u\,e^{\frac{1}{2}x^2} = (c_1\cos\sqrt{3}x + c_2\sin\sqrt{3}x)e^{\frac{1}{2}x^2} + \frac{1}{4}e^{\frac{1}{2}(x^2+2x)} \tag{5.108}$$

이다. 단, c_1, c_2는 임의상수이다. ◀

(2) 독립변수의 변환.

(1)에서 종속변수를 변환하여 특수해를 구할 수 없을 경우, 일반해 역시 구할 수 없으므로 이때에는 독립변수를 변환해 본다. 2계 변수계수 비제차선형 상미분방정식

$$L(y) = y'' + P(x)y' + Q(x)y = R(x) \tag{5.109}$$

에서 독립변수 x를 $t = g(x)$로 변환하면,

$$\frac{dy}{dx} = \frac{dy}{dt}\frac{dt}{dx}, \tag{5.110}$$

$$\frac{d^2y}{dx^2} = \frac{d^2}{dt^2}\left(\frac{dt}{dx}\right)^2 + \frac{dy}{dt}\frac{d^2t}{dx^2} \tag{5.111}$$

이므로 주어진 상미분방정식은

$$\frac{d^2y}{dt^2} + \frac{\dfrac{d^2t}{dx^2} + P\dfrac{dt}{dx}}{\left(\dfrac{dt}{dx}\right)^2}\frac{dy}{dt} + \frac{Q}{\left(\dfrac{dt}{dx}\right)^2}y = \frac{R}{\left(\dfrac{dt}{dx}\right)^2} \tag{5.112}$$

로 변형된다. 여기서 $g(x)$를 적당히 결정하여 위의 식의 $\frac{dy}{dt}$와 y의 계수가 상수가 되면 풀 수가 있다. 즉, 다음의 경우를 고려해 보자.

(a) y의 계수가 상수 k^2가 되도록 결정한다. 즉,

$$\frac{dt}{dx} = \sqrt{\frac{\pm Q}{k^2}} \tag{5.113}$$

가 되도록 t를 결정하였을 때, $\frac{dt}{dt}$의 계수도 상수가 되는 경우이다. 여기서 Q의 부호는 $\frac{dt}{dx}$가 항상 양이 되도록 정하고, 상수 k^2은 임의의 양의 정수로서 이 값은 계산의 편의에 따라 마음대로 결정할 수 있다. 참고로 항상 $k^2 = 1$로 취해도 상관 없다. 또한

$$A = \frac{\dfrac{d^2t}{dx^2} + P\dfrac{dt}{dx}}{\left(\dfrac{dt}{dx}\right)^2} \qquad (A\text{는 상수}) \tag{5.114}$$

이면 식 (5.111)은

$$\frac{d^2y}{dt^2} + A\frac{dy}{dt} \pm k^2 y = \frac{R}{\left(\dfrac{dt}{dx}\right)^2} \tag{5.115}$$

이므로 이것은 2계 상수계수 비제차선형상미분방정식이다.

(b) $\frac{dy}{dt}$의 계수가 영(zero)이 되도록 결정한다. 즉,

$$\frac{d^2t}{dx^2} + P\frac{dt}{dx} = 0, \qquad t = \int e^{-\int P\,dx}\,dx \tag{5.116}$$

가 되도록 t를 결정하였을 때, y의 계수가 상수가 되는 경우이다.

문제 9 다음 상미분방정식을 풀어라.

$$y'' - (1+4e^x)y' + 3e^{2x}y = e^{2(x+e^x)} \tag{5.117}$$

풀이 먼저, 임의의 값으로 $k^2 = 3$으로 취하자. 그러면

$$\begin{aligned}\frac{dt}{dx} &= \sqrt{\frac{Q}{k^2}} \\ &= \sqrt{\frac{3e^{2x}}{3}} = e^x\end{aligned}$$

일 때

$$\frac{\dfrac{d^2t}{dx^2} + P\dfrac{dt}{dx}}{\left(\dfrac{dt}{dx}\right)^2} = \frac{e^x - (1+4e^x)e^x}{(e^x)^2} = -4 = A$$

이므로 새로운 독립변수로서 $t = g(x) = e^x$를 취하면, 주어진 상미분방정식은

$$\frac{d^2y}{dt^2} + A\frac{dy}{dt} + k^2y = \frac{R}{\left(\dfrac{dt}{dx}\right)^2}$$

이므로

$$\begin{aligned}\frac{d^2y}{dt^2} - 4\frac{dy}{dt} + 3y &= \frac{e^{2(x+e^x)}}{e^{2x}} \\ &= e^{2e^x} \\ &= e^{2t}\end{aligned}$$

이다. 이 식의 일반해는

$$y = c_1e^t + c_2e^{3t} - e^{2t} \quad (c_1,\ c_2\text{는 임의상수})$$

이고 따라서, 주어진 상미분방정식의 일반해는

$$y = c_1e^{e^x} + c_2e^{3e^x} - e^{2e^x} \quad (c_1,\ c_2\text{는 임의상수}) \tag{5.118}$$

이다. ◀

연 습 문 제 5-3

1. 다음 상미분방정식의을 풀어라.

(1) $(x-2)\dfrac{d^2y}{dx^2}-(4x-7)\dfrac{dy}{dx}+(4x-6)y = 0$

(2) $\dfrac{d^2y}{dx^2}-2\tan x\dfrac{dy}{dx}+3y = 2\sec x$

(3) $\dfrac{d^2y}{dx^2}-4x\dfrac{dy}{dx}+4x^2y = xe^{x^2}$

(4) $\dfrac{d^2y}{dx^2}+\dfrac{2}{x}\dfrac{dy}{dx}+\dfrac{1}{x^4}y = \dfrac{2x^2+1}{x^6}$

(5) $\dfrac{d^2y}{dx^2}+\left(4x-\dfrac{1}{x}\right)\dfrac{dy}{dx}+4x^2y = 3xe^{-x^2}$

5.4 경수변화법

n계 변수계수 비제차상선형미분방정식은 다음과 같다.

$$L(y)=a_0(x)y^{(n)}+a_1(x)y^{(n-1)}+a_2(x)y^{(n-2)}+\cdots+a_{n-1}(x)y'+a_n(x)y=R(x) \tag{5.119}$$

단, $a_0(x)(\neq 0)$, $a_1(x)$, $a_2(x)$, $\cdots$, $a_{n-1}(x)$, $a_n(x)$, $R(x)(\neq 0)$는 모두 x의 함수이다. 이때 여방정식

$$L(y)=a_0(x)y^{(n)}+a_1(x)y^{(n-1)}+a_2(x)y^{(n-2)}+\cdots+a_{n-1}(x)y'+a_n(x)y=0 \tag{5.120}$$

의 n개의 일차독립인 해를 $y_1(x)$, $y_2(x)$, $\cdots$, $y_n(x)$라 하면, 식 (5.119)의 여함수 y_c는

$$y_c = c_1y_1(x)+c_2y_2(x)+\cdots+c_ny_n(x) \tag{5.121}$$

이다. 단, c_1, c_2, $\cdots$, c_n은 임의상수이다. 이제 식 (5.119)의 한 특수해 y_p는 여함수 y_c의 속에 포함되어 있는 임의상수 c_i $(i=1,2,\cdots,n)$를 x의 어떤 함수

$c_i(x)$ $(i = 1, 2, \cdots, n)$로 대체하여

$$y_p = c_1(x)y_1(x) + c_2(x)y_2(x) + \cdots + c_n(x)y_n(x) \tag{5.122}$$

와 같이 나타낼 수 있음을 증명해 보자. 식 (5.122)는 미지함수 $c_i(x)$ $(i = 1, 2, \cdots, n)$를 n개 포함하고 있으므로 $c_i(x)$ $(i = 1, 2, \cdots, n)$를 구하려면 역시 n개의 방정식이 필요하므로, 그 n개의 조건을 다음과 같이 취한다.

$$\begin{cases} c_1'(x)y_1(x) + c_2'(x)y_2(x) + \cdots + c_n'(x)y_n(x) = 0, \\ c_1'(x)y_1'(x) + c_2'(x)y_2'(x) + \cdots + c_n'(x)y_n'(x) = 0, \\ c_1'(x)y_1''(x) + c_2'(x)y_2''(x) + \cdots + c_n'(x)y_n''(x) = 0, \\ \quad\vdots \qquad\qquad \vdots \qquad\qquad \vdots \qquad\qquad \vdots \\ c_1'(x)y_1^{(n-2)}(x) + c_2'(x)y_2^{(n-2)}(x) + \cdots + c_n'(x)y_n^{(n-2)}(x) = 0, \\ c_1'(x)y_1^{(n-1)}(x) + c_2'(x)y_2^{(n-1)}(x) + \cdots + c_n'(x)y_n^{(n-1)}(x) = \dfrac{R(x)}{a_0(x)}. \end{cases} \tag{5.123}$$

가정에 의하여 $y_i(x)$ $(i = 1, 2, \cdots, n)$는 여함수인 식 (5.120)의 일차독립인 해이므로 이 일차독립인 해들의 Wronskin은

$$W(y_1(x), y_2(x), \cdots, y_n(x)) = \begin{vmatrix} y_1(x) & y_2(x) & \cdots & y_n(x) \\ y_1'(x) & y_2'(x) & \cdots & y_n'(x) \\ \vdots & \vdots & \ddots & \vdots \\ y_1^{(n-2)}(x) & y_2^{(n-2)}(x) & \cdots & y_n^{(n-2)}(x) \\ y_1^{(n-1)}(x) & y_2^{(n-1)}(x) & \cdots & y_n^{(n-1)}(x) \end{vmatrix} \neq 0 \tag{5.124}$$

이다. Cramér의 공식을 이용하면 $c_1'(x)$, $c_2'(x)$, $\cdots$, $c_n'(x)$에 관한 연립일차방정식 (5.123)에서 $c_1'(x)$, $c_2'(x)$, $\cdots$, $c_n'(x)$를 구할 수 있으며, 다음에 이 값들을 각각 적분하면 $c_1(x)$, $c_2(x)$, $\cdots$, $c_n(x)$를 구할 수 있다. 즉,

$$c_i(x) = \int \frac{W_i}{W(y_1(x), y_2(x), \cdots, y_n(x))}\,dx \qquad (i = 1, 2, 3, \cdots, n) \tag{5.125}$$

으로 구할 수 있다. 단, W_i는 $W(y_1(x), y_2(x), \cdots, y_n(x))$에서 제 i열의 성분을 차례대로 각각

$$0, 0, \cdots, \frac{R(x)}{a_0(x)} \cdots, 0, 0 \tag{5.126}$$

으로 대체한 Wronskin이다. 여기서 구한 $c_1(x)$, $c_2(x)$, $\cdots$, $c_n(x)$를 가지고 다음과 같이 만들자.

$$y_p = c_1(x)y_1(x) + c_2(x)y_2(x) + \cdots + c_n(x)y_n(x) \tag{5.127}$$

단, c_1, c_2, $\cdots$, c_n은 임의상수이다. 그러면 미분에 의하여

$$\begin{cases} y_p' = c_1(x)y_1'(x) + c_2(x)y_2'(x) + \cdots + c_n(x)y_n'(x) = 0, \\ y_p'' = c_1(x)y_1''(x) + c_2(x)y_2''(x) + \cdots + c_n(x)y_n''(x) = 0, \\ y_p''' = c_1(x)y_1'''(x) + c_2(x)y_2'''(x) + \cdots + c_n(x)y_n'''(x) = 0, \\ \quad\vdots \qquad\qquad \vdots \qquad\qquad \vdots \qquad\qquad \vdots \\ y_p^{(n-1)} = c_1(x)y_1^{(n-1)}(x) + c_2(x)y_2^{(n-1)}(x) + \cdots + c_n(x)y_n^{(n-1)}(x) = 0, \\ y_p^{(n)} = c_1(x)y_1^{(n)}(x) + c_2(x)y_2^{(n)}(x) + \cdots + c_n(x)y_n^{(n)}(x) = \dfrac{R(x)}{a_0(x)} \end{cases} \tag{5.128}$$

가 된다. 위의 식을 주어진 식 (5.119)에 대입하면

$$\begin{aligned} L(y_p) &= a_0(x)y_p^{(n)} + a_1(x)y_p^{(n-1)} + a_2(x)y_p^{(n-2)}(x) + \cdots + a_{n-1}(x)y_p' + a_n(x)y_p \\ &\quad + a_0(x)[\,c_1(x)y_1^{(n)}(x) + c_2(x)y_2^{(n)}(x) + \cdots + c_n(x)y_n^{(n)}(x) + \frac{R(x)}{a_0(x)}\,] \\ &\quad + a_1(x)[\,c_1(x)y_1^{(n-1)}(x) + c_2(x)y_2^{(n-1)}(x) + \cdots + c_n(x)y_n^{(n-1)}(x)\,] \\ &\quad + \qquad \vdots \qquad\qquad \vdots \qquad\qquad \vdots \qquad (5.129) \\ &\quad + a_{n-1}(x)[\,c_1(x)y_1'(x) + c_2(x)y_2'(x) + \cdots + c_n(x)y_n'(x)\,] \\ &\quad + a_n(x)[\,c_1(x)y_1(x) + c_2(x)y_2(x) + \cdots + c_n(x)y_n(x)\,] \\ &= c_1(x)L(y_1) + c_2(x)L(y_2) + \cdots + c_{n-1}(x)L(y_{n-1}) + c_n(x)L(y_n) + R(x) \qquad (5.130) \\ &= R(x) \qquad (5.131) \end{aligned}$$

이므로

$$y_p = c_1(x)y_1(x) + c_2(x)y_2(x) + \cdots + c_n(x)y_n(x) \tag{5.132}$$

는 주어진 n계 변수계수 비제차상선형미분방정식

$$L(y_p) = R(x)$$

의 한 특수해임을 알 수 있다. 이러한 방법으로 특수해를 구하는 것을 경수변화법(method of the parameter variation) 또는 상수변화법(method of the constant variation)이라 한다. 이 경수변화법은 변수계수 비제차선형상미분방정식의 특수해 뿐만 아니라 상수계수 비제차선형상미분방정식의 특수해를 구할 때에도 유용하다.

문제 1 다음 상미분방정식을 풀어라.

$$y'' + 2y' + y = \frac{e^{-x}}{x+1} \quad (x \neq -1) \tag{5.133}$$

풀이 여방정식 $y'' + 2y' + y = 0$의 특성방정식은 $t^2 + 2t + 1 = 0$ 이고 그 근은 $t = -1$(이중근)이다. 이로부터 여함수는

$$y_c = c_1 e^{-x} + c_2 x e^{-x} \quad (c_1,\ c_2\text{는 임의상수})$$

이다. 이제 경수변화법으로 특수해 y_p를 구하기 위하여

$$y_p = c_1(x)e^{-x} + c_2(x)xe^{-x}$$

이라 하면

$$\begin{cases} c_1'(x)e^{-x} + c_2'(x)xe^{-x} = 0 \\ -c_1'(x)e^{-x} + c_2'(x)(1-x)e^{-x} = \dfrac{e^{-x}}{x+1} \end{cases}$$

이다. Cramér 공식을 이용하여 풀면

$$\begin{aligned} c_1'(x) &= \frac{1}{x+1} - 1 \\ c_2'(x) &= \frac{1}{x+1} \end{aligned}$$

이고 위의 식을 각각 적분하면

$$\begin{aligned} c_1(x) &= \ln|x+1| - x \\ c_2(x) &= \ln|x+1| \end{aligned}$$

이므로 특수해는

$$y_p = \left(\ln|x+1| - x\right) e^{-x} + xe^{-x}\ln|x+1|$$

이다. 따라서 주어진 상미분방정식의 일반해는

$$y = c_1 e^{-x} + c_2^* x e^{-x} + e^{-x} \ln|x+1| + x e^{-x} \ln|x+1| \tag{5.134}$$

이다. 단, c_1, $c_2^* = c_2 - 1$은 임의상수이다. ◀

문제 2 다음 상미분방정식의 한 특수해 x^2을 알고 있을 때, 다른 한 특수해를 구하고 이를 이용하여 풀어라.

$$x^2 y'' - 2xy' + 2y = x^2 \ln x \qquad (x \neq 0) \tag{5.135}$$

풀이 먼저 주어진 상미분방정식을 다음과 같이 변형하자.

$$y'' - \frac{2}{x} y' + \frac{2}{x^2} y = \ln x$$

이때

$$-\frac{2}{x} + x\,\frac{2}{x^2} = 0$$

이므로 다른 한 특수해는 x이다. 이때

$$y_1 = x\,, \qquad y_2 = x^2$$

이라 하면

$$\begin{aligned} W\big(y_1(x), y_2(x)\big) &= \begin{vmatrix} x & x^2 \\ 1 & 2x \end{vmatrix} \\ &= x^2 \ (\neq 0) \end{aligned}$$

이므로

$$y_1 = x\,, \qquad y_2 = x^2$$

는 일차독립인 해이다. 이제 경수변화법으로 특수해 y_p를 구하기 위하여

$$y_p = c_1(x)\,x + c_2(x)\,x^2$$

이라 하면

$$\begin{cases} c_1'(x)x + c_2'(x)\,x^2 = 0 \\ c_1'(x) \ + c_2'(x)(2x) = \dfrac{x^2 \ln x}{x^2} = \ln x \end{cases}$$

이다. Cramér 공식을 이용하여 풀면

$$c_1'(x) = \frac{\begin{vmatrix} 0 & x^2 \\ \ln x & 2x \end{vmatrix}}{W(x, x^2)} = \frac{-x^2 \ln x}{x^2} = -\ln x$$

이고

$$c_2'(x) = \frac{\begin{vmatrix} x & 0 \\ 1 & \ln x \end{vmatrix}}{W(x, x^2)} = \frac{x \ln x}{x^2} = \frac{\ln x}{x}$$

이다. 위의 식을 각각 적분하면

$$c_1(x) = -x(\ln|x| - 1)$$

이고

$$c_2(x) = \frac{1}{2}(\ln|x|)^2$$

이므로 특수해는

$$\begin{aligned} y_p &= -x(\ln|x| - 1)x + \frac{1}{2}(\ln|x|)^2 x^2 \\ &= \frac{1}{2} x^2 \left(\ln|x|)^2 - 2\ln|x| + 2 \right) \end{aligned}$$

이다. 따라서 주어진 상미분방정식의 일반해는

$$y = c_1 x + c_2^* x^2 + \frac{1}{2} x^2 \left(\ln^2|x| - 2\ln|x| \right) \tag{5.136}$$

이다. 단, c_1, $c_2^* = c_2 + 1$은 임의상수이다. ◀

문제 3 다음 상미분방정식을 풀어라.

$$(x+1)^2 y'' - 2(x+1)y' + 2y = 1 \quad (x \neq -1) \tag{5.137}$$

풀이 주어진 상미분방정식을 변형하면

$$y'' - \frac{2}{x+1}y' + \frac{2}{(x+1)^2}y = \frac{1}{(x+1)^2}$$

이다. 위의 식의 2계 변수계수 제차선형상미분방정식은

$$y'' - \frac{2}{x+1}y' + \frac{2}{(x+1)^2}y = 0$$

이고 이때 한 해는

$$-\frac{2}{x+1} + (x+1)\frac{2}{(x+1)^2} = 0$$

이므로 $y_1 = x+1$이다. 다음에 다른 해 y_2를 구하는 공식에 의하여

$$\begin{aligned} y_2 &= (x+1)\int \frac{1}{(x+1)^2} e^{\int \frac{2}{x+1}\,dx}\,dx \\ &= x(x+1) \end{aligned}$$

이다. 이때 y_1과 y_2의 Wronskian은

$$\begin{aligned} W(y_1, y_2) &= \begin{vmatrix} x+1 & x(x+1) \\ 1 & 2x+1 \end{vmatrix} \\ &= (x+1)^2 \neq 0 \end{aligned}$$

이므로 y_1과 y_2는 일차독립이다. 이로부터 여함수는

$$y_c = c_1(x+1) + c_2 x(x+1) \quad (c_1,\ c_2\text{는 임의상수})$$

이다. 다음에 특수해 y_p를 구하면

$$\begin{aligned} y_p &= (x+1)\int \frac{-\frac{1}{(x+1)^2}\,x(x+1)}{(x+1)^2}\,dx + x(x+1)\int \frac{\frac{1}{(x+1)^2}\,(x+1)}{(x+1)^2}\,dx \\ &= (x+1)\int \frac{-x}{(x+1)^3}\,dx + x(x+1)\int \frac{1}{(x+1)^3}\,dx \\ &= -(x+1)\int\left(\frac{1}{(x+1)^2} - \frac{1}{(x+1)^3}\right)dx + x(x+1)\int \frac{1}{(x+1)^3}\,dx \\ &= (x+1)\left(\frac{1}{x+1} - \frac{1}{2(x+1)^2}\right) - x(x+1)\frac{1}{2(x+1)^2} \\ &= \frac{1}{2} \end{aligned}$$

이다. 그러므로 일반해는

$$y = c_1(x+1) + c_2 x(x+1) + \frac{1}{2} \quad (c_1,\ c_2\text{는 임의상수}) \tag{5.138}$$

이다. ◀

연 습 문 제 5-4

1. 다음 상미분방정식을 풀어라.

(1) $x^2y'' - 6x^2y' + 9x^2y = e^{3x}$

(2) $x^2y'' + 2x^2y' + x^2y = 2e^{-x}\ln x$

(3) $\dfrac{d^2y}{dx^2} - 4x\dfrac{dy}{dx} + 4x^2y = xe^{x^2}$

(4) $y'' + 4y' + 3y = 2e^{2x}$

5.5 특수한 형태의 고계 변수계수상미분방정식

앞 절에서 이미 언급하였지만 고계 변수계수 상미분방정식을 일반해를 구하는 것은 쉽지 않다. 이 절에서는 특수한 형태의 고계 변수계수상미분방정식의 해법에 대하여 살펴본다.

[I] 고계 상미분방정식이 종속변수 y를 포함하고 있지 않은 경우

주어진 상미분방정식을

$$f\left(\frac{d^ny}{dx^n}, \frac{d^{n-1}y}{dx^{n-1}}, \cdots, \frac{dy}{dx}, x\right) = 0 \tag{5.139}$$

과 같이 변형하였을 때 종속변수 y가 포함되어 있지 않을 경우, 이때에는 제일 낮은 1계 도함수를 $p = \frac{dy}{dx}$로 치환한다. 그러면,

$$\frac{dp}{dx} = \frac{d^2y}{dx^2}, \quad \cdots \quad , \frac{d^{n-1}p}{dx^{n-1}} = \frac{d^ny}{dx^n} \tag{5.140}$$

이므로 계수를 하나 낮추어 일반해를 구할 수 있는지 살펴본다. 또한 주어진 상미분방정식이

$$f\left(\frac{d^ny}{dx^n}, \frac{d^{n-1}y}{dx^{n-1}}, \cdots, \frac{d^ky}{dx^k}, x\right) = 0 \tag{5.141}$$

과 같은 형태이면 k계 도함수를 $p = \frac{d^ky}{dx^k}$으로 치환한다. 그러면

$$\frac{dp}{dx} = \frac{d^{k+1}y}{dx^{k+1}}, \quad \cdots \quad , \frac{d^{n-1}p}{dx^{n-1}} = \frac{d^{n+k}y}{dx^{n+k}} \tag{5.142}$$

가 되므로 도함수의 계수를 k계 줄일 수 있다.

문제 1 다음 상미분방정식을 풀어라.

$$2\frac{d^2y}{dx^2} - \left(\frac{dy}{dx}\right)^2 + 4 = 0 \tag{5.143}$$

풀이 $p = \frac{dy}{dx}$로 치환하면,

$$2\frac{dy}{dx} = p^2 - 4 \tag{5.144}$$

이고

$$\frac{2dp}{p^2-4} = dx \tag{5.145}$$

이므로 변수분리형이다. 이 식의 양변을 적분하면

$$\frac{1}{2}\ln\left|\frac{p-2}{p+2}\right| = x + c_1 \quad (c_1\text{은 임의상수}) \tag{5.146}$$

이고

$$\frac{p-2}{p+2} = c_2e^{2x} \quad (c_2 = \pm e^{2c_1}\text{은 임의상수}) \tag{5.147}$$

이다. 이 식을 p에 대하여 정리하면

$$\begin{aligned} p &= \frac{dy}{dx} \\ &= \frac{2(1+ce^{2x})}{1-c_2e^{2x}} \\ &= 2\left(1 + \frac{2c_2e^{2x}}{1-ce^{2x}}\right) \end{aligned} \tag{5.148}$$

이고 이로부터 일반해는

$$y = 2x - 2\ln|1 - c_2e^{2x}| + c_3 \quad (c_2,\ c_3\text{는 임의상수}) \tag{5.149}$$

이다. ◀

문제 2 다음 상미분방정식을 풀어라.

$$x\frac{d^3y}{dx^3} - 2\frac{d^2y}{dx^2} = 0 \tag{5.150}$$

풀이 $p = \frac{d^2y}{dx^2}$으로 치환하면,

$$x\frac{dp}{dx} - 2p = 0 \tag{5.151}$$

이므로 변수분리형이다. 이것을 풀면

$$\ln|p| = \ln|x^2| + c_1 \quad (c_1\text{은 임의상수}) \tag{5.152}$$

이고

$$\begin{aligned} p &= \frac{d^2y}{dx^2} \\ &= c_2 x^2 \quad (c_2 = \pm e^{c_1}\text{은 임의상수}) \end{aligned} \tag{5.153}$$

이고

$$\frac{dy}{dx} = \frac{c_2}{3}x^3 + c_3 \quad (c_3\text{는 임의상수}) \tag{5.154}$$

이므로 일반해는

$$y = c_2^* x^4 + c_3 x + c_4 \quad \left(c_2^* = \frac{c_2}{12},\ c_3,\ c_4\text{는 임의상수}\right) \tag{5.155}$$

이다. ◀

[II] 고계 상미분방정식이 독립변수 x를 포함하고 있지 않은 경우

주어진 상미분방정식을

$$f\left(\frac{d^ny}{dx^n}, \frac{d^{n-1}y}{dx^{n-1}}, \cdots, \frac{dy}{dx}, y\right) = 0 \tag{5.156}$$

과 같이 변형하였을 때 독립변수 x가 포함되어 있지 않을 경우, 이때에는

$$p = \frac{dy}{dx}$$

로 치환한다. 그러면,

$$\frac{dy}{dx} = p, \tag{5.157}$$

$$\begin{aligned} \frac{d^2y}{dx^2} &= \frac{dp}{dy}\frac{dy}{dx} \\ &= p\frac{dp}{dy} \end{aligned} \tag{5.158}$$

이고

$$\frac{d^3y}{dx^3} = \frac{d}{dy}\left(p\frac{dp}{dy}\right)\frac{dy}{dx} \tag{5.159}$$

$$= \left[p\frac{d^2p}{dy^2} + \left(\frac{dp}{dy}\right)^2\right]\frac{dy}{dx} \tag{5.160}$$

$$= p^2\frac{d^2p}{dy^2} + p\left(\frac{dp}{dy}\right)^2 \tag{5.161}$$

가 되므로 이런 식으로 계속 계산하면 주어진 상미분방정식의 계수를 하나 낮추어 일반해를 구할 수 있는지 살펴본다.

문제 3 다음 상미분방정식을 풀어라.

$$\frac{d^2y}{dx^2} - \left(\frac{dy}{dx}\right)^3 - \frac{dy}{dx} = 0 \tag{5.162}$$

풀이 $p = \dfrac{dy}{dx}$로 치환하면, $\dfrac{d^2y}{dx^2} = p\dfrac{dp}{dy}$이다. 이로부터 주어진 상미분방정식은

$$p\frac{dp}{dy} = p^3 + p,$$

$$\frac{dp}{dy} = p^2 + 1,$$

$$\frac{dp}{p^2+1} = dy \tag{5.163}$$

이므로 양 변을 적분하면

$$\tan^{-1}p = y + c_1 \qquad (c_1\text{은 임의상수})$$

이고

$$p = \frac{dy}{dx} = \tan(y + c_1) \tag{5.164}$$

이다. 이로부터

$$\cot(y + c_1) = dx$$

이고 이 식의 양 변을 적분하면

$$\ln|\sin(y + c_1)| = x + c_2, \qquad (c_2\text{은 임의상수}) \tag{5.165}$$

이고

$$\sin(y + c_1) = c_2^* e^x \qquad (c_2^* = \pm e^{c_2}\text{는 임의상수}) \tag{5.166}$$

이다.

$$y = \sin^{-1}(c_2^* e^x) + c_1^* \tag{5.167}$$

이다. 단, $c_1^* = -c_1$, $c_2^* = \pm e^{c_2}$는 임의상수이다. ◀

[III] 특수해를 하나 알고 있는 경우

n계 제차상미분방정식

$$f\left(\frac{d^n y}{dx^n}, \frac{d^{n-1}y}{dx^{n-1}}, \cdots, \frac{dy}{dx}, y, x\right) = 0 \tag{5.168}$$

의 한 특수해 $y = u(x)$를 알고 있을 때, $y = u(x)v(x)$라 두면,

$$f\left(\frac{d^n y}{dx^n}, \frac{d^{n-1}y}{dx^{n-1}}, \cdots, \frac{dy}{dx}, y, x\right) = R(x) \tag{5.169}$$

는 종속변수를 포함하지 않는 주어진 상미분방정식과 같은 계수의 상미분방정식으로 변형된다. 이때 변환된 상미분방정식의 계수는 [I]에 의해서 낮출수가 있다.

문제 4 다음 상미분방정식을 풀어라.

$$\begin{aligned} x^3 \sin x \frac{d^3y}{dx^3} &- (3x^2 \sin x + x^3 \cos x)\frac{d^2y}{dx^2} \\ &+ (6x \sin x + 2x^2 \cos x)\frac{dy}{dx} - (6 \sin x + 2x \cos x)y = 0 \end{aligned}$$

풀이 $y = x$가 한 특수해임을 알 수 있다. 이제 $y = uv$라 하면,

$$\begin{aligned} y' &= xv' + v, \\ y'' &= xv'' + 2v', \\ y''' &= xv''' + 3v'' \end{aligned}$$

이므로 주어진 상미분방정식은

$$\sin x \frac{d^3v}{dx^3} - \cos x \frac{d^2v}{dx^2} = 0$$

이 된다. 여기서 $p = \dfrac{d^2v}{dx^2}$라 하면,

$$\sin x \frac{dp}{dx} - p\cos x = 0,$$
$$\frac{dp}{p} = \cot x\,dx$$

이므로 이 식의 양 변을 적분하고 정리하면

$$\ln|p| = \ln|\sin x| + c_1,$$
$$p = c_1 \sin x \qquad (c_1^* = \pm e^c\text{은 임의상수})$$

이고, 다시 적분하면

$$\frac{dv}{dx} = -c_1\cos x + c_2 \quad (c_1,\ c_2\text{는 임의상수}) \tag{5.170}$$

이고 또 적분하면

$$v = \frac{y}{v} = c_1^* \sin x + c_2 x + c_3 \qquad (c_1^* = -c_1,\ c_2,\ c_3\text{는 임의상수}) \tag{5.171}$$

이다. 따라서 주어진 상미분방정식의 일반해는

$$y = c_1^* x\sin x + c_2 x^2 + c_3 x \qquad (c_1^* = -c_1,\ c_2,\ c_3\text{는 임의상수}) \tag{5.172}$$

이다. ◀

[III] 완전미분방정식(exact differential equation)의 경우

n계 상미분방정식

$$f\left(\frac{d^ny}{dx^n}, \frac{d^{n-1}y}{dx^{n-1}}, \cdots, \frac{dy}{dx}, y, x\right) = R(x) \tag{5.173}$$

가 1계 더 낮은 다음의 미분방정식

$$g\left(\frac{d^{n-1}y}{dx^{n-1}}, \frac{d^{n-2}y}{dx^{n-2}}, \cdots, \frac{dy}{dx}, y, x\right) = R_1(x) + c \quad (c\text{는 상수}) \tag{5.174}$$

으로부터 한 번 미분함으로서 얻어지면, 식 (5.173)을 완전미분방정식(exact differential equation)이라 한다. 만약 n계 상미분방정식

$$a_0(x)y^{(n)} + a_1(x)y^{(n-1)} + a_2(x)y^{(n-2)} + \cdots + a_{n-1}(x)y' + a_n(x)y = 0 \tag{5.175}$$

에서

$$a_n(x) - a'_{n-1}(x) + a''_{n-2}(x) - \cdots + (-1)^n a_0(x) = 0 \tag{5.176}$$

이면, 식 (5.173)은 완전미분방정식이 된다.

문제 5 다음 상미분방정식

$$a_0(x)y'''' + a_1(x)y''' + a_2(x)y'' + a_1(x)y' + a_4(x)y = 0 \tag{5.177}$$

에서 $a_4(x) - a_3'(x) + a_2''(x) - a_3'''(x) + a_0''''(x) = 0$일 때만 완전미분방정식인 것을 증명하라.

풀이 주어진 상미분방정식은

$$b_0(x)y''' + b_1(x)y'' + b_2(x)y' + b_3(x)y = c \quad (c\text{는 상수})$$

를 미분한 것이라 하자. 이제 이 식을 미분하면

$$\begin{aligned} b_0(x)y'''' &+ (b_0'(x) + b_1(x))y''' + (b_1'(x) + b_2(x))y'' \\ &+ (b_2'(x) + b_3(x))y' + b_3'(x)y = 0 \end{aligned}$$

이다. 이로부터

$$\begin{aligned} &a_4(x) - a_3'(x) + a_2''(x) - a_3'''(x) + a_0''''(x) \\ &= b_3'(x) - (b_2''(x) + b_3'(x)) + (b_1'''(x) + b_2''(x)) - (b_0''''(x) + b_1'''(x)) + b_0''''(x) = 0 \end{aligned}$$

이다. 역으로, $a_4(x) - a_3'(x) + a_2''(x) - a_1'''(x) + a_0''''(x) = 0$이라 하면,

$$\begin{aligned} &\frac{d}{dx}\big[a_0(x)y''' + (a_1(x) - a_0'(x))y'' + (a_2(x) - a_1'(x) + a_0''(x))y' \\ &\qquad + (a_3(x) - a_2'(x) + a_1''(x) - a_0'''(x))y\big] \\ &= a_0(x)y'''' + a_1(x)y''' + a_2(x)y^{(''} + a_3(x)y' \\ &\qquad - (-a_3'(x) + a_2''(x) - a_1'''(x) + a_0''''(x))y \\ &= a_0(x)y'''' + a_1(x)y''' + a_2(x)y^{(''} + a_3(x)y' + a_4(x)y \end{aligned}$$

가 성립하므로 완전미분방정식이다. ◀

문제 6 다음 상미분방정식을 풀어라.

$$xy''' + (x^2 + x + 3)y'' + (4x + 2)y' + 2y = 0 \tag{5.178}$$

풀이 먼저 $a_3(x) - a_2'(x) + a_1''(x) - a_0'''(x) = 0$이므로 주어진 상미분방정식은 완전미분방정식이다. 이제

$$\frac{dy}{dx}(xy'') = xy''' + y''$$

이므로 좌변에서 이 식을 제거하면 $(x^2+x+2)y'' + (4x+2)y' + 2y$가 남는다. 여기서

$$\frac{dy}{dx}(x^2+x+2)y' = (x^2+x+2)y'' + (2x+1)y'$$

이므로 이것을 제거하면

$$(2x+1)y' + 2y = \frac{d}{dx}(2x+1)y$$

가 남는다. 따라서 주어진 상미분방정식은 다음 상미분방정식의 완전미분방정식이다.

$$xy'' + (x^2+x+2)y' + (2x+1)y = c_1 \quad (c_1\text{은 임의상수}) \tag{5.179}$$

이다. 이제 다시 식 (5.179)에서 $a_2(x) - a_1'(x) + a_0''(x) = (2x+1) - (2x+1) + 0 = 0$이므로 완전미분방정식이다. 위에서 사용한 방법을 똑같이 적용하면, 식 (5.179)의 좌변에서

$$\frac{d}{dx}(xy') = xy'' + y'$$

을 제거하면

$$(x^2+x+2)y' + (2x+1)y = \frac{d}{dx}(x^2+x+1)y$$

이고 이로부터 식 (5.179)는

$$xy' + (x^2+x+2)y = c_1x + c_2 \quad (c_1,\ c_2\text{는 임의상수}) \tag{5.180}$$

의 완전미분방정식이다. 마지막으로 식 (5.180)은 적분인수가

$$\lambda(x) = xe^{\frac{1}{2}x(x+2)}$$

인 1계 선형상미분방정식이므로 이것을 풀면 주어진 상미분방정식의 일반해는

$$y = \frac{1}{x}e^{-\frac{1}{2}x(x+2)}\left[\int xe^{\frac{1}{2}x(x+2)}(c_1x+c_2)\,dx + c_3\right]$$

이다. 단, c_1, c_2, c_3는 임의상수이다. ◀

연 습 문 제 5-5

1. 다음 상미분방정식을 풀어라.

(1) $(2x+1)\dfrac{d^3y}{dx^3} + 4x\dfrac{d^2y}{dx^2} - (2x-1)\dfrac{dy}{dx} = e^{-x}$

(2) $y\,\dfrac{d^2y}{dx^2} - \left(\dfrac{dy}{dx}\right)^2 = y^2 \ln y$

(3) $y\,\dfrac{d^2y}{dx^2} + \left(\dfrac{dy}{dx}\right)^2 = y^2$

(4) $2y\,\dfrac{d^3y}{dx^3} + 2\left(y + 3\dfrac{dy}{dx}\right)\dfrac{d^2y}{dx^2} + 2\left(\dfrac{dy}{dx}\right)^2 = 2$

(5) $2y\,\dfrac{d^3y}{dx^3} + 6\dfrac{d^2y}{dx^2}\,\dfrac{dy}{dx} = -\dfrac{1}{x^2}$

5.6 급수해법

이 절에서는 멱급수(power series)를 이용하여 상미분방정식의 급수해를 구하는 방법에 대하여 알아 본다. 먼저, 간단한 예를 들어 설명한 다음 2계 상미분방정식의 급수해법에 대하여 살펴 본다. 사실상 급수해법으로 고계 상미분방정식의 급수해를 구하는 것도 그렇게 간단한 일은 아니므로 기본적인 몇 가지 방법에 대하여 소개한다.

1계 상미분방정식

$$\frac{dy}{dx} = f(x,y) \tag{5.181}$$

가 주어졌다고 하자. 초기조건 $x=a$일 때, $y=b$를 만족하는 해 $y=y(x)$가 점 $x=a$를 중심으로 하는 멱급수

$$y(x) = \sum_{n=0}^{\infty} c_n (x-a)^n \tag{5.182}$$

으로 전개되었다고 하자. 이 식을 항별항 미분(term by term integration)하면

$$\frac{dy}{dx} = \sum_{n=0} n\,c_n (x-a)^{n-1} \tag{5.183}$$

이다. 그러면 식 (5.183)과 식 (5.182)를 주어진 식 (5.181)에 대입하여 양 변의 계수를 비교하여 c_0, c_1, c_2, $\cdots$을 결정할 수 있으며 여기서 결정된 계수들을 (5.182)에 대입하면 주어진 식 (5.181)의 해를 멱급수로 나타낼 수 있다.

문제 1 초기조건이 $x = 0$에서 $y = k$ (k는 상수)일 때, 다음 상미분방정식의 해를 급수해로 나타내라.

$$\frac{dy}{dx} = y^2 \tag{5.184}$$

풀이 구하고자 하는 급수해를

$$y = \sum_{n=0}^{\infty} c_n x^n \tag{5.185}$$

이라 하자. 이 식을 제곱하고 정리하면

$$y^2 = \sum_{n=0}^{\infty}(c_0c_n + c_1c_{n-1} + \cdots + c_nc_0)x^n \tag{5.186}$$

을 얻는다. 위의 식 (5.185)를 항별항 미분하면

$$\begin{aligned}\frac{dy}{dx} &= \sum_{n=0}^{\infty} n\, c_n x^{n-1} \\ &= \sum_{n=0}^{\infty}(n+1)c_{n+1}x^n \end{aligned} \tag{5.187}$$

이다. 여기서 식 (5.187)과 식(5.186)으로부터 x^n의 계수를 비교하면,

$$(n+1)\, c_{n+1} = c_0c_n + c_1c_{n-1} + \cdots + c_nc_0 \tag{5.188}$$

이다. 그런데 초기조건에 의하여 $x = 0$일 때, $y = k$이므로 $c_0 = k$이고 $n = 0, 1, 2, \cdots$을 대입하여 차례로 구하면

$$c_1 = k^2, \quad c_2 = k^3, \quad c_3 = k^4, \quad \cdots, \quad c_n = k^{n+1}, \quad \cdots \tag{5.189}$$

이다. 따라서 주어진 상미분장정식의 일반해는

$$y = \sum_{n=0}^{\infty} c_n x^n = k + k^2x + k^3x + k^4x^2 + k^5x^3 + \cdots \tag{5.190}$$

$$= \frac{k}{1-kx} \quad (|x| < \frac{1}{|k|},\ k \neq 0\text{는 상수}) \tag{5.191}$$

이다. ◀

문제 2 초기조건이 $x=0$일 때, $y=1$, $y'=0$이다. 이 초기조건을 만족하는 다음 상미분방정식의 해를 구하라.

$$(1+x^2)\,y''+2xy'-2y \;=\; 0 \tag{5.192}$$

풀이 구하고자 하는 급수해를

$$y \;=\; \sum_{n=0}^{\infty} c_n x^n \tag{5.193}$$

이라 하면

$$y' = \sum_{n=0}^{\infty} n\,c_n x^{n-1}\,, \tag{5.194}$$

$$\begin{aligned} y'' &= \sum_{n=0}^{\infty} n(n-1)c_n x^{n-2} \\ &= \sum_{n=0}^{\infty}(n+2)\,(n+1)c_{n+2}x^n \end{aligned} \tag{5.195}$$

이다. 이제 위의 식을 주어진 상미분방정식에 대입하면

$$(1+x^2)\,y''+2xy'-2y \;=\; 0\,, \tag{5.196}$$

$$\begin{aligned} &\sum_{n=0}^{\infty}(n+2)\,(n+1)c_{n+2}x^n + x^2\sum_{n=0}^{\infty} n\,(n-1)c_n x^{n-2}\,, \\ &\quad + 2x\sum_{n=0}^{\infty} n\,c_n x^{n-1} - 2\sum_{n=0}^{\infty} c_n x^n \;=\; 0 \end{aligned} \tag{5.197}$$

이므로 위의 식 (5.197)을 정리하면

$$\begin{aligned} &\sum_{n=0}^{\infty}(n+2)\,(n+1)c_{n+2}x^n + \sum_{n=0}^{\infty} n\,(n-1)c_n x^n\,, \\ &\quad + 2\sum_{n=0}^{\infty} n\,c_n x^n - 2\sum_{n=0}^{\infty} c_n x^n \;=\; 0 \end{aligned} \tag{5.198}$$

이다. 이 식의 x^n 항의 계수를 비교하면

$$\begin{aligned} (n+2)(n+1)\,c_{n+2} + (n^2+n-2)\,c_n \;&=\; 0\,, \\ (n+2)(n+1)\,c_{n+2} + (n+2)(n-1)\,c_n \;&=\; 0 \end{aligned}$$

이고 $n \neq -2$이므로

$$c_{n+2} = -\frac{n-1}{n+1} c_n$$

이다. 여기서 홀수차 항은 $c_3 = c_5 = \cdots = c_{2m-1} = 0$이고 초기조건 $x = 0$일 때, $y = 1$에서 $c_0 = 1$이다. 이로부터

$$c_2 = -\frac{-1}{1} c_0 = 1, \quad c_4 = -\frac{1}{3} c_2 = -\frac{1}{3},$$
$$c_6 = -\frac{3}{5} c_4 = -\frac{1}{5}, \quad \cdots, \quad c_{2m} = (-1)^{m-1} \frac{1}{2m-1}$$

이고 또한 초기조건 $x = 0$일 때,$y' = 0$이므로 $c_1 = 0$이다. 따라서, 주어진 상미분방정식의 해는

$$\begin{aligned} y &= 1 + x^2 - \frac{1}{3}x^4 + \frac{1}{5}x^6 - \frac{1}{7}x^8 + \cdots + (-1)^{m-1}\frac{1}{2m-1}x^{2m} + \cdots \\ &= 1 + x\left(x - \frac{1}{3}x^3 + \frac{1}{5}x^5 - \frac{1}{7}x^7 + \cdots + (-1)^{m-1}\frac{1}{2m-1}x^{2m-1} + \cdots\right) \\ &= 1 + x\tan^{-1} x \qquad (|x| < 1) \end{aligned} \tag{5.199}$$

이다. ◀

2계 변수계수 제차선형상미분방정식

$$\frac{d^2y}{dx^2} + a_1(x)\frac{dy}{dx} + a_2(x)y = 0 \tag{5.200}$$

이 주어졌을 때, $a_1(x)$와 $a_2(x)$가 점 $x = x_0$에서 해석적이면 즉, $a_1(x)$와 $a_2(x)$가 각각 점 $x = x_0$를 포함하는 어떤 구간에서 수렴하는 멱급수(Taylor 급수)

$$a_1(x) = \sum_{n=0}^{\infty} c_n(x - x_0)^n, \tag{5.201}$$

$$a_2(x) = \sum_{n=0}^{\infty} d_n(x - x_0)^n \tag{5.202}$$

으로 나타낼 수 있으면, 점 $x = x_0$를 식 (5.200)의 정상점(ordinary point)이라 하고 만약, $a_1(x)$와 $a_2(x)$ 중 적어도 하나가 점 $x = x_0$에서 해석적이 아니면 점 $x = x_0$를 식 (5.200)의 특이점(singular point)이라 한다. 또한, 점 $x = x_0$가 식 (5.200)의 특이점이라 할 때,

$$(x - x_0)\, a_1(x), \quad (x - x_0)^2\, a_2(x) \tag{5.203}$$

가 모두 점 $x = x_0$에서 해석적이면, 점 $x = x_0$를 식 (5.200)의 정칙특이점(regular singular point)이라 하고 만약, 식 (5.203) 중 적어도 어느 하나가 점 $x = x_0$에서 해석적이 아니면, 점 $x = x_0$를 식 (5.200)의 비정칙특이점(irregular singular point)이라 한다.

정상점과 정칙특이점에 관하여 다음 사실은 증명없이 받아 들인다. 먼저, 점 $x = x_0$가 식 (5.200)의 정상점이면, 이 상미분방정식은 해석적인 두 개의 일차독립인 해를 갖는다. 따라서, 이 해들은 점 $x = x_0$에서 해석적이므로 다음 형태의 수렴하는 멱급수로 나타낼 수 있다.

$$y = \sum_{n=0}^{\infty} c_n (x - x_0)^n . \tag{5.204}$$

또한, 점 $x = x_0$가 식 (5.200)의 정칙특이점이면, 이 상미분방정식은 점 $x = x_0$에서 다음과 같이 나타낼 수 있는 수렴하는 멱급수 해가 적어도 하나 존재한다.

$$y = (x - x_0)^m \sum_{n=0}^{\infty} c_n (x - x_0)^n . \tag{5.205}$$

여기서 m은 주어진 상미분방정식으로부터 결정해야 할 상수이다. 특별한 경우로서 m이 영(zero) 또는 양의정수이면, 그 해는 점 $x = x_0$에서 해석적이다. 점 $x = x_0$가 주어진 상미분방정식의 비정칙특이점이면 이 상미분방정식의 해에 대하여 속단(速斷)할 수 없다.

문제 3 다음 상미분방정식의 특이점을 찾아라.

(1) $\dfrac{d^2y}{dx^2} - y = 0$

(2) $x^2\dfrac{d^2y}{dx^2} + (x^2 + x)\dfrac{dy}{dx} - y = 0$

(3) $x^3\dfrac{d^2y}{dx^2} + y = 0$

(4) $x^2(1 - x)\dfrac{d^2y}{dx^2} - 2x^2(1 - x)\dfrac{dy}{dx} + 3y = 0$

풀이 (1) $a_1(x) = 0$, $a_2(x) = -1$이므로 모든 점이 정상점. 특이점은 없다.
(2) $a_1(x) = 1 + \frac{1}{x}$, $a_2(x) = -\frac{1}{x^2}$이므로 $x = 0$은 특이점.

또한 $xa_1(x) = x+1$, $x^2 a_2(x) = -1$이므로 $x=0$은 정칙특이점.

(3) $a_1(x) = 0$, $a_2(x) = \frac{1}{x^3}$이므로 $x=0$은 특이점.

또한 $xa_1(x) = 0$, $x^2 a_2(x) = \frac{1}{x}$이므로 $x=0$은 비정칙특이점.

(4) $a_1(x) = -\frac{2}{x(1-x)}$, $a_2(x) = \frac{3}{x^3(1-x)^2}$이므로 $x=0$, $x=1$은 특이점.

$x\,a_1(x) = -\frac{2}{1-x}$, $x^2 a_2(x) = \frac{3}{x(1-x)^2}$이므로 $x=0$은 비정칙특이점.

$(x-1)a_1(x) = -\frac{2}{x}$, $x^2 a_2(x) = \frac{3}{x^3}$이므로 $x=0$은 정칙특이점. ◀

문제 4 다음 상미분방정식을 풀어라.

$$L(y) = \frac{d^2y}{dx^2} + (x+1)\frac{dy}{dx} - x^2 y = 0 \tag{5.206}$$

풀이 $x=0$은 주어진 상미분방정식의 정상점이므로 그 해를 다음과 같은 형식으로 쓸수 있다.

$$y = \sum_{n=0}^{\infty} c_n x^n\,. \tag{5.207}$$

이것을 주어진 상미분방정식에 대입하면

$$\begin{aligned} L(y) &= \sum_{n=0}^{\infty} n(n-1)c_n x^{n-2} + (x+1)\sum_{n=0}^{\infty} n\,c_n x^{n-1} - x^2 \sum_{n=0}^{\infty} c_n x^n \\ &= 0 \end{aligned}$$

이고 변형하면

$$\begin{aligned} L(y) &= \sum_{n=0}^{\infty} n(n-1)c_n x^{n-2} + \sum_{n=0}^{\infty} n\,c_n x^{n-1} + \sum_{n=0}^{\infty} n\,c_n x^n - \sum_{n=0}^{\infty} c_n x^n \\ &= 0 \end{aligned}$$

으로 된다. x항의 차수를 x^{n-2}으로 같게 만들면,

$$\begin{aligned} L(y) &= \sum_{n=0}^{\infty} n(n-1)c_n x^{n-2} + \sum_{n=2}^{\infty}(n-2)c_{n-2}x^{n-2} \\ &\qquad + \sum_{n=1}^{\infty}(n-1)c_{n-1}x^{n-2} - \sum_{n=4}^{\infty} c_{n-4}x^{n-2} \\ &= 0 \end{aligned}$$

이고

$$\begin{aligned} L(y) &= (c_1 + 2c_2) + (C_1 + 2c_2 + 6c_3)x \\ &\qquad + \sum_{n=4}^{\infty}[n(n-1)c_n + (n-1)c_{n-1} + (n-2)c_{n-2} - c_{n-4}]x^{n-2} \\ &= 0 \end{aligned}$$

이다. 따라서

$$\begin{aligned} 2c_2 &= -c_1, \\ 6c_3 &= -(c_1 + 2c_2) = 0, \\ n(n-1)c_n &= -(n-1)c_{n-1} - (n-2)c_{n-2} + c_{n-4} \quad (n \geqslant 4) \end{aligned}$$

이고 이로부터 c_0, c_1은 임의상수이고

$$\begin{aligned} c_2 &= -\frac{1}{2}c_1, \\ c_3 &= 0, \\ c_4 &= \frac{1}{12}c_1 + \frac{1}{12}c_0, \\ c_5 &= \frac{1}{30}c_1 - \frac{1}{60}c_0, \\ &\ \ \vdots \qquad\qquad \vdots \end{aligned}$$

위의 식들을 식(5.207)에 대입하면 일반해는

$$y = c_0\left(1 + \frac{x^4}{12} - \frac{x^5}{60} - \frac{x^6}{120} + \cdots\right) + c_1\left(x - \frac{x^2}{2} + \frac{x^4}{12} + \frac{x^5}{30} - \cdots\right) \tag{5.208}$$

이다. 단, c_0, c_1은 임의상수이다. ◀

문제 5 다음 상미분방정식을 풀어라.

$$L(y) = x^2\frac{d^2y}{dx^2} + (x^2 + x)\frac{dy}{dx} - y = 0 \tag{5.209}$$

풀이 $x = 0$은 주어진 상미분방정식의 정칙특이점이므로 그 해를 다음과 같은 형식으로 나타낼 수 있다.

$$y = \sum_{n=0}^{\infty} c_n x^n\,. \tag{5.210}$$

이것을 주어진 상미분방정식에 대입하면

$$\begin{aligned} L(y) &= x^2\sum_{n=0}^{\infty} n(n-1)c_n x^{n-2} + (x^2+x)\sum_{n=0}^{\infty} n\,c_n x^{n-1} - \sum_{n=0}^{\infty} c_n x^n \\ &= \sum_{n=0}^{\infty} n(n-1)c_n x^n + \sum_{n=0}^{\infty} n\,c_n x^{n+1} + \sum_{n=0}^{\infty} n\,c_n x^n - \sum_{n=0}^{\infty} c_n x^n \\ &= \sum_{n=0}^{\infty}(n^2-1)c_n x^n + \sum_{n=0}^{\infty} nc_n x^{n+1} \\ &= 0 \end{aligned}$$

이고 x항의 차수를 x^n으로 같게 만들면,

$$\begin{aligned} L(y) &= \sum_{n=0}^{\infty}(n^2-1)c_n x^n + \sum_{n=1}^{\infty}(n-1)c_{n-1}x^n \\ &= -c_0 + \sum_{n=1}^{\infty}[(n^2-1)c_n + (n-1)c_{n-1}]\,x^n \\ &= 0 \end{aligned}$$

이다. 따라서

$$\begin{aligned} c_0 &= 0, \\ (n-1)[(n+1)c_n + c_{n-1}] &= 0 \quad (n \geqslant 1) \end{aligned}$$

이고 이로부터 $c_0 = 0$, c_1은 임의상수이고

$$\begin{aligned} c_2 &= -\frac{1}{3}c_1, \\ c_3 &= -\frac{1}{4}c_2 = \frac{1}{3\cdot 4}c_1, \\ c_4 &= -\frac{1}{5}c_3 = -\frac{1}{3\cdot 4\cdot 5}c_1, \\ &\vdots \qquad\quad \vdots \end{aligned} \tag{5.211}$$

이고 위의 식들을 식(5.210)에 대입하면 그 해는

$$\begin{aligned} y &= c_1\left(1 - \frac{x^2}{3} + \frac{x^3}{3\cdot 4} - \frac{x^4}{3\cdot 4\cdot 5} + \cdots\right) \\ &= \frac{2c_1}{x}\left(\frac{x^2}{2!} - \frac{x^3}{3!} + \frac{x^4}{4!} - \frac{x^5}{5!} + \cdots\right) \end{aligned}$$

이다. 이제 이 식을 다음과 같이 변형하면

$$
\begin{aligned}
y &= \frac{2c_1}{x}\left[x - 1 + \left(1 - \frac{x}{1!} + \frac{x^2}{2!} - \frac{x^3}{3!} + \frac{x^4}{4!} - \frac{x^5}{5!} + \cdots\right)\right] \\
&= \frac{c\,(e^{-x} - 1 + x)}{x} \qquad \left(c = \frac{2c_1}{x}\text{는 임의상수}\right) \qquad (5.212)
\end{aligned}
$$

이다.[1] ◀

문제 6 다음 상미분방정식을 풀어라.

$$L(y) = x^3\frac{d^2y}{dx^2} + y = 0 \qquad (5.213)$$

풀이 $x = 0$은 주어진 상미분방정식의 비정칙특이점이므로 그 해를

$$y = \sum_{n=0}^{\infty} c_n x^n \qquad (5.214)$$

과 같은 형식으로 나타낼 수 있다고 가정하자. 이것을 주어진 상미분방정식에 대입하면

$$
\begin{aligned}
L(y) &= x^2\sum_{n=0}^{\infty} n(n-1)c_n x^{n-2} + \sum_{n=0}^{\infty} c_n x^n \\
&= \sum_{n=0}^{\infty} n(n-1)c_n x^{n+1} + \sum_{n=0}^{\infty} c_n x^n \\
&= 0
\end{aligned}
$$

이고 x항의 차수를 x^n으로 같게 만들면,

$$
\begin{aligned}
L(y) &= \sum_{n=1}^{\infty}(n-1)(n-2)c_{n-1}x^n + \sum_{n=1}^{\infty} c_n x^n \\
&= c_0 + \sum_{n=1}^{\infty}[c_n + (n-1)(n-2)c_{n-1}]\,x^n \\
&= 0
\end{aligned}
$$

[1]식 (5.211)은 임의상수를 한 개만 포함하고 있으므로 주어진 상미분방정식의 일반해는 아니다. 이것은 식 (5.211)과 일차독립인 다른 해가 $x = 0$의 근방에서 멱급수로 전개될 수 없다는 것을 의미한다. 일차독립인 다른 해는 Frobenius 해법을 이용하여야 구할 수 있지만 이 책에서는 다루지 않는다.

이다. 따라서

$$\begin{aligned} c_0 &= 0, \\ c_n &= -(n-1)(n-2)c_{n-1} \quad (n \geqslant 1) \end{aligned}$$

이고 이로부터

$$\begin{aligned} c_0 = 0,& \\ c_1 &= 0, \\ c_2 &= 0, \\ c_3 &= -2 \cdot 1\, c_2 = 0, \\ c_4 &= -3 \cdot 2\, c_3 = 0, \\ &\vdots \qquad\quad \vdots \end{aligned}$$

이고 위의 식들을 식(5.213)에 대입하면 그 해는

$$y = 0 \tag{5.215}$$

이다. 이 결과는 주어진 상미분방정식이 점 $x = 0$에서 해석적인 해를 갖지 않는다는 것을 설명해 준다. ◀

연 습 문 제 5-6

1. 다음 상미분방정식을 풀어라.

(1) $\dfrac{d^2y}{dx^2} + \dfrac{dy}{dx} - xy = 0$

(2) $(1+x^2)\dfrac{d^2y}{dx^2} - y = 0$

(3) $\dfrac{d^2y}{dx^2} - x\dfrac{dy}{dx} - y = 0$

(4) $\dfrac{d^2y}{dx^2} + x^2y = 0$

(5) $(x^2+1)\dfrac{d^2y}{dx^2} + 6x\dfrac{dy}{dx} + 6y = 0$

(6) $(1+4x^2)\dfrac{d^2y}{dx^2} - 8y = 0$

제 6 장

전미분방정식

6.1 전미분방정식

다음과 같은 1계 상미분방정식

$$P(x,y,z)\,dx + Q(x,y,z)\,dy + R(x,y,z)\,dz \;=\; 0 \tag{6.1}$$

을 전미분방정식(total differential equation)이라 한다. 단, $P(x,y,z)$, $Q(x,y,z)$, $R(x,y,z)$는 x, y, z의 함수이다. 전미분방정식 (6.1)의 좌변에 영이 아닌 적당한 함수 $\lambda = \lambda(x,y,z)$를 곱하면

$$\lambda(x,y,z)P(x,y,z)\,dx + \lambda(x,y,z)Q(x,y,z)\,dy + \lambda(x,y,z)R(x,y,z)\,dz \;=\; 0 \tag{6.2}$$

이다. 이제 어떤 함수 $F(x,y,z)$의 전미분

$$dF = \frac{\partial F}{\partial x}dx + \frac{\partial F}{\partial y}dy + \frac{\partial F}{\partial z}dz \tag{6.3}$$

에 대하여

$$\lambda P = \frac{\partial F}{\partial x}, \quad \lambda Q = \frac{\partial F}{\partial y}, \quad \lambda R = \frac{\partial F}{\partial z} \tag{6.4}$$

가 성립하면, 전미분방정식 (6.1)은 적분가능(integrable)이라 한다. 따라서 전미분방정식 (6.1)이 적분가능이면,

$$F(x,y,z) = c \qquad (c\text{는 적분상수}) \tag{6.5}$$

가 해(solution)이고, 이때 $F(x,y,z)$를 식 (6.1)의 적분(integration), $\lambda(x,y,z)$를 적분인수(integrating factor)라 한다. 특히, $\lambda(x,y,z) = 1$이면 전미분방정식 (6.1)을 완전미분형(exact differential form)이라 한다. 일반적으로 전미분방정식의 해 $F(x,y,z) = c$는 곡면이므로 이들 곡면을 전미분방정식 (6.1)의 해곡면(solution surface)이라 한다.

전미분방정식이 적분가능한 조건을 살펴보기 전에 두 함수의 종속관계에 대하여 알아보자. 두 함수 $u = f(x,y)$, $v = g(x,y)$가 함수관계가 성립하면 즉, 어떤 적당한 함수 $\Phi(u,v)$가 존재하여 x, y의 영역에서

$$\Phi\big(f(x,y), g(x,y)\big) = 0 \tag{6.6}$$

이면 두 함수 $u = f(x,y)$, $v = g(x,y)$는 서로 종속(dependent)이라고 한다. 이것은 한 함수가 다른쪽의 적당한 함수로 나타낼 수 있음을 의미한다.

정리 6.1 두 함수 $u = f(x,y)$, $v = g(x,y)$가 연속이고 또한 이 두 함수의 1계 편도함수가 모두 연속이면, 이들 두 함수 사이에 종속관계가 존재하기 위한 필요충분조건은

$$\frac{\partial(u,v)}{\partial(x,y)} = \begin{vmatrix} \dfrac{\partial u}{\partial x} & \dfrac{\partial u}{\partial y} \\ \dfrac{\partial v}{\partial x} & \dfrac{\partial v}{\partial y} \end{vmatrix} = \frac{\partial u}{\partial x}\frac{\partial v}{\partial y} - \frac{\partial u}{\partial y}\frac{\partial v}{\partial x} = 0 \tag{6.7}$$

이다.

증명 (1) 필요조건: 두 함수 $u = f(x,y)$와 $v = g(x,y)$ 사이에

$$F(u,v) = F\big(f(x,y), g(x,y)\big) = 0 \tag{6.8}$$

과 같은 편미분가능한 함수관계가 존재한다고 가정하자. 위의 식의 양 변을 x와 y에 관하여 각각 편미분하면

$$\frac{\partial F}{\partial u}\frac{\partial u}{\partial x}+\frac{\partial F}{\partial v}\frac{\partial v}{\partial x} = 0, \tag{6.9}$$

$$\frac{\partial F}{\partial u}\frac{\partial u}{\partial y}+\frac{\partial F}{\partial v}\frac{\partial v}{\partial y} = 0 \tag{6.10}$$

이다. 그런데 함수 $F(u,v)$는 u와 v의 함수이므로 $\dfrac{\partial F}{\partial u}$와 $\dfrac{\partial F}{\partial v}$ 중에 적어도 하나는 영(zero)이 아니므로 위의 식에서 $\dfrac{\partial F}{\partial u}$와 $\dfrac{\partial F}{\partial v}$를 소거하면

$$\begin{vmatrix} \dfrac{\partial u}{\partial x} & \dfrac{\partial u}{\partial y} \\ \dfrac{\partial v}{\partial x} & \dfrac{\partial v}{\partial y} \end{vmatrix} = \frac{\partial u}{\partial x}\frac{\partial v}{\partial y} - \frac{\partial u}{\partial y}\frac{\partial v}{\partial x} \tag{6.11}$$

$$= \frac{\partial(u,v)}{\partial(x,y)} \tag{6.12}$$

$$= 0 \tag{6.13}$$

이다.

(2) 충분조건: 두 함수 $u = f(x,y)$와 $v = g(x,y)$는 x와 y의 편미분가능한 함수이므로 이 함수들의 1계 편도함수들 중에 적어도 하나는 영(zero)이 아니다. 따라서, $\dfrac{\partial f}{\partial x} \neq 0$이라 가정하자. 먼저, 함수 Φ를

$$\Phi(x,y,u) = u - f(x,y) \tag{6.14}$$

라 하면, $\dfrac{\partial \Phi}{\partial x} = -\dfrac{\partial f}{\partial x} \neq 0$이므로 양함수(explicit function)의 존재정리[1]에 의하여 $\Phi(x,y,u) = 0$이므로 $u = f(x,y)$에서 y와 u의 양함수 $x = \varphi(y,u)$가 결정된다. 이것을 $v = g(x,y)$에 대입하면

$$v = g\big(\varphi(y,u),y\big) = G(y,u) \tag{6.15}$$

[1] 양함수의 존재정리: x, y, z의 음함수(implicit function) $F(x,y,z) = 0$에서 $\dfrac{\partial}{\partial z}F(x,y,z) \neq 0$이면 $F\big(x,y,f(x,y)\big) = 0$이 되는 x와 y의 양함수 $z = f(x,y)$가 존재한다.

와 같이 되므로 이 식의 양 변을 x와 y에 관하여 편미분하면

$$\frac{\partial v}{\partial x} = \frac{\partial G}{\partial u}\frac{\partial u}{\partial x}, \tag{6.16}$$

$$\frac{\partial v}{\partial y} = \frac{\partial G}{\partial u}\frac{\partial u}{\partial y} + \frac{\partial G}{\partial y} \tag{6.17}$$

이고, 여기서 $(6.16) \times \dfrac{\partial u}{\partial x} - (6.17) \times \dfrac{\partial u}{\partial y}$를 계산하면

$$\frac{\partial u}{\partial x}\frac{\partial v}{\partial y} - \frac{\partial u}{\partial y}\frac{\partial v}{\partial x} = \frac{\partial u}{\partial x}\frac{\partial G}{\partial y} \tag{6.18}$$

이다. 이제 식 (6.7)이 성립한다고 하자. 그러면 $\dfrac{\partial u}{\partial x}\dfrac{\partial G}{\partial y} = 0$이고 가정에서 $\dfrac{\partial u}{\partial x} = \dfrac{\partial f}{\partial x} \neq 0$이므로 $\dfrac{\partial G}{\partial y} = 0$이다. 이것은 $G(y,u)$가 변수 y를 포함하고 있지 않다는 사실을 보여주는 것이므로 식 (6.15)로부터

$$v = G(u) \tag{6.19}$$

이다. 따라서 이것은 $u = f(x,y)$와 $v = g(x,y)$가 서로 종속관계가 있다는 것을 보여준다. ■

전미분방정식이 적분가능한 조건에 대하여 알아 보자.

정리 6.2 전미분방정식

$$P(x,y,z)\,dx + Q(x,y,z)\,dy + R(x,y,z)\,dz = 0 \tag{6.20}$$

이 적분가능이기 위한 필요충분조건은

$$\begin{vmatrix} P & Q & R \\ \dfrac{\partial}{\partial x} & \dfrac{\partial}{\partial y} & \dfrac{\partial}{\partial z} \\ P & Q & R \end{vmatrix} = 0$$

또는

$$P\left(\frac{\partial Q}{\partial z} - \frac{\partial R}{\partial y}\right) + Q\left(\frac{\partial R}{\partial x} - \frac{\partial P}{\partial z}\right) + R\left(\frac{\partial P}{\partial y} - \frac{\partial Q}{\partial x}\right) = 0 \tag{6.21}$$

이다.

증명 (필요조건) 식(6.8)이 적분가능이면 적당한 함수 $\lambda = \lambda(x,y,z)$에 대하여

$$\lambda P = \frac{\partial F}{\partial x}, \quad \lambda Q = \frac{\partial F}{\partial y}, \quad \lambda R = \frac{\partial F}{\partial z} \tag{6.22}$$

이 성립한다. 이로부터

$$\frac{\partial^2 F}{\partial y \partial x} = \lambda \frac{\partial P}{\partial y} + P\frac{\partial \lambda}{\partial y}, \quad \frac{\partial^2 F}{\partial x \partial y} = \lambda \frac{\partial Q}{\partial x} + Q\frac{\partial \lambda}{\partial x} \tag{6.23}$$

$$\frac{\partial^2 F}{\partial z \partial y} = \lambda \frac{\partial Q}{\partial z} + Q\frac{\partial \lambda}{\partial z}, \quad \frac{\partial^2 F}{\partial y \partial z} = \lambda \frac{\partial R}{\partial y} + R\frac{\partial \lambda}{\partial y} \tag{6.24}$$

$$\frac{\partial^2 F}{\partial x \partial z} = \lambda \frac{\partial R}{\partial x} + R\frac{\partial \lambda}{\partial x}, \quad \frac{\partial^2 F}{\partial z \partial x} = \lambda \frac{\partial P}{\partial z} + P\frac{\partial \lambda}{\partial z} \tag{6.25}$$

이다. 그런데,

$$\frac{\partial^2 F}{\partial y \partial x} = \frac{\partial^2 F}{\partial x \partial y}, \quad \frac{\partial^2 F}{\partial z \partial y} = \frac{\partial^2 F}{\partial y \partial z}, \quad \frac{\partial^2 F}{\partial x \partial z} = \frac{\partial^2 F}{\partial z \partial x} \tag{6.26}$$

이고 이때 식 (6.23), (6.24), (6.25)에 각각 R, P, Q를 곱하여 각 변을 더하면

$$\lambda\left(R\frac{\partial P}{\partial y} + P\frac{\partial Q}{\partial z} + Q\frac{\partial R}{\partial x}\right) = \lambda\left(R\frac{\partial Q}{\partial x} + P\frac{\partial R}{\partial y} + Q\frac{\partial P}{\partial z}\right) \tag{6.27}$$

이므로

$$P\left(\frac{\partial Q}{\partial z} - \frac{\partial R}{\partial y}\right) + Q\left(\frac{\partial R}{\partial x} - \frac{\partial P}{\partial z}\right) + R\left(\frac{\partial P}{\partial y} - \frac{\partial Q}{\partial x}\right) = 0 \tag{6.28}$$

을 얻는다.
충분조건: 먼저 z를 상수로 간주하면 $dz = 0$이므로 전미분방정식 (6.20)은

$$P(x,y,z)\,dx + Q(x,y,z)\,dy = 0 \tag{6.29}$$

이 된다. 이것은 1계 상미분방정식이고 1계 상미분방정식의 해를 $f(x,y,z) = c$ (c는 임의상수)라 하자. 그러면,

$$df = \frac{\partial f}{\partial x}dx + \frac{\partial f}{\partial y}dy = 0 \tag{6.30}$$

이고 식 (6.29)과 식 (6.30)에서 P, Q를 각각 $\dfrac{\partial f}{\partial x}$, $\dfrac{\partial f}{\partial y}$와 비교하면, 두 식은 서로 비례하므로

$$\mu P = \frac{\partial f}{\partial x}, \qquad \mu Q = \frac{\partial f}{\partial y} \tag{6.31}$$

를 만족하는 함수 $\mu = \mu(x, y, z)(\neq 0)$가 존재한다. 여기서

$$\mu R - \frac{\partial f}{\partial z} = g(x, y, z) \tag{6.32}$$

로 놓자. 그러면

$$\mu P\left(\frac{\partial(\mu Q)}{\partial z} - \frac{\partial(\mu R)}{\partial y}\right) + \mu Q\left(\frac{\partial(\mu R)}{\partial x} - \frac{\partial(\mu P)}{\partial z}\right) + \mu R\left(\frac{\partial(\mu P)}{\partial y} - \frac{\partial(\mu Q)}{\partial x}\right) = 0 \tag{6.33}$$

으로 변형되고 이 식에 (6.31)과 식 (6.32)을 대입하면

$$\begin{aligned}\frac{\partial f}{\partial x}\left[\frac{\partial}{\partial x}\left(\frac{\partial}{\partial y}\right) - \frac{\partial}{\partial y}\left(\frac{\partial f}{\partial z} + g\right)\right] + \frac{\partial f}{\partial y}\left[\frac{\partial}{\partial x}\left(\frac{\partial f}{\partial z} + g\right) - \frac{\partial}{\partial z}\left(\frac{\partial f}{\partial y}\right)\right] \\ + \left(\frac{\partial f}{\partial z} + g\right)\left[\frac{\partial}{\partial y}\left(\frac{\partial f}{\partial x}\right) - \frac{\partial}{\partial x}\left(\frac{\partial f}{\partial y}\right)\right] = 0\end{aligned} \tag{6.34}$$

이고

$$\begin{aligned}\frac{\partial f}{\partial x}\left(\frac{\partial^2 f}{\partial x\partial y}\right) - \frac{\partial f}{\partial x}\left(\frac{\partial^2 f}{\partial y\partial z}\right) - \frac{\partial f}{\partial x}\frac{\partial g}{\partial y} + \frac{\partial f}{\partial y}\left(\frac{\partial^2 f}{\partial x\partial z}\right) + \frac{\partial f}{\partial y}\frac{\partial g}{\partial x} \\ + \frac{\partial f}{\partial z}\left(\frac{\partial^2 f}{\partial y\partial x}\right) + g\frac{\partial^2 f}{\partial y\partial x} - \frac{\partial f}{\partial z}\left(\frac{\partial^2 f}{\partial x\partial y}\right) - g\frac{\partial^2 f}{\partial x\partial y} = 0\end{aligned} \tag{6.35}$$

이므로

$$\frac{\partial g}{\partial x}\frac{\partial f}{\partial y} - \frac{\partial g}{\partial y}\frac{\partial f}{\partial x} = \begin{vmatrix} \dfrac{\partial g}{\partial x} & \dfrac{\partial g}{\partial y} \\ \dfrac{\partial f}{\partial x} & \dfrac{\partial f}{\partial y} \end{vmatrix} = \frac{\partial(g, f)}{\partial(x, y)} = 0 \tag{6.36}$$

이다. 이것은 함수 g와 f가 x와 y의 함수로서 서로 종속관계가 있다는 것을 보여준다. 즉, 함수 g가 f만의 함수로로 나타낼 수 있음을 보여준다. 그런데 g는 일반적으로 z를 매개변수로 포함하고 있으므로 통상적으로 $g = g(f, z)$로 나타낸다. 이제 전미분방정식 (6.20)은 식 (6.31)과 식 (6.32)를 이용하면

$$\begin{aligned}\mu(Pdx + Qdy + Rdz) &= \frac{df}{dx}dx + \frac{df}{dy}dy + \frac{df}{dz}dz + gdz &(6.37)\\ &= df + g(f, z)dz &(6.38)\\ &= 0 &(6.39)\end{aligned}$$

이다. 이것은 f와 z에 관한 1계 상미분방정식이고 그 해는

$$F(f, z) = c \qquad (c\text{는 임의상수}) \tag{6.40}$$

의 형태이다. 이 식을 전미분하면

$$dF = \frac{dF}{df}df + \frac{dF}{dz}dz \tag{6.41}$$

이므로 식 (6.37)과 식 (6.40)을 비교하여

$$\frac{dF}{df} = \nu, \qquad \frac{dF}{dz} = \nu g \tag{6.42}$$

를 만족하는 함수 ν가 존재한다. 식 (6.37)에 ν를 곱하면

$$\nu\,\mu(Pdz + Qdy + Qdz) = \nu df + \nu g dz \tag{6.43}$$

$$= \frac{dF}{df}df + \frac{dF}{dz}dz \tag{6.44}$$

$$= dF \tag{6.45}$$

이다. 이로부터 $F(f(x,y,z),z) = c$ (c는 임의상수)가 전미분방정식 (6.20)의 적분 즉, 일반해이다. ■

계 전미분방정식

$$P(x,y,z)\,dx + Q(x,y,z)\,dy + R(x,y,z)\,dz = 0 \tag{6.46}$$

이 완전미분형이기 위한 필요충분조건은

$$\frac{\partial R}{\partial y} = \frac{\partial Q}{\partial z}, \quad \frac{\partial P}{\partial z} = \frac{\partial R}{\partial x}, \quad \frac{\partial Q}{\partial x} = \frac{\partial P}{\partial y} \tag{6.47}$$

이다.

증명 필요조건: 정리 6.1에서 $\lambda(x,y,z) = 1$로 놓으면 쉽게 증명이 된다.
충분조건: 정리 6.1과 같이 z를 상수로 간주하면 1계 상미분방정식

$$P\,dx + Q\,dy = 0 \tag{6.48}$$

은 완전미분형이다. 따라서 적당한 함수 $f(x,y,z)$가 존재하여

$$P = \frac{\partial f}{\partial x}, \qquad Q = \frac{\partial f}{\partial y} \tag{6.49}$$

가 성립한다. 이때,

$$R - \frac{\partial f}{\partial x} = g \tag{6.50}$$

로 놓으면

$$\frac{\partial g}{\partial x} = \frac{\partial R}{\partial x} - \frac{\partial P}{\partial z} = 0, \tag{6.51}$$

$$\frac{\partial g}{\partial y} = \frac{\partial R}{\partial y} - \frac{\partial Q}{\partial z} = 0 \tag{6.52}$$

이므로 g는 x와 y를 포함하지 않는 z만의 함수 $g(z)$인 것을 알수 있다. 이제 식 (6.49)와 (6.50)을 전미분방정식 (6.46)에 대입하면

$$Pdx + Qdy + Qdz = df + g(z)dz = 0 \tag{6.53}$$

이고 그 해는

$$F(x,y,z) = f(x,y,z) + \int g(z)\,dz = c \qquad (c\text{는 임의상수}) \tag{6.54}$$

이다. ■

문제 1 $-yz^3\,dx + x^2z\,dy + (2xyz^2 + x^2y)\,dz = 0$을 풀어라.

풀이 $P(x,y,z) = -yz^3$, $Q(x,y,z) = x^2z$, $R(x,y,z) = 2xyz^2 + x^2y$이라 두면,

$$\begin{vmatrix} -yz^3 & x^2z & 2xyz^2 + x^2y \\ \dfrac{\partial}{\partial x} & \dfrac{\partial}{\partial y} & \dfrac{\partial}{\partial z} \\ -yz^3 & x^2z & 2xyz^2 + x^2y \end{vmatrix} = 0$$

이므로 적분가능이다. 이제 z를 상수로 취급하면 $-yz^3\,dx + x^2z\,dy = 0$이고

$$x^2yz\left(-\frac{z^2}{x^2}dx + \frac{1}{y}dy\right) = 0 \tag{6.55}$$

이다. 이제 $f = \frac{z^2}{x} + \ln|y|$, $\frac{1}{\mu} = x^2yz$라 두면 $\mu P = \frac{\partial f}{\partial x}$, $\mu Q = \frac{\partial f}{\partial y}$가 된다. 여기서

$$\mu R = \frac{\partial f}{\partial z} + g \tag{6.56}$$

라 두면 $g = \frac{1}{z}$이므로

$$df + gdz = 0, \qquad df + \frac{1}{z}\,dz = 0 \tag{6.57}$$

이다. 이 식을 적분하면 $f + \ln|z| = c$ (c는 임의상수)이므로 구하고자 하는 일반해는

$$\frac{z^2}{x} + \ln|y| + \ln|z| = c \qquad (c\text{는 임의상수}) \tag{6.58}$$

이다. ◀

위의 문제 1에서 적분인수 $\mu = \frac{1}{x^2yz}$을 발견하여, 이 적분인수를 주어진 상미분방정식의 양 변에 곱하고 변형하여

$$\frac{2xz\,dz}{x^2} + \frac{xdy + ydz}{y^2} = 0$$

과 같이 되었다고 하자. 그러면 이 식의 양 변을 다음과 같이 간단히 적분함으로서 그 일반해를 얻을 수 있다.

$$\frac{z^2}{x} + \ln|yz| = c \qquad (c\text{는 임의상수})$$

문제 2 $yz\,dx - z^2\,dy - xy\,dz = 0$을 풀어라.

풀이 $P(x,y,z) = yz$, $Q(x,y,z) = -z^2$, $R(x,y,z) = -xy$라 두면,

$$\begin{vmatrix} yz & -z^2 & -xy \\ \dfrac{\partial}{\partial x} & \dfrac{\partial}{\partial y} & \dfrac{\partial}{\partial z} \\ yz & -z^2 & -xy \end{vmatrix} = yz(-x+2z) + z^2(-y-y) - xy(-z) = 0$$

을 만족하므로 주어진 전미분방정식은 적분가능이다. 이제 z를 상수로 취급하면 $yz\,dx - z^2\,dy = 0$이고

$$dx - \frac{z}{y}\,dy = 0 \tag{6.59}$$

이고 이 식을 풀어 해를 구하면 $f = x - z\ln|y| = c_2$ (c_2는 임의상수)이다. 또한, $\frac{\partial f}{\partial x} = 1$, $\frac{\partial f}{\partial y} = -\frac{z}{y}$이므로 $\mu P = \frac{\partial f}{\partial x}$가 되도록 $\mu = \frac{1}{yz}$로 한다. 이로부터

$$g = \mu R - \frac{\partial f}{\partial z} = -\frac{x}{z} + \ln|y| = -\frac{1}{z}(x - z\ln|y|) = -\frac{f}{z} \tag{6.60}$$

이고

$$df + gdz = df - \frac{f}{z}\,dz = 0 \tag{6.61}$$

이므로 그 해는

$$\ln|f| - \ln|z| = c_1 \qquad (c_1\text{은 임의상수}) \tag{6.62}$$

이고 이 식을 정리하면

$$\frac{f}{z} = c \qquad (c = \pm e^{c_1}\text{은 임의상수}) \tag{6.63}$$

을 얻는다. 따라서 주어진 상미분방정식의 일반해는

$$\frac{x}{z} - \ln|y| = c \qquad (c = \pm e^{c_1}\text{은 임의상수}) \tag{6.64}$$

이다. ◀

문제 3 $(e^x y + e^z)\,dx + (e^y z + e^x)\,dy + (e^y - e^x y - e^y z)\,dz = 0$을 풀어라.

풀이 $P(x,y,z) = e^x y + e^z$, $Q(x,y,z) = e^y z + e^x$, $R(x,y,z) = e^y - e^x y - e^y z$라 두면,

$$\begin{aligned} &P\left(\frac{\partial Q}{\partial z} - \frac{\partial R}{\partial y}\right) + Q\left(\frac{\partial R}{\partial x} - \frac{\partial P}{\partial z}\right) + R\left(\frac{\partial P}{\partial y} - \frac{\partial Q}{\partial x}\right) \\ &= (e^x y + e^z)(e^y - e^y + e^x + e^y z) + (e^y z + e^x)(-e^x y - e^z) \\ &\quad + (e^y - e^x y - e^y z)(e^x - e^x) = 0 \end{aligned}$$

이므로 주어진 전미분방정식은 적분가능이다. 이제 z를 상수로 놓으면

$$(e^x y + e^z)\,dx + (e^y z + e^x)\,dy = 0$$

에서

$$(e^x y\,dx + e^x\,dy) + e^y z\,dy + e^z\,dx = 0$$

이고 이 식을 적분하면 $f = e^x y + e^y z + e^z x = c_1$ (c_1은 임의상수)이다. 이제 $\mu = 1$, $R = \frac{\partial f}{\partial z} + g$라 두면

$$g = R - \frac{\partial f}{\partial z} = e^y - e^x y - e^y z - (e^y + e^z x) = -f$$

이므로 $df + g\,dz = df - f\,dz = 0$이다. 이 식을 풀면, $f = ce^z$ (c는 임의상수)이다. 따라서 구하고자 하는 일반해는

$$e^y + e^y z + e^z x = ce^z \qquad (c\text{는 임의상수})$$

이다. ◀

문제 4 $(x-y)\,dx + -x\,dy + z\,dz = 0$을 풀어라.

풀이 $P(x,y,z) = x-y$, $Q(x,y,z) = -x$, $R(x,y,z) = z$라 두면,

$$\frac{\partial P}{\partial y} = -1 = \frac{\partial Q}{\partial x}, \qquad \frac{\partial Q}{\partial z} = 0 = \frac{\partial R}{\partial y}, \qquad \frac{\partial R}{\partial x} = 0 = \frac{\partial P}{\partial z}$$

이므로 주어진 전미분방정식은 적분가능이다. 이 경우, 주어진 식을 변형하면

$$x\,dx - (x\,dy + y\,dx) + z\,dz \;=\; 0$$

이므로 이 식의 양 변을 적분하면

$$\frac{1}{2}x^2 - xy + \frac{1}{2}z^2 \;=\; c_1 \qquad (c_1\text{은 임의상수})$$

이다. 따라서 구하고자 하는 일반해는

$$x^2 - 2xy + z^2 \;=\; c \qquad (c = 2c_1\text{은 임의상수})$$

이다. ◀

정리 6.3 전미분방정식

$$P(x,y,z)dx + Q(x,y,z)dy + R(x,y,z)dx \;=\; 0 \tag{6.65}$$

이 완전미분형이면, 일반해는 다음과 같다.

$$\int_{x_0}^{x} P(x,y,z)\,dx + \int_{y_0}^{y} Q(x_0,y,z)\,dy + \int_{z_0}^{z} R(x_0,y_0,z)\,dz \;=\; c \tag{6.66}$$

단, x_0, y_0, z_0, c는 임의상수이다.

증명 먼저,$X(x,y,z)$를

$$X(x,y,z) \;=\; \int_{x_0}^{x} P(x,y,z)\,dx + \int_{y_0}^{y} Q(x_0,y,z)\,dy + \int_{z_0}^{z} R(x_0,y_0,z)\,dz \tag{6.67}$$

라 하자. 그러면

$$\begin{aligned}\frac{\partial X}{\partial x} &= \frac{\partial}{\partial x}\int_{x_0}^{x} P(x,y,z)\,dx + \frac{\partial}{\partial x}\int_{y_0}^{y} Q(x_0,y,z)\,dy + \frac{\partial X}{\partial x}\int_{z_0}^{z} R(x_0,y_0,z)\,dz \\ &= P(x,y,z) \end{aligned} \tag{6.68}$$

이고

$$\begin{aligned}\frac{\partial X}{\partial y} &= \frac{\partial}{\partial y}\int_{x_0}^{x} P(x,y,z)\,dx + \frac{\partial}{\partial y}\int_{y_0}^{y} Q(x_0,y,z)\,dy + \frac{\partial X}{\partial y}\int_{z_0}^{z} R(x_0,y_0,z)\,dz \\ &= \int_{x_0}^{x} \frac{\partial}{\partial y} P(x,y,z)\,dx + Q(x_0,y,z) \\ &= \int_{x_0}^{x} \frac{\partial}{\partial x} Q(x,y,z)\,dx + Q(x_0,y,z) \\ &= \Big[Q(x,y,z)\Big]_{x_0}^{x} + Q(x_0,y,z) \\ &= Q(x,y,z) \end{aligned} \tag{6.69}$$

이고

$$\begin{aligned}\frac{\partial X}{\partial z} &= \frac{\partial}{\partial z}\int_{x_0}^{x} P(x,y,z)\,dx + \frac{\partial}{\partial z}\int_{y_0}^{y} Q(x_0,y,z)\,dy + \frac{\partial X}{\partial z}\int_{z_0}^{z} R(x_0,y_0,z)\,dz \\ &= \int_{x_0}^{x} \frac{\partial}{\partial z} P(x,y,z)\,dx + \int_{y_0}^{y} \frac{\partial}{\partial z} Q(x_0,y,z)\,dy + R(x_0,y_0,z) \\ &= \int_{x_0}^{x} \frac{\partial}{\partial x} R(x,y,z)\,dx + \int_{y_0}^{y} \frac{\partial}{\partial y} R(x_0,y,z)\,dx + R(x_0,y_0,z) \\ &= \Big[R(x,y,z)\Big]_{x_0}^{x} + \Big[R(x_0,y,z)\Big]_{y_0}^{y} + R(x_0,y_0,z) \\ &= R(x,y,z) \end{aligned} \tag{6.70}$$

이다. 그런데 $X(x,y,z) = c$를 전미분하면

$$\frac{\partial X}{\partial x}dx + \frac{\partial X}{\partial y}dy + \frac{\partial X}{\partial z}dz = 0 \tag{6.71}$$

이므로 $Pdx + Qdy + Rdz = 0$의 형식이 나온다. 그러므로 식 (6.54)는 $Pdx + Qdy + Rdz = 0$을 만족하는 일반해이다. ◀

문제 5 다음 상미분방정식을 풀어라.

$$\left(2xy + \frac{1}{x^2}\right)dx + x^2\,dy + \tan z\,dz = 0 \tag{6.72}$$

풀이 먼저 $P(x,y,z) = 2xy + \frac{1}{x^2}$, $Q(x,y,z) = x^2$, $R(x,y,z) = \tan z$라 하면,

$$\frac{\partial P}{\partial y} = 2x = \frac{\partial Q}{\partial x}, \quad \frac{\partial Q}{\partial z} = 0 = \frac{\partial R}{\partial y}, \quad \frac{\partial R}{\partial x} = 0 = \frac{\partial P}{\partial z} \tag{6.73}$$

이므로 주어진 상미분방정식은 완전미분형이다. 따라서 적분공식을 이용하면

$$\int_{x_0}^{x}\left(2xy+\frac{1}{x^2}\right)dx+\int_{y_0}^{y}x_0^2\,dy+\int_{z_0}^{z}\tan z\,dz\;=\;c_1 \tag{6.74}$$

이다. 단 c_1은 임의상수이다. 이 적분을 구하면

$$\left[x^2y-\frac{1}{x}\right]_{x_0}^{x}+\left[x_0^2y\right]_{y_0}^{y}+\left[\ln|\sec z|\right]_{z_0}^{z}\;=\;c_1$$

이므로 이 식을 정리하면 일반해는

$$x^2y-\frac{1}{x}+\ln|\sec z|\;=\;c \tag{6.75}$$

이다. 단, $c=c_1+x_0^2y_0-\frac{1}{x_0}+\ln|\sec z_0|$는 임의상수이다. ◀

문제 6 다음 상미분방정식을 풀어라.

$$(6xy+z^2)\,dx+(3x^2+4yz)\,dy+2(y^2+xz)\,dz\;=\;0 \tag{6.76}$$

풀이 먼저 $P(x,y,z)=6xy+z^2$, $Q(x,y,z)=3x^2+4yz$, $R(x,y,z)=2(y^2+xz)$라 하면,

$$\frac{\partial P}{\partial y}=6x=\frac{\partial Q}{\partial x},\quad \frac{\partial Q}{\partial z}=4y=\frac{\partial R}{\partial y},\quad \frac{\partial R}{\partial x}=2x=\frac{\partial P}{\partial z} \tag{6.77}$$

이므로 주어진 상미분방정식은 완전미분형이다. 따라서 적분공식을 이용하면

$$\int_{x_0}^{x}(6xy+z^2)\,dx+\int_{y_0}^{y}(3x_0^2+4yz)\,dy+2\int_{z_0}^{z}(y^2+xz)\,dz\;=\;c_1 \tag{6.78}$$

이다. 단 c_1은 임의상수이다. 이 적분을 구하면

$$\left[3x^2y+xz^2\right]_{x_0}^{x}+\left[3x_0^2y+2y^2z\right]_{y_0}^{y}+\left[y_0^2z+\frac{1}{2}x_0z^2\right]_{z_0}^{z}\;=\;c_1$$

이다. 단 c_1은 임의상수이다. 이 식을 정리하면

$$3x^2y+xz^2+2y^2z-3x_0^2y_0-2y_0^2z_0^2\;=\;c_1 \tag{6.79}$$

이므로 구하고자 하는 일반해는

$$3x^2y+xz^2+2y^2z\;=\;c \tag{6.80}$$

이다. 단, $c=c_1+3x_0^2y_0+2y_0^2z_0^2$은 임의상수이다. ◀

연 습 문 제 6-1

1. 다음 상미분방정식을 풀어라.

(1) $y^2\,dx - z\,dy + y\,dz = 0$

(2) $(y+z)\,dx + (x+z)\,dy + (y+x)\,dz = 0$

(3) $(2x^3y+1)\,dx + x^4dy + x^2\tan z\,dz = 0$

(4) $(2x^3z - z^2)\,dx + 2x^2yz\,dy + (xz+z^2)\,dz = 0$

(5) $(1+2x^3)y^2\,dx + x^2\,dy + 2x^2y^2z\,dz = 0$

(6) $(1+x)yz\,dx + (1+y)xz\,dy + (1+z)xy\,dz = 0$

(7) $\left(\dfrac{1}{y} - \dfrac{z}{x^2}\right)dx + \left(\dfrac{1}{z} - \dfrac{x}{y^2}\right)dy + \left(\dfrac{1}{x} - \dfrac{y}{z^2}\right)dz = 0$

(8) $(x^2 - y^2 - z^2)\,dx + 2xy\,dy + 2z\,dz = 0$

(9) $(x + y^3 + z^2 + 1)\,dx + 2y\,dy + 2z\,dz = 0$

(10) $(x^2y - y^2 - y^2z)\,dx + (xy^2 - x^2z - x^3)\,dy + (xy^2 + x^2y)\,dz = 0$

6.2 연립전미분방정식

연립상미분방정식의 경우와 마찬가지로 연립전미분방정식은 전미분방정식을 두 개 연립시킨 다음과 같은 형태의 연립미분방정식

$$\begin{cases} P_1(x,y,z)\,dx + Q_1(x,y,z)\,dy + R_1(x,y,z)\,dz = 0 \\ P_2(x,y,z)\,dx + Q_2(x,y,z)\,dy + R_2(x,y,z)\,dz = 0 \end{cases} \tag{6.81}$$

을 말한다. 연립전미분방정식을 풀수 있는 경우는 다음 세 가지 방법을 이용할 수 있다.

(1) 식 (6.81)의 각각의 전미분방정식이 적분가능한 경우, 이 때에는 각각의 해를 구하여 그 두 개의 해를 연립한 식이 일반해이다.

(2) 식 (6.81) 중에서 하나만 적분가능인 경우, 이로부터 하나의 해를 구하여 이 해와 다른 전미분방정식으로부터 하나의 변수를 소거한 전미분방정식을 만들어 이것의 해를 구하고 이 두 해를 연립한 것이 일반해이다.

문제 1 다음과 연립전미분방정식을 풀어라.

$$\begin{cases}(y+z)\,dx+(z+x)\,dy+(x+y)\,dz = 0 \\ (x+z)\,dx+y\,dy+x\,dz = 0\end{cases} \tag{6.82}$$

풀이 주어진 두 식은 모두 적분가능이다. 따라서 각각의 전미분방정식의 해를 구하면 된다. 먼저, 첫 번째 식과 두 번째 식을 각각 다음과 같이 재배열하면

$$\begin{aligned}(y\,dx+x\,dy)+(x\,dy+y\,dx)+(x\,dx+z\,dx) &= 0\,, \\ (x\,dy+y\,dx)+(z\,dx+x\,dz) &= 0\end{aligned}$$

이고 위의 식을 각각 적분하면

$$\begin{cases}xy+yz+zx = c_1\,, \\ x^2+y^2+2zx = c_2\end{cases} \tag{6.83}$$

이다. 따라서 식 (6.83)이 연립전미분방정식 (6.82)의 일반해이다. 단, c_1, c_2는 임의상수이다. ◀

문제 2 다음과 연립전미분방정식을 풀어라.

$$\begin{cases}yz\,dx+zx\,dy+xy\,dz = 0 & (a) \\ z^2(dx+dy)+(xz+yz-xy)\,dz = 0 & (b)\end{cases} \tag{6.84}$$

풀이 첫 번째 식은 적분가능이나 두 번째 식은 적분가능이 아니다. 먼저, 첫 번째 식의 해는 $xyz=c_1$ (c_1은 임의상수)이다. 다음에 $(b)\times y-(a)\times z$이면, $x^2(y-x)\,dy+y^2(z-x)\,dz=0$이고 이 식에 다시 yz를 곱하고 $xyz=c_1$를 대입하면

$$x^2(y^2z-c_1)\,dy+y^2(yz^2-c_1)\,dz = 0\,,\quad z\,dy+y\,dx-c_1\left(\frac{dy}{y^2}+\frac{dz}{z^2}\right) = 0$$

이고 위의 식을 각각 적분하면

$$\begin{aligned}xy+yz+zx &= c_1\,, \\ x^2+y^2+2zx &= c_2\end{aligned}$$

이다. 이 식을 풀면

$$yz + c_1\left(\frac{1}{y} + \frac{1}{z}\right) = c_2$$

또는

$$c_1\left(\frac{1}{x} + \frac{1}{y} + \frac{1}{z}\right) = c_2$$

또는

$$xy + yz + zx = c_2 \qquad (c_2\text{는 임의상수}) \tag{6.85}$$

이다. 따라서

$$\begin{cases} xyz = c_1, \\ xy + yz + zx = c_2 \quad (c_1,\ c_2\text{는 임의상수}) \end{cases} \tag{6.86}$$

가 주어진 연립전미분방정식의 일반해이다. ◀

(3) 식 (6.81)이 모두 적분가능이 아닐 경우, 다음과 같은 방법을 이용하여 일반해를 구한다.
식 (6.81)에서 dy, dz를 소거하면,

$$\begin{vmatrix} P_1 & Q_1 \\ P_2 & Q_2 \end{vmatrix} dx - \begin{vmatrix} Q_1 & R_1 \\ Q_2 & R_2 \end{vmatrix} dz = 0, \quad \begin{vmatrix} R_1 & P_1 \\ R_2 & P_2 \end{vmatrix} dx - \begin{vmatrix} Q_1 & R_1 \\ Q_2 & R_2 \end{vmatrix} dy = 0 \tag{6.87}$$

이다. 여기서

$$P = \begin{vmatrix} Q_1 & R_1 \\ Q_2 & R_2 \end{vmatrix}, \quad Q = \begin{vmatrix} R_1 & P_1 \\ R_2 & P_2 \end{vmatrix}, \quad R = \begin{vmatrix} P_1 & Q_1 \\ P_2 & Q_2 \end{vmatrix} \tag{6.88}$$

라 하면,

$$\frac{dx}{P} = \frac{dy}{Q} = \frac{dz}{R} \tag{6.89}$$

을 얻는다. 식 (6.89)로부터 다음 세 개의 전미분방정식

$$Q\,dx = P\,dy, \quad P\,dz = R\,dx, \quad R\,dy = Q\,dz \tag{6.90}$$

중의 어느 한 식은 다른 두 개의 식으로부터 얻을 수 있다.

식 (6.90) 중에서 두 개의 전미분방정식이 적분가능일 때에는 앞에서 설명한 (1)의 방법으로 일반해를 구하고, 식 (6.90)중에서 어느 하나만이 적분가능이면 (2)의 방법으로 일반해를 구한다. 또한 식 (6.90) 중에서 어느 것도 적분가능하지 않으면 가비의 원리(加比의 原理(componendo))를 이용하며

$$\frac{dx}{P} = \frac{dy}{Q} = \frac{dz}{R} = \frac{l dx + m dy + n dz}{lP + mQ + nR} \tag{6.91}$$

로 변형한다. 단, 상수 l, m, n을 적당히 선택하여 적분가능한 전미분방정식으로 만들어 준다. 특히, $lP + mQ + nR = 0$이면, $l dx + m dy + n dz = 0$이므로 이것이 적분가능이 되도록 상수 l, m, n을 정해주면 된다.

문제 3 다음과 연립전미분방정식을 풀어라.

$$\begin{cases} dx + 2\,dy - (x + 2y)\,dz \;=\; 0 \\ 2\,dx + dy + (x - y)\,dz \;=\; 0 \end{cases} \tag{6.92}$$

풀이 주어진 전미분방정식은 모두 적분가능이 아니다. 따라서

$$\frac{dx}{\begin{vmatrix} 2 & -(x+2y) \\ 1 & x-y \end{vmatrix}} = \frac{dy}{\begin{vmatrix} -(x+2y) & 1 \\ x-y & 2 \end{vmatrix}} = \frac{dz}{\begin{vmatrix} 1 & 2 \\ 2 & 1 \end{vmatrix}} \tag{6.93}$$

라 하면

$$\frac{dx}{-x} = \frac{dy}{x+y} = \frac{dz}{1} \tag{6.94}$$

이다. 여기서 적분가능한 전미분방정식

$$\frac{dx}{-x} = \frac{dz}{1} \tag{6.95}$$

을 풀면,

$$z + \ln|x| = c_1 \qquad (c_1\text{은 임의상수})$$

을 얻는다. 또 다른 적분가능한 전미분방정식

$$\frac{dx}{-x} = \frac{dy}{x+y} \tag{6.96}$$

을 풀면,

$$x^2 + 2xy = c_2 \qquad (c_2\text{는 임의상수})$$

를 얻는다. 따라서 일반해는

$$\begin{cases} z + \ln|x| = c_1, \\ x^2 + 2xy = c_2, \quad (c_1,\ c_2\text{는 임의상수}) \end{cases} \tag{6.97}$$

이다. ◀

문제 4 $\dfrac{dx}{y} = \dfrac{dy}{-x} = \dfrac{dz}{2x - 3y}$를 풀어라.

풀이 먼저,

$$\frac{dx}{y} = \frac{dy}{-x}$$

에서

$$x\,dx + y\,dy = 0$$

은 적분가능이므로 이로부터 $x^2 + y^2 = c_1$ (c_1은 임의상수)을 얻는다. 다음에, $l = 3$, $m = 2$, $n = 1$로 취하면,

$$ly + m(-x) + n(2x - 3y) = 0$$

이므로 $l dx + m\,dy + n\,dz = 0$이다. 이로부터 $3x + 2y + z = c_2$ (c_2는 임의상수)를 얻는다. 따라서, 일반해는

$$\begin{cases} x^2 + y^2 = c_1\,, \\ 3x + 2y + z = c_2 \end{cases} \tag{6.98}$$

이다. 단, c_1, c_2는 임의상수이다. ◀

연 습 문 제 6-2

1. 다음 상미분방정식을 풀어라.

(1) $\begin{cases} dx + dy + (x + y)\,dz = 0 \\ z(dx + dy) + (x + y)\,dz = 0 \end{cases}$

(2) $\begin{cases} 2yz\,dx + x(z\,dy + y\,dx) = 0 \\ y\,dy - x^2 z\,dy + y\,dz = 0 \end{cases}$

(3) $\dfrac{dx}{y - x} = \dfrac{dy}{z - x} = \dfrac{dz}{x - y}$

(4) $\dfrac{x\,dx}{y^3 z} = \dfrac{dy}{x^z} = \dfrac{dz}{y^3}$

(5) $\dfrac{dx}{yz} = \dfrac{dy}{xz} = \dfrac{dz}{x + y}$

(6) $\dfrac{x^2\,dx}{y^3} = \dfrac{y^2\,dy}{x^3} = \dfrac{dz}{z}$

제 7 장

Laplace 변환과 그 응용

7.1 Laplace 변환의 정의와 역 Laplace 변환

Laplace 변환은 물리학과 공학에서 자주 나타나는 다양한 미분방정식의 해를 구할 때, 초기치 문제와 경계치 문제의 해를 구할 때 상당히 유용한 방법이다. Laplace 변환의 장점은 초기조건에 유의하여 함수변환을 하고 그 해를 구하면, 초기치 문제에서 일반해를 구하는 과정이 없이 직접 초기치 문제를 풀 수 있다는 것이다. 특히, Laplace 변환을 비제차상미분방정식에 적용하면 그에 대응하는 여방정식의 여함수를 구하지 않고 직접 그 해를 구할 수 있다.

구간 $t \geqslant 0$에서 정의되어 있는 함수 $f(t)$가 주어졌을 때, 매개변수(parameter)[1] s에 대하여 이상적분(improper integral)

$$\int_0^\infty e^{-st} f(t)\, dt = \lim_{p\to\infty} \int_0^p e^{-st}\, dt \tag{7.1}$$

가 존재하면, 이 이상적분은 수렴한다고 말하고, 그렇지 않으면 발산한다고 말한다. 만약, 이 이상적분이 수렴하면 그 이상적분값은 매개변수 s의 어떤 함수 $F(s)$가 된다. 이 함수를 함수 $f(t)$의 Laplace 변환이라고 하고 기호로 $\mathscr{L}\{f(t)\}$ 또는 $F(s)$로 나타낸다. 여기서 s는 실수이며 이 실수범위 내에서 Laplace 변환이 존재한다는 가정하에 그 값으로 취할 것이다. 그리고 이상적분을 구할 때, 식 (7.1)과 같이 정적분의 극한으로 계산하는 것이 원칙이지만 이 책에서는 특별한 경우를 제외하고는 이상적분도 정적분으로 취급하여 그 값을 계산한다. 식 (7.1)에서

$$\int_0^\infty |\, e^{-st} f(t)\,|\, dt = \lim_{p\to\infty} \int_0^p |\, e^{-st} f(t)\,|\, dt < \infty \tag{7.2}$$

이면, 이 이상적분은 절대수렴(absolutely convergent)한다고 한다. 따라서 이상분이 절대수렴하면, 모든 $p \geqslant q$에 대하여 $q \to \infty$이면,

$$\left| \int_q^p e^{-st} f(t)\, dt \right| = \lim_{q\to\infty} \int_q^p |\, e^{-st} f(t)\,|\, dt \to 0 \tag{7.3}$$

이므로 함수 $f(t)$의 Laplace 변환 $\mathscr{L}\{f(t)\}$는 항상 존재한다. 이 문제는 뒤에서 좀 더 자세하게 설명할 것이다.

이제 구간 $t \geqslant 0$에서 정의되어 있는 함수 $f(t)$의 Laplace 변환 $\mathscr{L}\{f(t)\}$를 다음과 같이 정의한다.

$$\mathscr{L}\{f(t)\} = \int_0^\infty e^{-st} f(t)\, dt = F(s)\,. \tag{7.4}$$

역으로, 매개변수 s의 함수 $F(s)$가 주어졌을때 식 (7.4)를 만족하는 $t \geqslant 0$ 위에서 정의되어 있는 함수 $f(t)$가 존재하면, $f(t)$를 $F(s)$의 역 Laplace 변환(inverse Laplace transform)이라고 하며, 기호로 $\mathscr{L}^{-1}\{F(s)\}$로 나타낸다.

$$\mathscr{L}\{f(t)\} = F(s) \iff \mathscr{L}^{-1}\{F(s)\} = f(t) \tag{7.5}$$

어떤 함수 $f(t)$의 Laplace 변환을 구하는 것을 "Laplace 변환한다"라고 하며 $F(s)$의 역 Laplace 변환을 구하는 것을 "역 Laplace 변환한다"라고 한다.

[1] s는 일반적으로 실수 또는 복소수로 정의한다. 그러나 이 책에서는 실수로 제한한다.

이 경우, $\mathscr{L}$을 Laplace 연산자, $\mathscr{L}^{-1}$을 역 Laplace 연산자라 부른다. 식 (7.5)에 의하여 $\mathscr{L}$과 $\mathscr{L}^{-1}$은 서로 역계산임을 알 수 있으며, 이 관계식으로부터 어떤 함수 $f(t)$의 Laplace 변환 $F(s)$가 구해지면, 이에 대응하는 $F(s)$의 역 Laplace 변환 $f(t)$가 곧바로 얻어진다는 것을 알 수 있다. 이제 문제를 통하여 기본적인 함수에 대한 Laplace 변환을 구해 보자.

문제 1 다음 함수의 Laplace 변환과 역 Laplace 변환을 구하라.

(1) $f(t) = 1$ (2) $f(t) = t^n$ $(n = 1, 2, \cdots)$ (3) $f(t) = e^{at}$ $(a > 0)$

풀이 먼저, Laplace 변환을 구하면

$$\begin{aligned} \mathscr{L}\{1\} &= \int_0^\infty e^{-st} \cdot 1dt = \int_0^\infty e^{-st}\,dt \\ &= \left[-\frac{e^{-st}}{s}\right]_0^\infty = \frac{1}{s} \quad (s > 0) \end{aligned} \tag{7.6}$$

이다. 이로부터 $\mathscr{L}^{-1}$을 취하면,

$$\mathscr{L}^{-1}\left\{\frac{1}{s}\right\} = 1 \tag{7.7}$$

이다.

(2) Laplace 변환을 구하면

$$\begin{aligned} \mathscr{L}\{t^n\} &= \int_0^\infty e^{-st}\,t^n\,dt = \left[-\frac{e^{-st}t^n}{s}\right]_0^\infty + \int_0^\infty (nt^{n-1})\,e^{-st}\,dt \\ &= \frac{n}{s}\int_0^\infty e^{-st}\,t^{n-1}\,dt \\ &= \frac{n}{s}\mathscr{L}\{t^{n-1}\} \\ &= \frac{n}{s}\frac{n-1}{s}\mathscr{L}\{t^{n-2}\} \\ &\vdots \qquad\qquad \vdots \\ &= \frac{n}{s}\frac{(n-1)}{s}\cdots\frac{2}{s}\frac{1}{s}\mathscr{L}\{1\} \\ &= \frac{n}{s}\frac{(n-1)}{s}\cdots\frac{2}{s}\frac{1}{s}\frac{1}{s} \\ &= \frac{n!}{s^{n+1}} \end{aligned} \tag{7.8}$$

이고, $\mathscr{L}^{-1}$을 취하면,

$$\mathscr{L}^{-1}\left\{\frac{n!}{s^{n+1}}\right\} = t^n \quad (n = 1, 2, 3, \cdots) \tag{7.9}$$

이다.

(3) Laplace 변환을 구하면

$$\begin{aligned}\mathscr{L}\{e^{at}\} &= \int_0^\infty e^{-st}\,e^{at}\,dt = \int_0^\infty e^{-(s-a)t}\,dt \\ &= \left[-\frac{e^{(s-a)t}}{s-a}\right]_0^\infty \\ &= \frac{1}{s-a} \quad (s > a)\end{aligned} \tag{7.10}$$

이고 $\mathscr{L}^{-1}$을 취하면,

$$\mathscr{L}^{-1}\left\{\frac{1}{s-a}\right\} = e^{at} \quad (s > a) \tag{7.11}$$

이다. ◀

문제 2 다음 함수의 Laplace 변환과 역 Laplace 변환을 구하라. $(a > 0)$

(1) $f(t) = \cosh at$ (2) $f(t) = \sinh at$

풀이 (1) Laplace 변환을 구하면

$$\begin{aligned}\mathscr{L}\{\cosh at\} &= \int_0^\infty e^{-st}\cosh at\,dt \\ &= \int_0^\infty e^{-st}\left(\frac{e^{at}+e^{-at}}{2}\right)dt \\ &= \frac{1}{2}\left(\int_0^\infty e^{-st}e^{at}\,dt + \int_0^\infty e^{-st}e^{-at}\,dt\right) \\ &= \frac{1}{2}\left(\mathscr{L}\{e^{at}\} + \mathscr{L}\{e^{-at}\}\right) \\ &= \frac{1}{2}\left(\frac{1}{s-a} + \frac{1}{s+a}\right) \\ &= \frac{1}{2}\frac{2s}{s^2-a^2} \\ &= \frac{s}{s^2-a^2} \quad (s > a)\end{aligned} \tag{7.12}$$

이고 $\mathscr{L}^{-1}$을 취하면,

$$\mathscr{L}^{-1}\left\{\frac{s}{s^2-a^2}\right\} = \cosh at \quad (s > a) \tag{7.13}$$

이다. ◀

(2) Laplace 변환을 구하면

$$\begin{aligned}
\mathscr{L}\{\sinh at\} &= \int_0^\infty e^{-st}\sinh at\,dt \\
&= \int_0^\infty e^{-st}\left(\frac{e^{at}-e^{-at}}{2}\right)dt \\
&= \frac{1}{2}\left(\int_0^\infty e^{-st}e^{at}\,dt - \int_0^\infty e^{-st}e^{-at}\,dt\right) \\
&= \frac{1}{2}\left(\mathscr{L}\{e^{at}\} - \mathscr{L}\{e^{-at}\}\right) \\
&= \frac{1}{2}\left(\frac{1}{s-a} - \frac{1}{s+a}\right) \\
&= \frac{1}{2}\frac{2a}{s^2-a^2} \\
&= \frac{a}{s^2-a^2} \quad (s > a) \qquad (7.14)
\end{aligned}$$

이고 $\mathscr{L}^{-1}$을 취하면,

$$\mathscr{L}^{-1}\left\{\frac{a}{s^2-a^2}\right\} = \sinh at \quad (s > a) \tag{7.15}$$

이다. ◀

문제 3 다음 함수의 Laplace 변환과 역 Laplace 변환을 구하라. $(a > 0)$

(1) $f(t) = \cos at$ (2) $f(t) = \sin at$

풀이 (1) Laplace 변환을 구하면

$$\begin{aligned}
\mathscr{L}\{\cos at\} &= \int_0^\infty e^{-st}\cos at\,dt \qquad (7.16) \\
&= \left[\frac{e^{-st}(-s\cos at + a\sin at)}{(-s)^2+a^2}\right]_0^\infty \qquad (7.17) \\
&= \frac{s}{s^2+a^2} \quad (s > 0) \qquad (7.18)
\end{aligned}$$

이고 $\mathscr{L}^{-1}$을 취하면,

$$\mathscr{L}^{-1}\left\{\frac{s}{s^2+a^2}\right\} = \cos at \quad (s>0) \tag{7.19}$$

이다. ◀

(2) Laplace 변환을 구하면

$$\mathscr{L}\{\sin at\} = \int_0^\infty e^{-st}\sin at\,dt \tag{7.20}$$

$$= \left[\frac{e^{-st}(-s\cos at - a\sin at)}{(-s)^2+a^2}\right]_0^\infty \tag{7.21}$$

$$= \frac{a}{s^2+a^2} \quad (s>0) \tag{7.22}$$

이고 $\mathscr{L}^{-1}$을 취하면,

$$\mathscr{L}^{-1}\left\{\frac{a}{s^2+a^2}\right\} = \sin at \quad (s>0) \tag{7.23}$$

이다. ◀

구간 $t \geqslant 0$에서 함수 $f(t)$의 Laplace 변환과 역 Laplace 변환이 존재하기 위한 필요충분 조건에 대하여 알아보자. 그 전에, 구간 $[0,\infty)$상에서 정의되어 있는 함수 $f(t)=e^{x^2}$의 Laplace 변환을 구해보면

$$\mathscr{L}\{e^{x^2}\} = \int_0^\infty e^{-st}\,e^{x^2}\,dt \tag{7.24}$$

$$= \int_0^\infty e^{t^2-st}\,dt \to \infty \tag{7.25}$$

이다. 왜냐하면, 이것은 변수 s의 선택과 무관하게 항상 발산하기 때문이다. 따라서 구간 $[0,\infty)$상에서 정의되어 있는 모든 함수에 대하여 항상 Laplace 변환이 존재하는 것은 아니다. 이제, 함수 $f(t)$의 Laplace 변환이 존재하기 위한 충분조건에 대하여 알아 보자. 함수 $f(t)$가 폐구간 $[a,b]$내의 구간 (t_0,t_1), (t_1,t_2), $\cdots$, (t_{k-1},t_k)에 대하여

(a) 모든 $t\in(t_{k-1},t_k)$ $(k=1,2,3\cdots)$에 대하여 $f(t)$가 연속이고,

(b) $f(t_{k-1}-) = \lim\limits_{t\to t_{k-1}-} f(t_{k-1})$ (좌극한), $\quad f(t_{k-1}+) = \lim\limits_{t\to t_{k-1}+} f(t_{k-1})$ (우극한),
$f(t_k-) = \lim\limits_{t\to t_k-} f(t_k)$ (좌극한), $\quad f(t_k+) = \lim\limits_{t\to t_k+} f(t_k)$ (우극한)

가 모두 존재하면, 함수 $f(t)$는 폐구간 $[a, b]$에서 구간연속(piecewise(sectionally) continuous)이라 한다.

함수 $f(t)$가 임의의 실수 α와 두 상수 $M > 0$과 $t_0 > 0$에 대하여

$$|f(t)| \leqslant Me^{\alpha t}, \quad \forall t \geqslant t_0 \tag{7.26}$$

가 성립하면, $f(t)$는 $t \geqslant t_0$에서 지수위(exponential order) α를 갖는다고 하고 $f(t)$를 지수위 α인 함수라고 한다.

정리 7.1 $t \geqslant 0$에서 정의되어 있는 함수 $f(t)$가

(1) 모든 $t \in [0, t_0]$상에서 구간연속이고

(2) 모든 $t \in [t_0, \infty)$의 적당한 수 $M > 0$과 $\alpha > 0$에 대하여

$$|e^{-\alpha t} f(t)| \leqslant M \quad \text{또는} \quad |f(t)| \leqslant Me^{\alpha t} \tag{7.27}$$

가 된다면, $s > a$인 모든 s에 대하여 $\mathscr{L}\{f(t)\}$가 존재한다.

증명 함수 $f(t)$의 Laplace 변환을 다음과 같이 두 개의 항으로 나누자.

$$\mathscr{L}\{f(t)\} = \int_0^\infty e^{-st} f(t)\, dt \tag{7.28}$$

$$= \int_0^{t_0} e^{-st} f(t)\, dt + \lim_{p \to \infty} \int_{t_0}^p e^{-st} f(t)\, dt \tag{7.29}$$

$$= I_1 + I_2 \tag{7.30}$$

식 (7.30)에서 첫 째항 I_1은 조건 (1)과 지수함수 e^{-st}의 연속성에 의하여 적분 가능하다. 한편, 식 (7.30)의 두 번째항 I_2를 살펴보면, $s > a$일 때

$$\left| \int_{t_0}^p e^{-st} f(t)\, dt \right| \leqslant \int_{t_0}^p |f(t)| dt < \int_{t_0}^p e^{-st} Me^{\alpha t}\, dt \tag{7.31}$$

$$= M \int_{t_0}^p e^{-(s-\alpha)t}\, dt \tag{7.32}$$

$$= M \left[\frac{e^{-(s-\alpha)t}}{-(s-\alpha)} \right]_{t_0}^p \tag{7.33}$$

$$= \frac{M}{s-\alpha} \{ e^{-(s-\alpha)t_0} - e^{-(s-\alpha)p} \} \tag{7.34}$$

$$< \frac{M}{s-\alpha} < \infty \qquad (p > t_0) \tag{7.35}$$

이므로 적분가능하다. 따라서 $s > a$일 때, $\mathscr{L}\{f(t)\}$가 존재한다. ∎

[참고] 위의 정리의 (1)과 (2)는 Laplace 변환이 존재하기 위한 충분조건이고 필요조건은 아니다. 예를 들면, 함수 $f(t) = \dfrac{1}{\sqrt{t}}$은 점 $t = 0$에서 불연속이고 ∞이므로 정리 (1)의 조건을 만족하지 않지만

$$\begin{aligned}
\mathscr{L}\left\{\frac{1}{\sqrt{t}}\right\} &= \int_0^\infty e^{-st}\frac{1}{\sqrt{t}}\,dt \\
&= \frac{1}{\sqrt{s}}\int_0^\infty e^{-u}\frac{1}{\sqrt{u}}\,du \qquad (u = st) \\
&= \frac{1}{\sqrt{2s}}\int_0^\infty e^{-x^2}\,dx \qquad (x = u^2) \\
&= \frac{1}{\sqrt{2s}}\sqrt{2\pi} \\
&= \sqrt{\frac{\pi}{s}} \quad (s > 0)
\end{aligned} \tag{7.36}$$

이므로 함수

$$f(t) = \frac{1}{\sqrt{t}}$$

의 Laplace 변환이 존재한다. 한편, 함수

$$f(t) = e^{t^2}$$

의 경우,

$$|\,e^{-\alpha t}f(t)\,| \leqslant e^{t^2-\alpha t} \;\to\; \infty \quad (t \to \infty) \tag{7.37}$$

이므로 $f(t) = e^{t^2}$은 지수위 α인 함수가 아니다.

정리 7.2 함수 $f(t)$의 Laplace 변환을

$$\mathscr{L}\{f(t)\} = F(s)$$

라 하자. 이때 역 Laplace 변환 $\mathscr{L}^{-1}\{F(s)\}$가 존재하면, 다음 식이 성립한다.

$$\lim_{s\to\infty} F(s) = 0\,.$$

증명 함수 $f(t)$의 Laplace 변환을 $\mathscr{L}\{f(t)\} = F(s)$이므로 $\mathscr{L}^{-1}\{F(s)\} =$

$f(t)$라 하면,

$$F(s) = \lim_{s\to\infty}\int_0^\infty e^{-st} f(t)\,dt = \int_0^\infty (\lim_{s\to\infty} e^{-st})\, f(t)\,dt$$
$$= \int_0^\infty 0\, f(t)\,dt = 0$$

이다. ■

참고로 위의 정리 7.2의 대우명제를 취해보자. 그러면, $\lim_{s\to\infty} F(s) \neq 0$ 이면, 역 Laplace 변환 $\mathscr{L}^{-1}\{F(s)\}$는 존재하지 않는다는 사실을 알 수 있다.

연 습 문 제 7-1

1. 다음 함수의 Laplace 변환을 구하라.

(1) $2t^3$ (2) $5e^{-3t}$

(3) $2\cos 7t$ (4) $3\sin 3t$

2. 다음을 구하라.

(1) $\mathscr{L}^{-1}\left\{\dfrac{1}{s^2}\right\}$ (2) $\mathscr{L}^{-1}\left\{\dfrac{1}{s^5}\right\}$

(3) $\mathscr{L}^{-1}\left\{\dfrac{1}{s+7}\right\}$ (4) $\mathscr{L}^{-1}\left\{\dfrac{1}{s-9}\right\}$

(5) $\mathscr{L}^{-1}\left\{\dfrac{1}{s^2+25}\right\}$ (6) $\mathscr{L}^{-1}\left\{\dfrac{s}{s^2+64}\right\}$

(7) $\mathscr{L}^{-1}\left\{\dfrac{s}{s^2+7}\right\}$

7.2 여러 가지 함수의 Laplace 변환과 역 Laplace 변환

제 7장 1절에서는 가장 기본이 되면 몇 가지 함수들에 관하여 Laplace 변환과 역 Laplace 변환에 대하여 알아 보았다. 이 절에서는 좀 더 다양한 함수들에 관한 Laplace 변환과 역 Laplace 변환에 대하여 살펴본다.

[I] 선형성질

함수 $f_1(t)$, $f_2(t)$의 Laplace 변환을 각각 $\mathscr{L}\{f_1(t)\} = F_1(s)$와 $\mathscr{L}\{f_2(t)\} = F_2(s)$라 하자. 이때 임의의 상수 c_1, c_2에 대하여 다음이 성립한다.

$$\begin{aligned} \mathscr{L}\{c_1 f_1(t) + c_2 f_2(t)\} &= c_1 \mathscr{L}\{f_1(t)\} + c_2 \mathscr{L}\{f_2(t)\} \\ &= c_1 F_1(s) + c_2 F_2(s)\,, \qquad (7.38) \\ \mathscr{L}^{-1}\{c_1 F_1(s) + c_2 F_2(s)\} &= c_1 \mathscr{L}^{-1}\{F_1(s)\} + c_2 \mathscr{L}^{-1}\{F_2(t)\} \\ &= c_1 f_1(t) + c_2 f_2(t)\,. \qquad (7.39) \end{aligned}$$

증명 먼저 Laplace 변환의 경우,

$$\begin{aligned} \mathscr{L}\{c_1 f_1(t) + c_2 f_2(t)\} &= \int_0^\infty e^{-st}\{c_1 f_1(t) + c_2 f_2(t)\}\,dt \\ &= \int c_1 e^{-st} f_1(t)\,dt + \int_0^\infty c_2 e^{-st} f_2(t)\,dt \\ &= c_1 \int e^{-st} f_1(t)\,dt + c_2 \int_0^\infty e^{-st} f_2(t)\,dt \\ &= c_1 \mathscr{L}\{f_1(t)\} + c_2 \mathscr{L}\{f_2(t)\} \\ &= c_1 F_1(s) + c_2 F_2(s) \qquad (7.40) \end{aligned}$$

이다. 이로부터 역 Laplace 변환을 취하면

$$\begin{aligned} \mathscr{L}^{-1}\{c_1 F_1(s) + c_2 F_2(s)\} &= c_1 f_1(t) + c_2 f_2(t) \qquad (7.41) \\ &= c_1 \mathscr{L}^{-1}\{F_1(s)\} + c_2 \mathscr{L}^{-1}\{F_2(s)\} \qquad (7.42) \end{aligned}$$

이 성질에 의하여, $\mathscr{L}$과 $\mathscr{L}^{-1}$은 선형성질을 만족하므로 선형연산자임을 알수 있다. ◀

문제 1 다음을 구하여라. $(a > 0,\ b > 0,\ c > 0)$

(1) $\mathscr{L}\{a + bt + ct^2\}$ (2) $\mathscr{L}\{e^{-at} - e^{-bt}\}$

풀이 (1) 선형성질에 의하여

$$\begin{aligned} \mathscr{L}\{a + bt + ct^2\} &= \mathscr{L}\{a\} + \mathscr{L}\{bt\} + \mathscr{L}\{ct^2\} \\ &= a\mathscr{L}\{1\} + b\mathscr{L}\{t\} + c\mathscr{L}\{t^2\} \\ &= \frac{a}{s} + \frac{b}{s^2} + \frac{2c}{s^2}\,. \end{aligned}$$

(2) 선형성질에 의하여

$$\begin{aligned}\mathscr{L}\{e^{-at}-e^{-bt}\} &= \mathscr{L}\{e^{-at}\}-\mathscr{L}\{e^{-bt}\} \\ &= \frac{1}{s-a}-\frac{1}{s-b} \\ &= \frac{a-b}{(s-a)(s-b)}\end{aligned}$$

이다. ◀

문제 2 다음을 구하여라.

(1) $\mathscr{L}^{-1}\left\{\dfrac{1}{s^2+1}+\dfrac{2t}{s^2+1}\right\}$ (2) $\mathscr{L}^{-1}\left\{\dfrac{1}{s(s-1)}\right\}$

풀이 (1) 선형성질에 의하여

$$\begin{aligned}\mathscr{L}^{-1}\left\{\frac{1}{s^2+1}+\frac{2t}{s^2+1}\right\} &= \mathscr{L}^{-1}\left\{\frac{1}{s^2+1}\right\}+\mathscr{L}^{-1}\left\{\frac{2t}{s^2+1}\right\} \\ &= \sin t+2\cos t\,.\end{aligned}$$

(2) 선형성질에 의하여

$$\begin{aligned}\mathscr{L}^{-1}\left\{\frac{1}{s(s-1)}\right\} &= \mathscr{L}^{-1}\left\{\frac{1}{s-1}-\frac{1}{s}\right\} \\ &= \mathscr{L}^{-1}\left\{\frac{1}{s-1}\right\}-\mathscr{L}^{-1}\left\{\frac{1}{s}\right\} \\ &= e^t-1\end{aligned}$$

이다. ◀

[II] $\mathscr{L}\{e^{at}f(t)\}$ $(a>0)$의 Laplace 변환

함수 $f(t)$의 Laplace 변환을 $\mathscr{L}\{f(t)\} = F(s)$라 하면, 다음이 성립한다. $(a>0)$

$$\mathscr{L}\{e^{at}f(t)\} = \left[\mathscr{L}\{f(t)\}\right]_{s-a} = F(s-a) \tag{7.43}$$

$$\mathscr{L}^{-1}\{F(s+a)\} = e^{-at}\mathscr{L}^{-1}\{F(s)\} = e^{-at}f(t)\,. \tag{7.44}$$

이것을 제 1 이동공식(the first shifting(translation) formula)이라 한다.

증명 먼저

$$\begin{aligned}
\mathscr{L}\{e^{at}f(t)\} &= \int_0^\infty e^{-st}e^{at}f(t)\,dt \\
&= \int_0^\infty e^{-(s-a)t}f(t)\,dt \\
&= \big[\mathscr{L}\{f(t)\}\big]_{s-a} \\
&= \big[F(s)\big]_{s-a} \\
&= F(s-a) \qquad (7.45)
\end{aligned}$$

이므로 역 Laplace 변환을 취하면

$$\begin{aligned}
\mathscr{L}^{-1}\{F(s-a)\} &= e^{at}f(t) \qquad (7.46) \\
&= e^{at}\mathscr{L}^{-1}\{F(s)\} \qquad (7.47)
\end{aligned}$$

이고 여기서 a 를 $-a$로 바꿔놓으면

$$\begin{aligned}
\mathscr{L}^{-1}\{F(s+a)\} &= e^{-at}\mathscr{L}^{-1}\{F(s)\} \qquad (7.48) \\
&= e^{-at}f(t) \qquad (7.49)
\end{aligned}$$

가 성립한다. ■

문제 3 $\mathscr{L}\{t^3e^{-5t}\}$를 구하라.

풀이 지수함수의 Laplace 변환을 이용하면

$$\mathscr{L}\{t^3e^{-5t}\} = \big[\mathscr{L}\{t^3\}\big]_{s-(-5)} = \left[\frac{3!}{s^4}\right]_{s+5} = \frac{6}{(s+5)^4}$$

이다. ◀

문제 4 $\mathscr{L}^{-1}\left\{\dfrac{s}{s^2+4s+1}\right\}$을 구하라.

풀이 분모를 완전제곱식으로 고치면

$$\mathscr{L}^{-1}\left\{\frac{s}{s^2+4s+1}\right\} = \mathscr{L}^{-1}\left\{\frac{s}{(s+1)^2-3}\right\} = \mathscr{L}^{-1}\left\{\frac{s+2-2}{(s+1)^2-3}\right\}$$

이고 선형성질을 이용하면

$$\begin{aligned}\mathscr{L}^{-1}\left\{\frac{s}{s^2+4s+1}\right\} &= \mathscr{L}^{-1}\left\{\frac{s+2}{(s+2)^2-3}\right\} - \mathscr{L}^{-1}\left\{\frac{2}{(s+2)^2-3}\right\} \\ &= e^{-2t}\mathscr{L}^{-1}\left\{\frac{s}{s^2-3}\right\} - e^{-2t}\mathscr{L}^{-1}\left\{\frac{2}{s^2-3}\right\} \\ &= e^{-2t}\cosh\sqrt{3}t - \frac{2}{\sqrt{3}}e^{-2t}\sinh\sqrt{3}t \qquad (7.50)\end{aligned}$$

이다. ◀

[III] $\mathscr{L}\{t^n f(t)\}$ $(n = 1, 2, 3\cdots)$의 Laplace 변환

함수 $f(t)$의 Laplace 변환을 $\mathscr{L}\{f(t)\} = F(s)$라 하면, 다음이 성립한다.

$$\mathscr{L}\{t^n f(t)\} = (-1)^n \frac{d^n}{ds^n}\mathscr{L}\{f(t)\} = (-1)^n \frac{d^n}{ds^n}F(s) \qquad (7.51)$$

$$\mathscr{L}^{-1}\left\{\frac{d^n}{ds^n}F(s)\right\} = (-t)^n \mathscr{L}^{-1}\{F(s)\} = (-t)^n f(t), \qquad (7.52)$$

$$\mathscr{L}^{-1}\{F(s)\} = \left(-\frac{1}{t}\right)^n \mathscr{L}^{-1}\left\{\frac{d^n}{ds^n}F(s)\right\}. \qquad (7.53)$$

증명 먼저 $F(s) = \int_0^\infty e^{-st} f(t)\,dt$에서

$$\begin{aligned}\frac{d^n}{ds^n}F(s) &= \frac{d^n}{ds^n}\int_0^\infty e^{-st} f(t)\,dt \\ &= \int_0^\infty \frac{\partial^n}{\partial s^n}\{e^{-st} f(t)\}\,dt \\ &= \int_0^\infty (-t)^n e^{-st} f(t)\,dt \\ &= (-1)^n \int_0^\infty e^{-st}\, t^n\, f(t)\,dt \\ &= (-1)^n \mathscr{L}\{t^n f(t)\} \qquad (7.54)\end{aligned}$$

이므로

$$\mathscr{L}\{t^n f(t)\} = (-1)^n \frac{d^n}{ds^n}F(s) \qquad (7.55)$$

이다. 이제 역 Laplace 변환을 취하면,

$$\mathscr{L}^{-1}\left\{(-1)^n \frac{d^n}{ds^n}F(s)\right\} = t^n f(t) = t^n \mathscr{L}^{-1}\{F(s)\} \qquad (7.56)$$

또는

$$\mathscr{L}^{-1}\left\{\frac{d^n}{ds^n}F(s)\right\} = (-t)^n\mathscr{L}^{-1}\{F(s)\}, \tag{7.57}$$

$$\mathscr{L}^{-1}\{F(s)\} = \left(-\frac{1}{t}\right)^n\mathscr{L}^{-1}\left\{\frac{d^n}{ds^n}F(s)\right\} \tag{7.58}$$

이다. ■

문제 5 $\mathscr{L}\{t\cos at\}$와 $\mathscr{L}\{t\sin at\}$를 구하라. $(a \neq 0)$

풀이 공식을 이용하면

$$\begin{aligned}\mathscr{L}\{t\cos at\} &= -\frac{d}{ds}\mathscr{L}\{\cos at\}\\ &= -\frac{d}{ds}\frac{s}{s^2+a^2}\\ &= \frac{s^2-a^2}{(s^2+a^2)^2}\end{aligned}$$

이고 마찬가지로

$$\begin{aligned}\mathscr{L}\{t\sin at\} &= -\frac{d}{ds}\mathscr{L}\{\sin at\}\\ &= -\frac{d}{ds}\frac{a}{s^2+a^2}\\ &= \frac{2as}{(s^2+a^2)^2}\end{aligned}$$

이다. ◀

문제 6 $f(t) = \mathscr{L}^{-1}\left\{\ln\left(\frac{s+a}{s+b}\right)\right\}$를 구하라. $(a, b \neq 0)$

풀이 먼저,

$$\frac{d}{ds}\ln\left(\frac{s+a}{s+b}\right) = \frac{1}{s+a} - \frac{1}{s+b}$$

이므로

$$\begin{aligned}f(t) &= \mathscr{L}^{-1}\left\{\ln\left(\frac{s+a}{s+b}\right)\right\} = -\frac{1}{t}\mathscr{L}^{-1}\left\{\frac{d}{ds}\ln\left(\frac{s+a}{s+b}\right)\right\}\\ &= -\frac{1}{t}\mathscr{L}^{-1}\left\{\frac{1}{s+a} - \frac{1}{s+b}\right\} = \frac{1}{t}\left(e^{-bt} - e^{-at}\right)\end{aligned}$$

이다. ◀

[IV] $\mathscr{L}\left\{\dfrac{1}{t}f(t)\right\}$의 Laplace 변환

함수 $f(t)$의 Laplace 변환을 $\mathscr{L}\{f(t)\} = F(s)$라 하고 $\displaystyle\lim_{t\to 0}\frac{f(t)}{t}$가 존재하면, 다음이 성립한다.

$$\mathscr{L}\left\{\frac{1}{t}f(t)\right\} = \int_s^\infty \mathscr{L}\{f(t)\}\,du = \int_s^\infty F(u)\,du\,, \tag{7.59}$$

$$\mathscr{L}^{-1}\left\{\int_s^\infty F(u)\,du\right\} = \frac{1}{t}f(t) = \frac{1}{t}\mathscr{L}^{-1}\{F(s)\}\,. \tag{7.60}$$

증명 $\dfrac{1}{t}f(t) = g(t)$라고 놓으면 $f(t) = tg(t)$이고 가정에 의하여 $\displaystyle\lim_{t\to\infty} g(t)$가 존재하므로 $\mathscr{L}\{g(t)\} = G(s)$가 존재한다. 이로부터

$$\begin{aligned} F(s) &= \mathscr{L}\{f(t)\} && (7.61)\\ &= \mathscr{L}\{tg(t)\} = -\frac{d}{ds}G(s)\,, && (7.62)\\ G(s) &= -\int_{-\infty}^{s} F(u)\,du && (7.63)\\ &= \int_s^\infty F(u)\,du && (7.64) \end{aligned}$$

이므로

$$\mathscr{L}\left\{\frac{1}{t}f(t)\right\} = \int_s^\infty F(u)\,du \tag{7.65}$$

이다. 이제 역 Laplace 변환을 취하면

$$\begin{aligned} \mathscr{L}^{-1}\left\{\int_s^\infty F(u)\,du\right\} &= \frac{1}{t}f(t) && (7.66)\\ &= \frac{1}{t}\mathscr{L}^{-1}\{F(s)\} && (7.67) \end{aligned}$$

이다. ■

문제 7 $\mathscr{L}\left\{\dfrac{\sin t}{t}\right\}$를 구하라.

풀이 공식을 이용하면,

$$\begin{aligned}\mathscr{L}\left\{\frac{\sin t}{t}\right\} &= \int_s^\infty \mathscr{L}\{\sin t\}\,du \\ &= \int_s^\infty \frac{1}{u^2+1}\,du \\ &= \Big[\tan^{-1} u\Big]_s^\infty \\ &= \frac{\pi}{2} - \tan^{-1} s \\ &= \tan^{-1}\left(\frac{1}{s}\right)\end{aligned}$$

이다. ◀

문제 8 $\mathscr{L}\left\{\dfrac{\sinh at}{t}\right\}$를 구하라. $(a \neq 0)$

풀이 공식을 이용하면,

$$\begin{aligned}\mathscr{L}\left\{\frac{\sinh at}{t}\right\} &= \int_s^\infty \mathscr{L}\{\sinh at\}\,du \\ &= \int_s^\infty \frac{a}{u^2-a^2}\,du \\ &= \frac{1}{2}\int_s^\infty \left(\frac{1}{u-a} - \frac{1}{u+a}\right) du \\ &= \frac{1}{2}\ln\left|\frac{s+a}{s-a}\right| \qquad (s > |a|)\end{aligned}$$

이다. ◀

[V] 도함수의 Laplace 변환

$f(t)$, $f'(t)$, $f''(t)$, $\cdots$, $f^{(n)}(t)$가 모두 Laplace 변환 가능하면, 다음이 성립한다.

$$\mathscr{L}\{f^{(n)}(t)\} = s^n\mathscr{L}\{f(t)\} - s^{n-1}f(0) - s^{n-2}f'(0) - \cdots - sf^{(n-2)}(0) - f^{(n-1)}(0) \tag{7.68}$$

증명 먼저 1계 도함수 $f'(t)$를 Laplace 변환하면

$$\begin{aligned}\mathscr{L}\{f'(t)\} &= \int_0^\infty e^{-st} f'(t)\,dt \\ &= \Big[e^{-st}f(t)\Big]_0^\infty + s\int_0^\infty e^{-st} f(t)\,dt \\ &= -f(0) + s\int_0^\infty e^{-st} f(t)\,dt \\ &= s\int_0^\infty e^{-st} f(t)\,dt - f(0) \\ &= s\mathscr{L}\{f(t)\} - f(0) \end{aligned} \tag{7.69}$$

이다. 비슷한 방법을 이용하면 2계 도함수에 대한 Laplace 변환은

$$\begin{aligned}\mathscr{L}\{f''(t)\} &= \mathscr{L}\{(f'(t))'\} = s\mathscr{L}\{f'(t)\} - f'(0) \\ &= s\big\{s\mathscr{L}\{f(t)\} - f(0)\big\} - f'(0) \\ &= s^2\mathscr{L}\{f(t)\} - s\,f(0) - f'(0) \end{aligned} \tag{7.70}$$

이다. 이런식으로 계속 적용하면 일반적으로

$$\mathscr{L}\{f^{(n)}(t)\} = s^n\mathscr{L}\{f(t)\} - s^{n-1}f(0) - s^{n-2}f'(0) - \cdots - sf^{(n-2)}(0) - f^{(n-1)}(0)$$

이 얻어진다. ■

문제 9 도함수의 Laplace 변환을 이용하여 다음 공식을 유도하라.

$$\mathscr{L}\{\cos at\} = \frac{s}{s^2+a^2}.$$

풀이 $f(t) = \cos at$ 라 하면, $f'(t) = -a\sin at$, $f''(t) = -a^2\cos at$, $f(0) = 1$, $f'(0) = 0$이므로

$$\mathscr{L}\{f''(t)\} = s^2\mathscr{L}\{f(t)\} - sf(0) - f'(0)$$

에 대입하면

$$\mathscr{L}\{-a^2\cos at\} = s^2\mathscr{L}\{\cos at\} - s$$

이므로 이 식을 정리하면

$$\mathscr{L}\{\cos at\} = \frac{s}{s^2+a^2}$$

를 얻는다. ◀

문제 10 도함수의 Laplace 변환을 이용하여 $\mathscr{L}\{te^{at}\}$을 구하라.

풀이 다음 공식

$$\mathscr{L}\{f'(t)\} = s\mathscr{L}\{f(t)\} - f(0)$$

을 이용하자. 먼저, $f(t) = te^{at}$ 이라 하면, $f'(t) = e^{at} + ate^{at}$, $f(0) = 0$ 이므로

$$\begin{aligned}\mathscr{L}\{e^{at} + ate^{at}\} &= s\mathscr{L}\{te^{at}\},\\ \mathscr{L}\{e^{at}\} + a\mathscr{L}\{te^{at}\} &= s\mathscr{L}\{te^{at}\},\end{aligned}$$

이고 이 식을 정리하면

$$\begin{aligned}(s-a)\,\mathscr{L}\{te^{at}\} &= \mathscr{L}\{e^{at}\},\\ (s-a)\,\mathscr{L}\{te^{at}\} &= \frac{1}{s-a}\end{aligned}$$

이고 이로부터

$$\mathscr{L}\{te^{at}\} = \frac{1}{(s-a)^2} \qquad (s > a)$$

이다. ◀

[VI] 적분의 Laplace 변환

함수 $f(t)$의 Laplace 변환을 $\mathscr{L}\{f(t)\} = F(s)$라 하면, 다음이 성립한다.

$$\mathscr{L}\left\{\int_0^t f(u)\,du\right\} = \frac{1}{s}\mathscr{L}\{f(t)\} = \frac{1}{s}F(s), \tag{7.71}$$

$$\mathscr{L}^{-1}\left\{\frac{1}{s}F(s)\right\} = \int_0^t f(u)\,du = \int_0^t \mathscr{L}^{-1}\{F(s)\}\,du. \tag{7.72}$$

증명 먼저, $g(t) = \int_0^t f(u)\,du$라 하면, $g'(t) = f(t)$, $g(0) = 0$이고

$$\begin{aligned}\mathscr{L}\{f(t)\} &= \mathscr{L}\{g'(t)\} &(7.73)\\ &= s\mathscr{L}\{g(t)\} - g(0) &(7.74)\\ &= s\mathscr{L}\left\{\int_0^t f(u)\,du\right\} &(7.75)\end{aligned}$$

이므로

$$\mathscr{L}\left\{\int_0^t f(u)\,du\right\} = \frac{1}{s}\mathscr{L}\{f(t)\} = \frac{1}{s}F(s) \tag{7.76}$$

이다. 이제 역 Laplace 변환을 취하면

$$\mathscr{L}^{-1}\left\{\frac{1}{s}F(s)\right\} = \int_0^t f(u)\,du = \int_0^t \mathscr{L}^{-1}\{F(s)\}\,du \tag{7.77}$$

이다. ■

문제 11 함수 $f(t) = \sin at$의 Laplace 변환이 $\mathscr{L}\{f(t)\} = \dfrac{a}{s^2+a^2}$인 것을 이용하여 다음을 유도하라.

$$\mathscr{L}\{at - \sin at\} = \frac{a^3}{s^2(s^2+a^2)}.$$

풀이 먼저 $\mathscr{L}\{\sin at\} = \dfrac{a}{s^2+a^2}$이므로

$$\mathscr{L}\left\{\int_0^t \sin au\,du\right\} = \frac{a}{s(s^2+a^2)}$$

이므로

$$\mathscr{L}\{1 - \cos au\} = \frac{a^2}{s(s^2+a^2)}$$

이다. 이 식에 다시 적분에 대한 Laplace 변환을 이용하면

$$\mathscr{L}\left\{\int_0^t (1-\cos au)\,du\right\} = \frac{a^2}{s^2(s^2+a^2)}$$

이고 따라서

$$\mathscr{L}\{at - \sin at\} = \frac{a^3}{s^2(s^2+a^2)}$$

이다. ◀

문제 12 $\mathscr{L}\{f(t)\} = \dfrac{a}{s(s+a)}$일 때, 함수 $f(t)$를 구하라.

풀이 주어진 문제로부터

$$f(t) = \mathscr{L}^{-1}\left\{\frac{a}{s(s+a)}\right\}$$

이다. 여기서 $\mathscr{L}\{e^{-at}\}=\dfrac{1}{s+a}$이므로 적분에 대한 Laplace 변환 공식을 적용하면

$$\mathscr{L}\left\{\int_0^t e^{-au}\,du\right\} = \frac{1}{s}\mathscr{L}\{e^{-at}\} = \frac{1}{s(s+a)}$$

이므로 위의 식의 좌변을 계산하면

$$\mathscr{L}\left\{\int_0^t e^{-au}\,du\right\} = \mathscr{L}\left\{\left[-\frac{1}{a}e^{-au}\right]_0^t\right\} = \mathscr{L}\left\{\frac{1}{a}(1-e^{-at})\right\}$$

이다. 이로부터

$$\mathscr{L}\{1-e^{-at}\} = \frac{a}{s(s+a)}$$

이므로 $f(t)=1-e^{-at}$이다. ◀

[VII] Laplace 변환의 확장

함수 $f(t)$의 Laplace 변환을 $\mathscr{L}\{f(t)\}=F(s)$라 하면, 다음이 성립한다. $(a\neq 0)$

$$\mathscr{L}\{f(at)\} = \frac{1}{a}\big[\mathscr{L}\{f(t)\big]_{\frac{s}{a}} = \frac{1}{a}F\left(\frac{s}{a}\right), \tag{7.78}$$

$$\mathscr{L}^{-1}\{F(as)\} = \frac{1}{a}\big[\mathscr{L}^{-1}\{F(s)\}\big]_{\frac{t}{a}} = \frac{1}{a}f\left(\frac{t}{a}\right). \tag{7.79}$$

증명 먼저,

$$\mathscr{L}\{f(at)\} = \int_0^\infty e^{-st}f(at)\,dt \tag{7.80}$$

에서 $u=at$로 치환하면,

$$\mathscr{L}\{f(at)\} = \int_0^\infty e^{-s(\frac{u}{a})}f(u)\frac{1}{a}\,du \tag{7.81}$$

$$= \frac{1}{a}\big[\mathscr{L}\{f(t)\}\big]_{\frac{s}{a}} \tag{7.82}$$

$$= \frac{1}{a}F\left(\frac{s}{a}\right) \tag{7.83}$$

이다. 이제, 역 Laplace 변환을 취하면,

$$\mathscr{L}^{-1}\left\{\frac{1}{a}F\left(\frac{s}{a}\right)\right\} = f(at) \tag{7.84}$$

이므로

$$\mathscr{L}^{-1}\left\{F\left(\frac{s}{a}\right)\right\} = af(at) \tag{7.85}$$

이다. 여기서 a를 $\dfrac{1}{a}$로 바꿔놓으면

$$\begin{aligned}\mathscr{L}^{-1}\{F(as)\} &= \frac{1}{a}f\left(\frac{t}{a}\right)\\ &= \frac{1}{a}\,\mathscr{L}^{-1}\big[F(s)\big]_{\frac{t}{a}}\end{aligned} \tag{7.86}$$

이다. ◀

문제 13 $\mathscr{L}\left\{\dfrac{\sin t}{t}\right\} = \tan^{-1}\left(\dfrac{1}{s}\right)$을 이용하여 다음을 구하라.

$$\mathscr{L}\left\{\frac{\sin at}{t}\right\}.$$

풀이 주어진 식을 다음과 같이 변형하여 구하면,

$$\begin{aligned}\mathscr{L}\left\{\frac{\sin at}{t}\right\} &= a\,\mathscr{L}\left\{\frac{\sin at}{at}\right\}\\ &= a\,\frac{1}{a}\left[\mathscr{L}\left\{\frac{\sin t}{t}\right\}\right]_{\frac{s}{a}}\\ &= \left[\tan^{-1}\left(\frac{1}{s}\right)\right]_{\frac{s}{a}}\\ &= \tan^{-1}\left(\frac{a}{s}\right)\end{aligned}$$

이다. ◀

문제 14 다음을 구하라.

$$\mathscr{L}^{-1}\left\{\frac{6}{2s-3} - \frac{3+4s}{9s^2-16} + \frac{8-6s}{16s^2+9}\right\}$$

풀이 주어진 문제를 변형하고 계산하면

$$
\begin{aligned}
&\mathscr{L}^{-1}\left\{\frac{6}{2s-3}-\frac{3+4s}{9s^2-16}+\frac{8-6s}{16s^2+9}\right\}\\
&=\mathscr{L}^{-1}\left\{\frac{3}{s-\frac{3}{2}}-\frac{1}{3}\left(\frac{1}{s^2-\frac{16}{9}}\right)-\frac{4}{9}\left(\frac{s}{s^2-\frac{16}{9}}\right)+\frac{1}{2}\left(\frac{1}{s^2+\frac{9}{16}}\right)-\frac{3}{8}\left(\frac{s}{s^2+\frac{9}{16}}\right)\right\}\\
&=\mathscr{L}^{-1}\left\{\frac{3}{s-\frac{3}{2}}\right\}-\frac{1}{3}\mathscr{L}^{-1}\left\{\left(\frac{1}{s^2-\frac{16}{9}}\right)\right\}-\frac{4}{9}\mathscr{L}^{-1}\left\{\left(\frac{s}{s^2-\frac{16}{9}}\right)\right\}\\
&\quad+\frac{1}{2}\mathscr{L}^{-1}\left\{\left(\frac{1}{s^2+\frac{9}{16}}\right)\right\}-\frac{3}{8}\mathscr{L}^{-1}\left\{\left(\frac{s}{s^2+\frac{9}{16}}\right)\right\}\\
&=3e^{\frac{3}{2}t}-\frac{1}{4}\sinh\frac{4}{3}t-\frac{4}{9}\cosh\frac{4}{3}t+\frac{2}{3}\sin\frac{3}{4}t-\frac{3}{8}\sin\frac{3}{4}t
\end{aligned}
$$

이다. ◀

[VIII] 합성곱(convolution)에 의한 변환

두 함수 $f(t)$와 $g(t)$가 유한구간 $0 \leqslant t \leqslant T$가 구간연속이라 할 때, $f(t)$와 $g(t)$의 합성곱 $f(t)*g(t)$를

$$
f(t)*g(t) = \int_0^t f(\tau)g(t-\tau)\,d\tau \tag{7.87}
$$

로 정의한다. 위의 합성곱의 정의에 의하면, 합성곱에 대한 교환법칙이 성립한다. 즉,

$$
f(t)*g(t) = g(t)*f(t) \tag{7.88}
$$

가 성립한다. 왜냐하면,

$$
\begin{aligned}
f(t)*g(t) &= \int_0^t f(\tau)\,g(t-\tau)\,d\tau \qquad (\theta = t-\tau)\\
&= \int_t^0 f(t-\theta)g(\theta)(-d\theta)\\
&= \int_0^t g(\theta)f(t-\eta)\,d\theta\\
&= g(t)*f(t)
\end{aligned} \tag{7.89}
$$

가 성립하기 때문이다. 두 함수의 합성곱에 대한 Laplace 변환에 대하여 알아보자. 두 함수 $f(t)$와 $g(t)$가 유한구간 $0 \leqslant t \leqslant T$가 구간연속이고 지수위를 가

지는 함수라 하자. 이때, $\mathscr{L}\{f(t)\} = F(s)$이고 $\mathscr{L}\{g(t)\} = G(s)$이면,

$$\mathscr{L}\{f(t) * g(t)\} = \mathscr{L}\{f(t)\}\mathscr{L}\{g(t)\} = F(s)G(s) \tag{7.90}$$

가 성립한다. 이것을 합성곱의 정리(convolution theorem)라 한다. 이로부터 역 Laplace 변환은

$$\mathscr{L}^{-1}\{F(s)\,G(s)\} = f(t) * g(t) = \int_0^t f(\tau)g(t-\tau)\,d\tau \tag{7.91}$$

임을 알 수 있다. 이 합성곱의 정리의 증명은 다음과 같다.

$$\begin{aligned}\mathscr{L}\{f(t)\}\mathscr{L}\{g(t)\} &= \left(\int_0^\infty e^{-s\tau}f(\tau)\,d\tau\right)\left(\int_0^\infty e^{-s\theta}g(\theta)\,d\theta\right)\\ &= \int_0^\infty\int_0^\infty e^{-s(\tau+\theta)}f(\tau)g(\theta)\,d\theta d\tau\end{aligned}$$

이고 위의 식에서 치환 $t = \tau + \theta$를 이용하면

$$\begin{aligned}\mathscr{L}\{f(t)\}\mathscr{L}\{g(t)\} &= \int_0^\infty f(\tau)\left(\int_0^\infty e^{-(\tau+\theta)}g(\theta)\,d\theta\right)d\tau\\ &= \int_0^\infty f(\tau)\left(\int_\tau^\infty e^{-st}g(t-\tau)\,dt\right)d\tau\end{aligned}$$

이고 여기서 이중적분의 적분순서를 변경하면

$$\begin{aligned}\mathscr{L}\{f(t)\}\mathscr{L}\{g(t)\} &= \int_0^\infty\int_\tau^\infty f(\tau)e^{-st}g(t-\tau)\,dtd\tau\\ &= \int_0^\infty\int_0^t f(\tau)e^{-st}g(t-\tau)\,dtd\tau\\ &= \int_0^\infty e^{-st}\left(\int_0^t f(\tau)g(t-\tau)\,d\tau\right)\\ &= \mathscr{L}\{f(t) * g(t)\}\end{aligned} \tag{7.92}$$

이다.

합성곱의 정리를 이용하면 적분에 대한 Laplace 변환 공식을 쉽게 유도할 수 있다. 특히, 식 (7.92)에서 $g(t) = 1$이면

$$\mathscr{L}\{f(t) * 1\} = \mathscr{L}\{f(t)\}\mathscr{L}\{1\} = \frac{1}{s}F(s) \qquad (s > 0) \tag{7.93}$$

이고 합성곱의 정리에 의하여

$$\mathscr{L}\{f(t) * 1\} = \mathscr{L}\left\{\int_0^t f(\tau)\,d\tau\right\} \tag{7.94}$$

이므로 식 (7.93)과 식 (7.94)로부터 다음 공식을 얻는다.

$$\mathscr{L}\left\{\int_0^t f(\tau)\,d\tau\right\} = \frac{1}{s}F(s) \qquad (s > 0) \tag{7.95}$$

문제 15 다음을 구하라.

$$\mathscr{L}\left\{\int_0^t e^{\tau}\cos a(t-\tau)\,d\tau\right\}$$

풀이 합성곱의 정리에서 $f(t) = e^t$, $g(t) = \cos at$인 경우이므로

$$\begin{aligned}\mathscr{L}\left\{\int_0^t e^{\tau}\cos a(t-\tau)\,d\tau\right\} &= \mathscr{L}\{f(t) * g(t)\}\\ &= \mathscr{L}\{f(t)\}\,\mathscr{L}\{g(t)\}\\ &= \mathscr{L}\{e^t)\}\,\mathscr{L}\{\cos at)\}\\ &= \frac{s}{(s-1)(s^2+a^2)}\end{aligned} \tag{7.96}$$

이다. ◀

문제 16 합성곱의 정리를 이용하여 다음을 구하라.

$$\mathscr{L}^{-1}\left\{\frac{1}{s(s^2+4)}\right\}$$

풀이 먼저, $F(s) = \dfrac{1}{s}$, $G(s) = \dfrac{1}{s^2+4}$이라 하면, 식 (7.91)에 의하여

$$\mathscr{L}^{-1}\{F(s)\,G(s)\} = f(t) * g(t)$$

이다. 이때, 위의 식에 대한 역 Laplace 변환은

$$\begin{aligned}f(t) &= \mathscr{L}^{-1}\{F(s\} = \mathscr{L}\left\{\frac{1}{s}\right\},\\ g(t) &= \mathscr{L}^{-1}\{G(s\} = \mathscr{L}\left\{\frac{1}{s^2+4}\right\} = \frac{1}{2}\sin 2t\end{aligned}$$

이므로

$$\begin{aligned}\mathscr{L}^{-1}\left\{\frac{1}{s(s^2+4)}\right\} &= 1 * \frac{1}{2}\sin 2t = \frac{1}{2}\sin 2t * 1 \\ &= \frac{1}{2}\int_0^t \sin 2\tau \, d\tau \\ &= \frac{1}{4}(1-\cos 2t) \qquad (7.97)\end{aligned}$$

이다. ◀

연 습 문 제 7-2

1. 다음을 구하라.

(1) $\mathscr{L}\{e^{-at}\cos bt\}$ (2) $\mathscr{L}\{t^2 e^{-3t}t\}$

(3) $\mathscr{L}\{\sin t \cos t\}$ (4) $\mathscr{L}\{\cos t \, \cos 2t\}$

(5) $\mathscr{L}\{\cos^2 t\}$ (6) $\mathscr{L}\{te^{-t}\sin t\}$

(7) $\mathscr{L}\left\{\frac{1-e^t}{t}\right\}$ (8) $\mathscr{L}\left\{\frac{e^{-at}-e^{-bt}}{t}\right\}$

(9) $\mathscr{L}\left\{\frac{e^t-\cos t}{t}\right\}$ (10) $\mathscr{L}\left\{\frac{1-\cos at}{t}\right\}$

2. 다음을 구하라.

(1) $\mathscr{L}^{-1}\left\{\frac{1}{s^2-3s+2}\right\}$ (2) $\mathscr{L}^{-1}\left\{\frac{s}{s^2-2s+5}\right\}$

(3) $\mathscr{L}^{-1}\left\{\frac{2s+1}{s(s+1)(s+2)}\right\}$ (4) $\mathscr{L}^{-1}\left\{\frac{1}{s^2(s^2+1)}\right\}$

(5) $\mathscr{L}^{-1}\left\{\frac{s^2}{(s-1)^3}\right\}$ (6) $\mathscr{L}^{-1}\left\{\frac{1}{(s+1)(s^2+2s+2)}\right\}$

(7) $\mathscr{L}^{-1}\left\{\ln\frac{1-s^2}{s^2}\right\}$ (8) $\mathscr{L}^{-1}\left\{\frac{s^2+2}{s(s+1)(s+2)}\right\}$

(9) $\mathscr{L}^{-1}\left\{\frac{s+1}{(s+2)(s^2+4)}\right\}$ (10) $\mathscr{L}^{-1}\left\{\frac{s}{(s+1)^2(s^2+1)}\right\}$

3. convolution의 정리를 이용하여 다음을 구하라.

(1) $\mathscr{L}^{-1}\left\{\dfrac{1}{s^2(s-a)}\right\}$ (2) $\mathscr{L}^{-1}\left\{\dfrac{1}{(s^2+k^2)^2}\right\}$ $(k \neq 0)$

7.3 특수함수의 Laplace 변환과 역 Laplace 변환

이 절에서는 유용한 특수함수의 Laplace 변환에 대하여 알아본다.

[I] 계단함수(step function)와 Laplace 변환

다음과 같이 정의한 함수를 계단함수라 한다.

$$E_a(t) = \begin{cases} 0, & (t < a) \\ 1, & (t > a) \end{cases} \tag{7.98}$$

이 계단함수의 Laplace 변환과 그 역 Laplace 변환을 구하면

$$\begin{aligned} \mathscr{L}\{E_a(t)\} &= \int_0^\infty e^{-st} E_a(t)\, dt \\ &= \int_0^a e^{-st} \cdot 0\, dt + \int_a^\infty e^{-st} \cdot 1\, dt \\ &= \left[-\frac{e^{-st}}{s}\right]_a^\infty \\ &= \frac{e^{-as}}{s} \end{aligned} \tag{7.99}$$

이다. 따라서, 다음 식이 성립한다.

$$\mathscr{L}\{E_a(t)\} = \frac{e^{-as}}{s} \quad \Longleftrightarrow \quad \mathscr{L}^{-1}\left\{\frac{e^{-as}}{s}\right\} = E_a(t)\,. \tag{7.100}$$

함수 $f(t)$의 Laplace 변환을 $\mathscr{L}\{f(t)\} = F(s)$라 하고 $E_a(t)$를 계단함수라 할 때, 함수 $f(t-a)\,E_a(t)$를 다음과 같이 정의한다.

$$f(t-a)\,E_a(t) = \begin{cases} 0, & (t < a) \\ f(t-a), & (t > a) \end{cases} \tag{7.101}$$

이제 위에서 정의한 함수 $f(t-a)\,E_a(t)$의 Laplace 변환을 구해보자.

$$\begin{aligned}\mathscr{L}\{f(t-a)\,E_a(t)\} &= \int_0^\infty e^{-st}\,f(t-a)E_a(t)\,dt \\ &= \int_0^a e^{-st}\,f(t-a)E_a(t)\,dt + \int_a^\infty e^{-st}\,f(t-a)E_a(t)\,dt \\ &= \int_a^\infty e^{-st}\,f(t-a)\,dt \qquad (7.102)\end{aligned}$$

이고 식 (7.102)에서 변수변환을 이용하여 $v = t - a$라 하면,

$$\begin{aligned}\mathscr{L}\{f(t-a)\,E_a(t)\} &= \int_a^\infty e^{-st}\,f(t-a)\,dt \\ &= \int_0^\infty e^{-s(v+a)}\,f(v)\,dv \\ &= e^{-as}\int_0^\infty e^{-sv}f(v)\,dv \\ &= e^{-as}\int_0^\infty e^{-st}f(t)\,dv \qquad (t = v\text{로 치환}) \\ &= e^{-as}\mathscr{L}\{f(t)\} \\ &= e^{-as}F(s) \qquad (7.103)\end{aligned}$$

이다. 따라서 다음 식이 성립한다.

$$\mathscr{L}\{f(t-a)\,E_a(t)\} = e^{-as}F(s) \iff \mathscr{L}^{-1}\{e^{-as}F(s)\} = f(t-a)E_a(t) \qquad (7.104)$$

이 공식을 제 2 이동공식(the second shifting(translation) formula)이라 한다.

문제 1 $\mathscr{L}\{\cos t\,E_{2\pi}(t)\}$를 구하라.

풀이 함수 $f(t) = \cos t$라 하면, $f(t) = f(t-2\pi)$이므로

$$\begin{aligned}\mathscr{L}\{\cos t\,E_{2\pi}(t)\} &= \mathscr{L}\{\cos(t-2\pi)\,E_{2\pi}(t)\} \\ &= e^{-2\pi s}\mathscr{L}\{\cos t\} \\ &= \frac{s}{s^2+1}e^{-2\pi s}\end{aligned}$$

이다. ◀

문제 2 $\mathscr{L}^{-1}\left\{\dfrac{2(s-1)}{(s-1)^2+1}e^{-2s}\right\}$를 구하라..

풀이 주어진 문제를 약간 변형하여 계산하면,

$$\begin{aligned}\mathscr{L}^{-1}\left\{\frac{2(s-1)}{(s-1)^2+1}e^{-2s}\right\} &= 2e^{-2}\mathscr{L}^{-1}\left\{\frac{(s-1)}{(s-1)^2+1}e^{-2(s-1)}\right\} \\ &= 2e^{-2}e^{t}\,\mathscr{L}^{-1}\left\{\frac{s}{s^2+1}e^{-2s}\right\} \\ &= 2e^{t-2}\cos 2t\,E_2(t)\end{aligned}$$

이다. ◀

[II] 주기함수(periodic function)와 Laplace 변환

함수 $f(t)$를 주기가 T인 주기함수라 하자. 그러면

$$f(t+T) = f(t) \tag{7.105}$$

가 성립한다. 이제 주기함수 $f(t)$의 Laplace 변환을 구하면,

$$\begin{aligned}\int_0^T e^{-st}f(t)\,dt &= \int_0^\infty e^{-st}f(t)\big(1-E_T(t)\big)\,dt \\ &= \mathscr{L}\{f(t)\big(1-E_T(t)\big)\} \\ &= \mathscr{L}\{f(t)\} - \mathscr{L}\{f(t)E_T(t)\} \\ &= \mathscr{L}\{f(t)\} - e^{-Ts}\mathscr{L}\{f(t+T)\} \\ &= \mathscr{L}\{f(t)\} - e^{-Ts}\mathscr{L}\{f(t)\} \\ &= (1-e^{-Ts})\,\mathscr{L}\{f(t)\} \end{aligned} \tag{7.106}$$

이므로

$$\mathscr{L}\{f(t)\} = \frac{\displaystyle\int_0^T e^{-st}f(t)\,dt}{1-e^{-Ts}} \tag{7.107}$$

이다.

문제 3 다음 주기함수를 Laplace 변환하라.

$$f(t) = \begin{cases}\sin t, & (0<t<\pi) \\ 0, & (\pi<t<2\pi)\end{cases}$$

풀이 주어진 함수의 주기는 $T = 2\pi$이므로 주기함수의 Laplace 변환 공식을 이용하면

$$\begin{aligned}
\mathscr{L}\{f(t)\} &= \frac{\displaystyle\int_0^{2\pi} e^{-st} f(t)\,dt}{1-e^{-\pi s}} \\
&= \frac{1}{1-e^{-2\pi s}} \int_0^{\pi} e^{-st} \sin t\,dt \\
&= \frac{1}{1-e^{-2\pi s}} \left[\frac{e^{-st}}{s^2+1}(-s\,\sin t - \cos t) \right]_0^{\pi} \\
&= \frac{1}{1-e^{-2\pi s}} \left(\frac{1+e^{-\pi s}}{s^2+1} \right) \\
&= \frac{1}{(1-e^{-\pi s})(s^2+1)}
\end{aligned}$$

이다. ◀

[III] Dirac의 delta 함수와 Laplace 변환

함수 $f_\epsilon(t)$를 다음과 같이 정의하자.

$$\begin{aligned}
f_\epsilon(t) &= \begin{cases} 0, & (t<0) \\ \dfrac{1}{\epsilon}, & (0<t<\epsilon) \\ 0, & (t>\epsilon) \end{cases} && (7.108) \\
&= \frac{1}{\epsilon}\{1 - E_\epsilon(t)\} && (7.109)
\end{aligned}$$

이때,

$$\delta(t) = \lim_{\epsilon \to 0} f_\epsilon(t) \tag{7.110}$$

으로 정의한 함수 $\delta(t)$를 Dirac의 delta 함수 또는 단위충격함수(unit impulse function)라 한다. 이제, 함수 $f_\epsilon(t)$의 Laplace 변환을 구하면,

$$\begin{aligned}
\mathscr{L}\{f_\epsilon(t)\} &= \frac{1}{\epsilon}\{1 - E_\epsilon(t)\} \\
&= \frac{1}{\epsilon}\left(\frac{1}{s} - \frac{e^{-\epsilon s}}{s} \right) \\
&= \frac{1-e^{-\epsilon s}}{\epsilon s} && (7.111)
\end{aligned}$$

이고 이로부터 delta 함수의 Laplace 변환은

$$\begin{aligned}\mathscr{L}\{\delta(t)\} &= \mathscr{L}\{\lim_{\epsilon\to 0} f_\epsilon(t)\} = \lim_{\epsilon\to 0}\mathscr{L}\{f_\epsilon(t)\} \\ &= \lim_{\epsilon\to 0}\frac{1-e^{-\epsilon s}}{\epsilon s} = \lim_{\epsilon\to 0}\frac{se^{-\epsilon s}}{s} \\ &= \lim_{\epsilon\to 0} e^{-\epsilon s} \qquad (7.112) \\ &= 1 \qquad (7.113)\end{aligned}$$

이다. 이로부터 delta 함수 $\delta(t)$의 역 Laplace 변환은

$$\mathscr{L}^{-1}\{1\} = \delta(t) \qquad (7.114)$$

이다. 이제 함수 $f_\epsilon(t-a)$에 대하여 delta 함수를 정의하고 이로부터 Laplace 변환을 구해보자. 먼저,

$$f_\epsilon(t-a) = \begin{cases} 0, & (t<a) \\ \dfrac{1}{\epsilon}, & (a<t<a+\epsilon) \\ 0, & (t>a+\epsilon) \end{cases} \qquad (7.115)$$

$$= \frac{1}{\epsilon}\{E_a(t) - E_{a+\epsilon}(t)\} \qquad (7.116)$$

이고

$$\begin{aligned}\mathscr{L}\{f_\epsilon(t-a)\} &= \frac{1}{\epsilon}[\mathscr{L}\{E_a(t)\} - \mathscr{L}\{E_{a+\epsilon}(t)\}] \\ &= \frac{1}{\epsilon s}\left(e^{-as} - e^{-(a+\epsilon)s}\right) \\ &= e^{-as}\left(\frac{1-e^{-\epsilon s}}{\epsilon s}\right) \qquad (7.117)\end{aligned}$$

이고 이로부터 delta 함수의 Laplace 변환은

$$\begin{aligned}\mathscr{L}\{\delta(t-a)\} &= \mathscr{L}\{\lim_{\epsilon\to 0} f_\epsilon(t-a)\} \\ &= \lim_{\epsilon\to 0}\mathscr{L}\{f_\epsilon(t-a)\} \\ &= e^{-as} \qquad (7.118)\end{aligned}$$

이다. 특히, $a=0$이면 $\mathscr{L}\{\delta(t)\}=1$이므로 식 (7.113)의 결과와 일치한다. 이로부터 delta 함수 $\delta(t-a)$의 역 Laplace 변환은

$$\mathscr{L}^{-1}\{e^{-as}\} = \delta(t-a) \qquad (7.119)$$

이다.

연 습 문 제 7-3

1. 다음 함수의 Laplace 변환을 구하라.

(1) $f(t) = \begin{cases} t, & (0 < t < 1) \\ f(t-1), & (t > 1) \end{cases}$　　(2) $f(t) = \begin{cases} 3t, & (0 < t < 2) \\ 6, & (2 < t < 4) \\ f(t-4), & (t > 4) \end{cases}$

(3) $f(t) = \begin{cases} t^2, & (0 < t < 2) \\ f(t-2), & (t > 2) \end{cases}$　　(4) $f(t) = \begin{cases} t, & (0 < t < 1) \\ 0, & (1 < t < 2) \\ f(t-2), & (t > 2) \end{cases}$

7.4 Laplace 변환을 이용한 상미분방정식의 해법

Laplace 변환을 이용하면 상미분방정식의 특수해를 구할 수 있다. 일반적으로 어떤 상미분방정식이 주어졌을 때, 초기조건을 만족하는 특수해를 구하려면 일반해부터 구한 다음, 초기조건을 대입하여 특수해를 구하였지만, Laplace 변환을 이용하면 처음부터 초기조건을 만족하는 특수해를 별다른 제약없이 직접 구할 수 있다는 잇점이 있다. 이 절에서는 이러한 유형의 문제를 풀어 본다.

문제 1 초기조건 $y(0) = 0$을 만족하는 다음 상미분방정식 $y'(t) - y(t) = e^t$의 해를 구하라.

풀이 주어진 상미분방정식의 양 변을 Laplace 변환을 하면,

$$\begin{aligned} \mathscr{L}\{y'(t) - y(t)\} &= \mathscr{L}\{e^t\}, \\ \mathscr{L}\{y'(t)\} - \mathscr{L}\{y(t)\} &= \mathscr{L}\{e^t\}, \\ s\mathscr{L}\{y(t)\} - y(0) - \mathscr{L}\{y(t)\} &= \frac{1}{s-1}, \\ (s-1)\mathscr{L}\{y(t)\} &= \frac{1}{s-1} \end{aligned}$$

이므로 $\mathscr{L}\{y(t)\} = \dfrac{1}{(s-1)^2}$이다. 이 식의 양 변을 역 Laplace 변환을 하면

$$y(t) = \mathscr{L}^{-1}\left\{\frac{1}{(s-1)^2}\right\} = te^t \tag{7.120}$$

이고 이것이 주어진 상미분방정식의 초기조건을 만족하는 특수해이다. ◀

문제 2 상미분방정식 $y''(t)+2y'(t)+2y(t)=0$을 풀어라. (초기조건 $y(0)=0,\ y'(0)=1$)

풀이 주어진 상미분방정식의 양 변을 Laplace 변환을 하면,

$$\begin{aligned}
&\mathscr{L}\{y''(t)+2y'(t)+2y(t)\} = \mathscr{L}\{0\}\,,\\
&\mathscr{L}\{y''(t)\}+2\mathscr{L}\{y'(t)\}+2\mathscr{L}\{y(t)\} = 0\,,\\
&\big(s^2\mathscr{L}\{y(t)\}-sy(0)-y'(0)\big)+2\big(s\mathscr{L}\{y(t)\}-y(0)\big)+2\mathscr{L}\{y(t)\} = 0\,,\\
&(s^2+2s+2)\mathscr{L}\{y(t)\} = 1
\end{aligned}$$

이므로

$$\mathscr{L}\{y(t)\} = \frac{1}{(s^2+2s+2)} = \frac{1}{(s+1)^2+1}$$

이고, 위의 식의 양 변을 역 Laplace 변환하면

$$y(t) = \mathscr{L}^{-1}\left\{\frac{1}{(s^2+2s+2)}\right\} = e^{-t}\sin t \tag{7.121}$$

이다. 이것이 주어진 상미분방정식의 초기조건을 만족하는 특수해이다. ◀

문제 3 초기조건 $y(0)=0,\ y'(0)=1$을 만족하는 다음 상미분방정식의 해를 구하라.

$$y''(t)+2y'(t)+5y(t) = e^{-t}\sin t$$

풀이 주어진 상미분방정식의 양 변을 Laplace 변환을 하면,

$$\begin{aligned}
&\mathscr{L}\{y''(t)+2y'(t)+5y(t)\} = \mathscr{L}\{e^{-t}\sin t\}\,,\\
&\mathscr{L}\{y''(t)\}+2\mathscr{L}\{y'(t)\}+2\mathscr{L}\{y(t)\} = \mathscr{L}\{e^{-t}\sin t\}\,,\\
&\big(s^2\mathscr{L}\{y(t)\}-sy(0)-y'(0)\big)+2\big(s\mathscr{L}\{y(t)\}-y(0)\big)+2\mathscr{L}\{y(t)\} = \frac{1}{(s+1)^2+1}\,,\\
&(s^2+2s+6)\mathscr{L}\{y(t)\} = \frac{s^2+2s+3}{s^2+2s+2}
\end{aligned}$$

이므로

$$\mathscr{L}\{y(t)\} = \frac{s^2+2s+3}{(s^2+2s+2)(s^2+2s+5)} = \frac{1}{3}\left(\frac{1}{s^2+2s+2}+\frac{2}{s^2+2s+5}\right)$$

이고, 위의 식의 양 변을 역 Laplace 변환하면

$$\begin{aligned} y(t) &= \frac{1}{3}\left[\mathscr{L}^{-1}\left\{\frac{1}{s^2+2s+2}\right\}+\mathscr{L}^{-1}\left\{\left(\frac{2}{s^2+2s+5}\right\}\right]\right. \\ &= \frac{1}{3}(e^{-t}\sin t+e^{-t}\cos t) = \frac{1}{3}e^{-t}(\sin t+\cos t) \end{aligned} \tag{7.122}$$

이다. ◀

문제 4 초기조건 $y(0)=-3$, $y'(0)=5$일 때, 다음 상미분방정식을 풀어라.

$$y''(t)-3y'(t)+2y(t) = 4e^{2t}\sin t$$

풀이 주어진 상미분방정식의 양 변을 Laplace 변환을 하면,

$$\mathscr{L}\{y''(t)-3y'(t)+2y(t)\} = \mathscr{L}\{4e^{2t}\},$$
$$\mathscr{L}\{y''(t)\}-3\mathscr{L}\{y'(t)\}+2\mathscr{L}\{y(t)\} = 4\mathscr{L}\{e^{2t}\},$$
$$\big(s^2\mathscr{L}\{y(t)\}-sy(0)-y'(0)\big)-3\big(s\mathscr{L}\{y(t)\}-y(0)\big)+2\mathscr{L}\{y(t)\} = \frac{4}{s-2},$$
$$(s^2-3s+2)\mathscr{L}\{y(t)\} = \frac{4}{s-4}-3s-14$$

이고

$$\begin{aligned} \mathscr{L}\{y(t)\} &= \frac{4}{(s-1)(s-2)^2}-\frac{3s-14}{(s-1)(s-2)} \\ &= \frac{1}{3}\left(-\frac{7}{s-1}-\frac{2}{s-2}+\frac{40}{(s-2)^2}\right) \end{aligned}$$

이다. 위의 식의 양 변을 역 Laplace 변환하면

$$\begin{aligned} y(t) &= \mathscr{L}^{-1}\left\{\frac{1}{3}\left(-\frac{7}{s-1}-\frac{2}{s-2}+\frac{40}{(s-2)^2}\right)\right\} \\ &= -\frac{7}{3}\mathscr{L}^{-1}\left\{\frac{1}{s-1}\right\}-\frac{2}{3}\mathscr{L}^{-1}\left\{\frac{1}{s-2}\right\}+\frac{40}{3}\mathscr{L}^{-1}\left\{\frac{1}{(s-2)^2}\right\} \\ &= -\frac{7}{3}e^t-\frac{2}{3}e^{2t}+\frac{40}{3}te^{2t} \end{aligned} \tag{7.123}$$

이다. ◀

문제 5 다음 상미분방정식을 풀어라.

$$y'''(t) + y'(t) = e^{2t} \qquad (y(0) = y'(0) = y''(0) = 0)$$

풀이 주어진 상미분방정식의 양 변을 Laplace 변환을 하면,

$$\begin{aligned}
&\mathscr{L}\{y'''(t) + y'(t)\} = \mathscr{L}\{e^{2t}\}, \\
&\mathscr{L}\{y''(t)\} + \mathscr{L}\{y'(t)\} = \mathscr{L}\{e^{2t}\}, \\
&\big(s^2\mathscr{L}\{y(t)\} - sy(0) - y'(0)\big) + \big(s\mathscr{L}\{y(t)\} - y(0)\big) = \frac{1}{s-2}, \\
&s(s^2+1)\mathscr{L}\{y(t)\} = \frac{1}{s-2}
\end{aligned}$$

이므로

$$\mathscr{L}\{y(t)\} = \frac{1}{s(s-2)(s^2+1)}$$

이다. 위의 식의 오른쪽 항을 부분분수로 분해하면

$$\frac{1}{s(s-2)(s^2+1)} = \frac{A}{s} + \frac{B}{s-2} + \frac{Cs+D}{s^2+1}$$

라 두고 상수 A, B, C, D를 정하면

$$A = -\frac{1}{2}, \quad B = \frac{1}{10}, \quad C = \frac{2}{5}, \quad D = -\frac{1}{5}$$

이다. 이제 역 Laplace 변환하면

$$\begin{aligned}
y(t) &= \mathscr{L}^{-1}\left\{\frac{-\frac{1}{2}}{s} + \frac{\frac{1}{10}}{s-2} + \frac{\frac{2}{5}s - \frac{1}{5}}{s^2+1}\Big)\right\} \\
&= -\frac{1}{2}\mathscr{L}^{-1}\left\{\frac{1}{s}\right\} + \frac{1}{10}\mathscr{L}^{-1}\left\{\frac{1}{s-2}\right\} + \frac{2}{5}\mathscr{L}^{-1}\left\{\frac{s}{s^2+1}\right\} - \frac{1}{5}\mathscr{L}^{-1}\left\{\frac{1}{s^2+1}\right\} \\
&= -\frac{1}{2} + \frac{1}{10}e^{2t} + \frac{2}{5}\cos t - \frac{1}{5}\sin t \qquad (7.124)
\end{aligned}$$

이다. ◀

문제 6 다음 상미분방정식을 풀어라.

$$y''(t) + y'(t) = t^2 + 2t \qquad (y(0) = 4,\ y'(0) = -2)$$

풀이 주어진 상미분방정식의 양 변을 Laplace 변환을 하면,

$$\begin{aligned} \mathscr{L}\{y''(t)+y'(t)\} &= \mathscr{L}\{t^2+2t\}, \\ \mathscr{L}\{y''(t)\}+\mathscr{L}\{y'(t)\} &= \mathscr{L}\{t^2\}+\mathscr{L}\{2t\}, \\ \left(s^2\mathscr{L}\{y(t)\}-sy(0)-y'(0)\right)+\left(s\mathscr{L}\{y(t)\}-y(0)\right) &= \frac{2}{s^3}+\frac{2}{s^2}, \\ s(s+1)\mathscr{L}\{y(t)\} &= \frac{2(s+1)}{s^3}+2(2s+1) \end{aligned}$$

이므로

$$\begin{aligned} \mathscr{L}\{y(t)\} &= \frac{2}{s^3}+2\,\frac{2s+1}{s(s+1)} \\ &= \frac{1}{3}\frac{3!}{s^4}+2\left(\frac{1}{s}+\frac{1}{s+1}\right) \end{aligned}$$

이다. 위의 식의 양 변을 역 Laplace 변환하면

$$\begin{aligned} y(t) &= \mathscr{L}^{-1}\left\{\frac{1}{3}\frac{3!}{s^4}+2\left(\frac{1}{s}+\frac{1}{s+1}\right)\right\} \\ &= \mathscr{L}^{-1}\left\{\frac{1}{3}\frac{3!}{s^4}\right\}+2\mathscr{L}^{-1}\left\{\left(\frac{1}{s}+\frac{1}{s+1}\right)\right\} \\ &= \frac{1}{3}\mathscr{L}^{-1}\left\{\frac{3!}{s^4}\right\}+2\left(\mathscr{L}^{-1}\left\{\frac{1}{s}\right\}+\mathscr{L}^{-1}\left\{\frac{1}{s+1}\right\}\right) \\ &= \frac{1}{3}t^3+2+2e^{-t} \end{aligned} \tag{7.125}$$

이다. ◀

문제 7 다음 상미분방정식을 풀어라. 단, $f(t)$는 Laplace 변환이 가능한 함수이다.

$$y'''(t)-y''(t)+y'(t)-y(t) = f(t) \qquad (y(0)=y'(0)=y''(0)=0)$$

풀이 주어진 상미분방정식의 양 변을 Laplace 변환을 하면,

$$\begin{aligned} &\mathscr{L}\{y'''(t)-y''(t)+y'(t)-y(t)\} = \mathscr{L}\{f(t)\}, \\ &\mathscr{L}\{y'''(t)\}-\mathscr{L}\{y''(t)\}+\mathscr{L}\{y'(t)\}-\mathscr{L}\{y(t)\} = \mathscr{L}\{f(t)\}, \end{aligned}$$

이고

$$\begin{aligned} &\left(s^3\mathscr{L}\{y(t)\}-s^2y(0)-sy'(0)-y''(0)\right)-\left(s^2\mathscr{L}\{y(t)\}-sy(0)-y'(0)\right) \\ &\quad+\left(s\mathscr{L}\{y(t)\}-sy(0)\right)-\mathscr{L}\{y(t)\} = F(s) \qquad \left(\mathscr{L}\{f(t)\}=F(s)\right) \end{aligned}$$

이다. 위의 식을 정리하면

$$(s^3 - s^2 + s - 1)\mathscr{L}\{y(t)\} = F(s) \tag{7.126}$$

이고

$$\mathscr{L}\{y(t)\} = \frac{F(s)}{(s-1)(s^2+1)} = \frac{1}{2}\left(\frac{1}{s-1} - \frac{s}{s^2+1} - \frac{1}{s^2+1}\right)F(s)$$

이다. 위의 식의 양 변을 역 Laplace 변환하면

$$\begin{aligned} y(t) &= \mathscr{L}^{-1}\left\{\frac{1}{2}\left(\frac{1}{s-1} - \frac{s}{s^2+1} - \frac{1}{s^2+1}\right)F(s)\right\} \\ &= \frac{1}{2}\left[\mathscr{L}^{-1}\left\{\frac{1}{s-1}F(s)\right\} - \mathscr{L}^{-1}\left\{\frac{s}{s^2+1}F(s)\right\} - \mathscr{L}^{-1}\left\{\frac{1}{s^2+1}F(s)\right\}\right] \\ &= \frac{1}{2}\left(e^t * F(s) - \cos t * F(s) - \sin t * F(s)\right) \\ &= \int_0^t (e^\tau - \cos\tau - \sin\tau)\, f(t-\tau)\, du \end{aligned} \tag{7.127}$$

이다. ◀

문제 8 다음 연립상미분방정식을 풀어라.

$$\begin{cases} x'(t) + x(t) + y'(t) = e^{-t}, \\ x'(t) + 2x(t) + 2y'(t) + 2y(t) = 0 \quad (x(0) = -1, y(0) = 1) \end{cases}$$

풀이 주어진 상미분방정식의 양 변을 각각 Laplace 변환을 하면,

$$\begin{cases} s\mathscr{L}\{x(t)\} + 1 + \mathscr{L}\{x(t)\} + s\mathscr{L}\{y(t)\} - 1 = -\dfrac{1}{s-1}, \\ s\mathscr{L}\{x(t)\} + 1 + 2\mathscr{L}\{x(t)\} + 2(s\mathscr{L}\{y(t)\} - 1) + 2\mathscr{L}\{y(t)\} = 0 \end{cases}$$

이고

$$\begin{cases} (s+1)\mathscr{L}\{x(t)\} + s\mathscr{L}\{y(t)\} = -\dfrac{1}{s-1}, \\ (s+2)\mathscr{L}\{x(t)\} + (2s+2)\mathscr{L}\{y(t)\} = 1 \end{cases}$$

이므로

$$\begin{aligned} \mathscr{L}\{x(t)\} &= -\frac{s+2}{s^2+2s+2} = -\frac{s+1}{(s+1)^2+1} - \frac{1}{(s+1)^2+1} \\ \mathscr{L}\{y(t)\} &= \frac{s^2+3s+3}{(s+1)(s^2+2s+2)} = \frac{1}{s+1} + \frac{1}{(s+1)^2+1} \end{aligned}$$

이다. 위 식의 양 변을 각각 역 Laplace 변환하면

$$\begin{aligned} x(t) &= \mathscr{L}^{-1}\left\{-\frac{s+1}{(s+1)^2+1} - \frac{1}{(s+1)^2+1}\right\} \\ &= -e^{-t}\cos t - e^{-t}\sin t = -e^{-t}(\sin t + \cos t) \end{aligned} \tag{7.128}$$

이고

$$\begin{aligned} y(t) &= \mathscr{L}^{-1}\left\{\frac{1}{s+1} + \frac{1}{(s+1)^2+1}\right\} \\ &= e^{-t} + e^{-t}\sin t = e^{-t}(1+\sin t) \end{aligned} \tag{7.129}$$

이다. ◀

문제 9 다음 연립상미분방정식을 풀어라.

$$\begin{cases} x'(t) + x(t) + y'(t) + y(t) = 1, \\ -2x(t) + y'(t) - y(t) = 0 \qquad (x(0)=0, y(0)=1) \end{cases}$$

풀이 주어진 상미분방정식의 양 변을 각각 Laplace 변환을 하면,

$$\begin{cases} s\mathscr{L}\{x(t)\} + \mathscr{L}\{x(t)\} + s\mathscr{L}\{y(t)\} - 1 + \mathscr{L}\{y(t)\} = \dfrac{1}{s}, \\ -2\mathscr{L}\{x(t)\} + s\mathscr{L}\{y(t)\} - 1 - \mathscr{L}\{y(t)\} = 0 \end{cases}$$

이고

$$\begin{cases} (s+1)\mathscr{L}\{x(t)\} + (s+1)\mathscr{L}\{y(t)\} = \dfrac{s+1}{s}, \\ -2\mathscr{L}\{x(t)\} + (s-1)\mathscr{L}\{y(t)\} = 1 \end{cases}$$

이므로

$$\begin{aligned} \mathscr{L}\{x(t)\} &= -\frac{s+1}{s(s+1)^2} = -\frac{1}{s(s+1)} = \frac{1}{s+1} - \frac{1}{s} \\ \mathscr{L}\{y(t)\} &= \frac{s^2+3s+2}{s(s+1)^2)} = \frac{s+2}{s(s+1)} = \frac{2}{s} - \frac{1}{s+1} \end{aligned}$$

이다. 위 식의 양 변을 각각 역 Laplace 변환하면

$$\begin{aligned} x(t) &= \mathscr{L}^{-1}\left\{\frac{1}{s+1} - \frac{1}{s}\right\} = \mathscr{L}^{-1}\left\{\frac{1}{s+1}\right\} - \mathscr{L}^{-1}\left\{\frac{1}{s}\right\} = e^{-t} - 1, \\ y(t) &= \mathscr{L}^{-1}\left\{\frac{2}{s} - \frac{1}{s+1}\right\} = \mathscr{L}^{-1}\left\{\frac{2}{s}\right\} - \mathscr{L}^{-1}\left\{\frac{1}{s+1}\right\} = 2 - e^{-t} \end{aligned}$$

이다. ◀

연 습 문 제 7-4

1. 다음 상미분방정식을 풀어라.

   (1) $y''(t) + 4y'(t) + 13y(t) = 2e^{-t} \qquad (y(0) = 0,\ y'(0) = -1)$

   (2) $y''(t) - 2ay'(t) + (a^2 + b^2)y(t) = 2e^{-t} \qquad (y(0) = 0,\ y'(0) = 1,\ a \neq 0,\ b \neq 0)$

   (3) $y''(t) + 4y(t) = \sin t \qquad (y(0) = 0,\ y'(0) = 0)$

   (4) $y''(t) - 3y'(t) + 2y(t) = 4e^{2t} \qquad (y(0) = -3,\ y'(0) = 5)$

   (5) $y''(t) + 2y'(t) + 5y(t) = e^{-t}\sin t \qquad (y(0) = 0,\ y'(0) = 1)$

   (6) $y'''(t) - 3y''(t) + 3y'(t) - y(t) = e^{-t}\sin t \quad (y(0) = 1,\ y'(0) = 0,\ y''(0) = -2)$

2. 다음 연립상미분방정식을 풀어라.

   (1) $\begin{cases} x'(t) - 2x(t) - y'(t) + 2y(t) = \sin t\,, \\ x''(t) + x(t) + 2y'(t) = 0 \end{cases} \qquad (x(0) = x'(0) = 0,\ y(0) = 0)$

   (2) $\begin{cases} -3x''(t) + 3y''(t) = te^{-t} - 3\cos t\,, \\ tx''(t) - y'(t) = \sin t \end{cases} \qquad (x(0) = -1,\ x'(0) = 2,\ y(0) = 4,\ y'(0) = 0)$

연습문제 해답

제 1장

1-2 1. (1) 2계 1차 (2) 2계 2차 (3) 2계 1차 (4) 4계 1차
(5) 2계 2차 (6) 1계 3차

2. 생략.

3. $y = \frac{1}{2}\sin x$

제 2장

2-1 1. (1) $y = \sin(x+c)$ (c는 임의상수)

(2) $y^2 = c(1+x^2) - 1$ (c는 임의 상수)

(3) $\dfrac{y-1}{y+1} = ce^{x^2}$ (c는 임의상수)

(4) $2\cos y - \sin x\,\cos x + x = c$ (c는 임의상수)

(5) $\sec x - \tan y = c$ (c는 임의상수)

(6) $\tan^{-1} y - 2\sqrt{1+x} = c$ (c는 임의상수)

2. 일반해는 $\dfrac{1+y}{1+x} = c$ (c는 임의상수)이고 이 해가 점 $(0,1)$를 지나므로 특수해는 $y = 2x+1$이다.

3. $2(x+4y+2) = \tan(2x+c)$ (c는 임의상수)

2-2 1. (1) $y = x\tan(\ln|x| + c)$ (c는 임의상수)

(2) $y = x\left(\dfrac{cx^2-1}{cx^2+1}\right)$ (c는 임의상수)

(3) $\ln|x^2+t^2| + 2\tan^{-1}\frac{y}{x} = c$ (c는 임의상수)

(4) $y = x\sin(\ln|x| + c)$ (c는 임의상수)

2. (1) $(x+y-1)^3 = c(x-y+3)$ (c는 임의상수)

(2) $(2x+y-4)^2 = c(x+y-1)$ (c는 임의상수)

(3) $x + 2y + \ln|2x-y| = c$ (c는 임의상수)

(4) $x^2 - xy + y^2 + x - 5y + 7 = c$ (c는 임의상수)

2-3 1. (1) $x^4y^3 - x^2y = c$ (c는 임의상수)

(2) $e^{3x}y - x^2 = c$ (c는 임의상수)

(3) $x\cos y + y\sin x = c$ (c는 임의상수)

(4) $x^4 + 6xy + y^2 - 2y = c$ (c는 임의상수)

(5) $x^2y + \sin y = c$ (c는 임의상수)

2. (1) $xy + \frac{3}{2}x^2y = c$ (c는 임의상수)

(2) $\frac{1}{2}x^2 - xy - \frac{1}{y} = c$ (c는 임의상수)

(3) $\frac{1}{3}x^3 - axy + \frac{1}{3}y^3 = c$ (c는 임의상수)

(4) $x^3 - 6x^2y - 6xy^2 + y^3 = c$ (c는 임의상수)

2-4 1. (1) $\dfrac{1}{y^4}$ (2) $\dfrac{1}{x^2+y^2}$ (3) $\dfrac{1}{x^2+y^2}$

2. (1) 적분인수 x, $x^2y - x^3 = c$ (c는 임의 상수)

(2) 적분인수 $\dfrac{1}{x^2}$, $y^2 + x\ln|x| = cx$ (c는 임의상수)

(3) 적분인수 $\dfrac{1}{x^2}$, $3x^2 - y^2 = cx$ (c는 임의상수)

(4) 적분인수 $\dfrac{1}{xy^2}$, $\dfrac{x}{y} + \ln\left|\dfrac{y^3}{x^2}\right| = c$ (c는 임의상수)

(5) 적분인수 $\dfrac{x}{y^2}$, $\dfrac{x^2}{y} - x^3 = c$ (c는 임의상수)

3. (1) $3y^2 + x\ln|xy| = c$ (c는 임의상수)

(2) $x^3y^4 - 4y^3 = c$ (c는 임의상수)

(3) $x^2y + x^3y^2 = c$ (c는 임의상수)

제 3장

3-1 1. (1) $y = \dfrac{x^2}{2} + cx$ (c는 임의상수)

(2) $y = \dfrac{1}{2}x^3 + 3x^2 - 2x\ln|x| + cx$ (c는 임의상수)

(3) $y = (x-2)^3 + c(x-2)$ (c는 임의상수)

2. (1) $y\cos x + 3\,e^{-\sin x} = 7$

(2) $4y + 2x = 1 - 5\,e^{-2x}$

3-2 1. (1) $y = \dfrac{x^2}{c-x}$ (c는 임의상수)

(2) $\dfrac{1}{y} = \ln|x| + 1 + cx$ (c는 임의상수)

(3) $\sin y = x - 1 + c\,e^{-x}$ (c는 임의상수)

(4) $\cos y = \frac{1}{2}\sin^2 x - \frac{1}{2}\sin x + \frac{1}{4} + c\,e^{-2\sin x}$ (c는 임의상수)

3-3 1. (1) $\dfrac{1}{y} = \ln|x| + 1 + cx$ (c는 임의상수)

(2) $x(x-1) = (y-x)(cx+1)$ (c는 임의상수)

3-4 1. 1. (1) $(y-c)(y-x-c)(2y-x^2-c)(y-c\,e^{2x}) = 0$ (c는 임의상수)

(2) $y = cx - c^2$ (c는 임의상수)

(3) $cx - \frac{1}{4c^4}$ (c는 임의상수)

(4) $16 + 2y - x^2 = c$ (c는 임의상수)

Hint: $2y = px - 16\frac{x^2}{p^2}$, $(p^2 + 32x)(p - x\frac{dp}{dx}) = 0$

(5) $(y - c^2)^2 = 4cx$ (c는 임의상수)

Hint: $p = 2x\frac{dp}{dx} + 2p + 2p^4x + 4p^3x^2\frac{dp}{dx}$, $((p + 2x\frac{dp}{dx})(1 + 2p^3x) = 0$

(6) $y^3 = cx + \frac{2}{3}c^2$ (c는 임의상수)

Hint: $3x = \frac{y}{p} - 6py^2$, $(1 + 6p^2y)(2p + y\frac{dp}{dy}) = 0$

(7) $16y = c(2x-c)^2$ (c는 임의상수)

Hint: $2x = \frac{p^2}{y} + \frac{4y}{p}$, $(p - 2y\frac{dp}{dy})(2y^2 - p^2) = 0$

3-5 1. (1) $y = cx + \sqrt{4+c^2}$ (c는 임의상수)

(2) $y = cx \pm \sqrt{1+c^2}$ 또는 $(y-cx)^2 = 1 + c^2$ (c는 임의상수)

2. 일반해 : $y = cx - e^c$ (c는 임의상수), 특이해 : $y = x\ln x - x$

3. (1) $4x^3 = 27y$ 또는 $y = 0$

(2) $y^3 = \frac{27}{4}x^2$

4. 일반해 : $c^2 + cxy + x = 0$ (c는 임의상수), 특이해 : $4 = xy^2$

4-1 1. Wronskian을 적용하여 증명.

2. 일반해 : $y = c_1e^x + c_2e^{2x}$ (c_1, c_2는 임의상수)

제 4장

4-1 1. Hint. Wronskian이 모두 영(zero)이 아님을 보임.

2. (1) $y\cos x + 3e^{-\sin x} = 7$

(2) 생략.

4-3 1. (1) 일반해 : $y = c_1e^{-9x} + c_2e^{6x}$ (c_1, c_2는 임의상수)

(2) 일반해 : $y = c_1e^{2x} + c_2e^{3x}$ (c_1, c_2는 임의상수)

(3) 일반해 : $y = (c_1 + c_2x)e^x$ (c_1, c_2는 임의상수)

(4) 일반해 : $y = c_1e^{-2x} + c_2e^{2x}$ (c_1, c_2는 임의상수)

(5) 일반해 : $y = (c_1 + c_2x)e^{2x}$ (c_1, c_2는 임의상수)

2. (1) 일반해 : $y = (c_1 + c_2x + c_3c^2)e^{-x}$ (c_1, c_2, c_3는 임의상수)

(2) 일반해 : $y = c_1e^{-x} + e^{\frac{1}{2}x}(c_2 \cos \frac{\sqrt{3}}{2}x + c_3 \sin \frac{\sqrt{3}}{2}x)$
(c_1, c_2, c_3는 임의상수)

(3) 일반해 : $y = c_1e^{x} + e^{-\frac{1}{2}x}(c_2 \cos \frac{\sqrt{3}}{2}x + c_3 \sin \frac{\sqrt{3}}{2}x)$
(c_1, c_2, c_3는 임의상수)

(4) 일반해 : $y = c_1e^{-kx} + c_2e^{kx} + c_3 \cos kx + c_4 \sin kx$
(c_1, c_2, c_3, c_4는 임의상수)

(5) 일반해 : $y = (c_1 + c_2x)e^{kx} + (c_3 + c_4x)e^{-kx}$
(c_1, c_2, c_3, c_4는 임의상수)

3. 생략.

4. (1) 일반해 : $y = c_1e^{-x} + c_2e^{ix}$ (c_1, c_2는 임의상수)

(2) 일반해 : $y = (c_1 + c_2x)e^{ix}$ (c_1, c_2는 임의상수)

4-4 1. (1) 일반해 : $y = c_1e^{x} + c_2e^{2x} + \frac{1}{12}e^{5x}$ (c_1, c_2는 임의상수)

(2) 일반해 : $y = c_1e^{x} + (c_2 + c_3x)\,e^{2x} + \frac{1}{2}x(x-2)e^{x}$
(c_1, c_2, c_3는 임의상수)

(3) 일반해 : $y = c_1e^{x} + c_2e^{3x} + c_3e^{-2x} + \frac{1}{18}e^{4x}$ (c_1, c_2, c_3는 임의상수)

(4) 일반해 : $y = c_1e^{x} + c_2e^{-4x} - \frac{1}{50}(4 \sin 2x + 3 \cos 2x)$
(c_1, c_2는 임의상수)

(5) 일반해 : $y = c_1 \cos x + c_2 \sin x + c_3 \cos 3x + c_4 \sin 3x - \frac{1}{15} \cos(2x+3)$
(c_1, c_2, c_3, c_4는 임의상수)

(6) 일반해 : $y = c_1e^{-2x} + c_2e^{2x} + \frac{1}{125}e^{3x}(25x^2 - 60x + 62)$
(c_1, c_2는 임의 상수)

(7) 일반해 : $y = c_1e^{-4x} + c_2e^{-x} - \frac{1}{2}x + \frac{11}{8}$ (c_1, c_2는 임의상수)

(8) 일반해 : $y = c_1 \cos 3x + c_2 \sin 3x + \frac{1}{8}x \cos x + \frac{1}{32} \sin x$
(c_1, c_2는 임의상수)

(9) 일반해 : $y = c_1e^{-2x} + c_2e^{x} + c_3e^{3x} + \frac{1}{10}xe^{3x}$

$(c_1,\ c_2,\ c_3$는 임의상수$)$

(10) 일반해 : $y = c_1\cos 2x + c_2\sin 2x - \frac{1}{5}\sin 3x$ $(c_1,\ c_2$는 임의상수$)$

2. (1) 일반해 : $y = c_1e^{x} + (c_2 + c_3x)e^{2x} + \frac{1}{2}x^2e^{2x} + 2xe^{x} - \frac{1}{6}e^{-x}$

$(c_1,\ c_2,\ c_3$는 임의상수$)$

(2) 일반해 : $y = c_1e^{-x} + c_2\cos x + c_3\sin x + \frac{1}{15}(2\cos 2x - \sin 3x)$

$-\frac{1}{80}(3\sin 3x + \cos 3x)$ $(c_1,\ c_2,\ c_3$는 임의상수$)$

(3) 일반해 : $y = c_1e^{x} + c_2e^{3x} + \frac{1}{2}e^{3x}(x^2 - x) - \frac{3}{8}e^{x}(\cos 2x + \sin 2x)$

$(c_1,\ c_2,\ c_3$는 임의상수$)$

(4) 일반해 :

$y = c_1e^{-2x} + e^{x}(c_2\cos x + c_3\sin x) + \frac{1}{4}x^4 + \frac{1}{2}x^3 + \frac{3}{2}x^2 - \frac{5}{4}x - \frac{7}{8}$

$(c_1,\ c_2,\ c_3$는 임의상수$)$

(5) 일반해 : $y = c_1e^{-2x} + c_2e^{x} + c_3e^{3x} + \frac{1}{18}e^{4x} - \frac{3}{2}e^{2x} + \frac{3}{2}$

$(c_1,\ c_2,\ c_3$는 임의상수$)$

4-5 1. (1) $\begin{cases} y_1 = c_1\cos\sqrt{3}x + c_2\sin\sqrt{3}x + c_3\cos x + c_4\sin x \\ y_2 = c_1\cos\sqrt{3}x + c_2\sin\sqrt{3}x - c_3\cos x - c_4\sin x \end{cases}$

$(c_1,\ c_2,\ c_3,\ c_4$는 임의상수$)$

(2) $\begin{cases} y_1 = c_1e^{-6x}(c_1\cos x + c_2\sin x) \\ y_2 = e^{-6x}\{(c_1 + c_2)\cos x + (c_2 - c_1)\sin x\} \end{cases}$ $(c_1,\ c_2$는 임의상수$)$

(3) $\begin{cases} y_1 = c_1\cos\sqrt{2}x + c_2\sin\sqrt{2}x + \sin x \\ y_2 = \frac{1}{\sqrt{2}}(c_1\sin\sqrt{2}x - c_2\cos\sqrt{2}x) \end{cases}$ $(c_1,\ c_2$는 임의상수$)$

(4) $\begin{cases} y_1 = c_1\cos\sqrt{2}x + c_2\sin\sqrt{2}x + 3x \\ y_2 = (c_1 + c_2)\sin x + (c_1 - c_2)\cos x + x^2 + 3x - 3 \end{cases}$

$(c_1,\ c_2$는 임의상수$)$

(5) Hint : y_2부터 구한 다음 y_1을 구함.

$$\begin{cases} y_2 &= c_1 \cos x + c_2 \sin x + 3x \\ y_1 &= -\frac{1}{5}\{(c_2 + 3c_1)\cos x + (c_1 - 3c_2)\sin x\} - e^x + 3x + 1 \end{cases}$$

(c_1, c_2는 임의상수)

제 5장

5-2 1. (1) $y = \dfrac{c_1}{x} + c_2\sqrt{x}$ (c_1, c_2는 임의상수)

(2) $y = c_1x^2 + c_2x^2 \ln x + x + \dfrac{1}{6}x^2 \ln^3 x$ (c_1, c_2는 임의상수)

(3) $y = c_1 + c_2x + c_3 \ln x + x \ln x + \dfrac{1}{2}\{\cos(\ln x) + \sin(\ln x)\}$

(c_1, c_2, c_3는 임의상수)

(4) $y = c_1(x+1) + \dfrac{c_2}{x+1} - \ln(x+1)^2 + \dfrac{1}{2}(x+1)\ln(x+1) + 2$

(c_1, c_2는 임의상수)

(5) $y = c_1(2x+1)^3 + \dfrac{c_2}{2x+1} - \dfrac{3}{8}x + \dfrac{1}{16}$ (c_1, c_2는 임의상수)

5-3 1. (1) $y = e^{2x}$가 한 특수해.

$y = c_1e^{2x}(x-2)^2 + c_2e^{2x}$ (c_1, c_2는 임의상수)

(2) $y = \sin x$가 한 특수해.

$y = c_1(\cos x - \dfrac{1}{2}\sec x) + c_2 \sin x + \dfrac{1}{2}\sec x$ (c_1, c_2는 임의상수)

(3) $I = 4$. $v = e^{x^2}$.

$y = e^{x^2}(c_1 \cos\sqrt{2}\,x + c_2 \sin\sqrt{2}\,x) + \dfrac{1}{2}xe^{x^2}$ (c_1, c_2는 임의상수)

(4) $\dfrac{dt}{dx} = \sqrt{Q} = \dfrac{1}{x^2}$, $\frac{\frac{d^2t}{dx^2} + P\frac{dt}{dx}}{(\frac{dt}{dx}))^2} = 0$, $t = -\dfrac{1}{x}$로 취함.

$y = c_1 \cos\frac{1}{x} + c_2 \sin\frac{1}{x} + \frac{1}{x^2}$ (c_1, c_2는 임의상수)

(5) $\dfrac{dt}{dx} = \sqrt{Q} = 2x$. $\frac{\frac{d^2t}{dx^2} + P\frac{dt}{dx}}{(\frac{dt}{dx}))^2} = 2$. $t = x^2$으로 취함.

$y = c_1e^{-x^2} + c_2x^2e^{-x^2} + x^3e^{-x^2}$ (c_1, c_2는 임의상수)

5-4 1. (1) $y = e^{3x}\left(c_1^* + c_2x - \ln|x|\right)$ $\quad (c_1^* = c_1 - 1,\ c_2$는 임의상수)

(2) $y = e^{-x}\left(c_1^* + c_2x - \ln|x| - \frac{1}{2}(\ln|x|)^2\right)$ $\quad (c_1^* = c_1 - 1,\ c_2$는 임의상수)

(3) $y = \left(c_1 - \frac{1}{2}x + \frac{1}{2}\ln|1+e^t|\right)e^x + \left(c_2 - \frac{1}{2}\ln|1+e^t|\right)e^{-x} - \frac{1}{2}$

$(c_1,\ c_2$는 임의상수)

(4) $y = c_1e^{-x} + c_2e^{-3x} + \frac{2}{15}e^{2x}$ $\quad (c_1,\ c_2$는 임의상수)

5-5 1. (1) $y = c_1e^{-x} + c_2(x^2+3x)e^{-x} + c_3 + \frac{1}{2}xe^x$ $\quad (c_1,\ c_2,\ c_3$는 임의상수)

(2) $\ln y = c_1e^{-x} + c_2e^x$ $\quad (c_1^* = c_1 - 1,\ c_2$는 임의상수)

(3) $y^2 = c_1\sinh(\sqrt{2}\,x + c_2)$ $\quad (c_1,\ c_2$는 임의상수)

(4) $y^2 = x^2 + c_1 + c_2x + c_3e^{-x}$ $\quad (c_1,\ c_2,\ c_3$는 임의상수)

(5) $y^2 = x\ln|x| + c_1 + c_2x + c_3x^2$ $\quad (c_1,\ c_2,\ c_3$는 임의상수)

5-6 1. (1) $x=0$은 정상점.

$$y = c_0\left(1 + \frac{x^3}{6} - \frac{x^4}{24} + \frac{x^5}{120} + \cdots\right) + c_1\left(x - \frac{x^2}{2} + \frac{x^3}{6} + \frac{x^4}{24} - \frac{x^5}{30} + \cdots\right)$$

단, $c_0,\ c_1$은 임의상수.

(2) $x=0$은 정상점.

$$y = c_0\left(1 + \frac{x^2}{2} - \frac{x^4}{24} + \cdots\right) + c_1\left(x + \frac{x^3}{6} - \frac{x^5}{24} + \cdots\right)$$

단, $c_0,\ c_1$은 임의상수.

(3) $x=0$은 정상점.

$$y = c_0\left(1 + \frac{x^2}{2} + \frac{x^4}{4\cdot 2} + \frac{x^6}{6\cdot 4\cdot 2} + \cdots\right) + c_1\left(x + \frac{x^3}{3} + \frac{x^5}{5\cdot 3} + \frac{x^7}{7\cdot 5\cdot 3} + \cdots\right)$$

단, $c_0,\ c_1$은 임의상수.

(4) $x=0$은 정상점.

$$y = c_0\left(1 - \frac{x^4}{4\cdot 3} + \frac{x^8}{8\cdot 7\cdot 4\cdot 3} + \cdots\right) + c_1\left(x - \frac{x^5}{5\cdot 4} + \frac{x^9}{9\cdot 8\cdot 5\cdot 4} + \cdots\right)$$

단, c_0, c_1은 임의상수.

(5) $x=0$은 정상점.

$$y = c_0(1-3x^2+5x^4-7x^6+9x^8+\cdots) + c_1(x-2x^3+3x^5-4x^7+5x^9+\cdots)$$

단, c_0, c_1은 임의상수.

(6) $x=0$은 정상점.

$$y = c_0(1+4x^2) + c_1\left(x+\frac{4}{3}x^3-\frac{4\cdot 4}{5\cdot 3}x^5+\frac{4\cdot 4\cdot 4\cdot 3}{7\cdot 5\cdot 3}x^7-\frac{4\cdot 4\cdot 4\cdot 4\cdot 5\cdot 3}{9\cdot 7\cdot 5\cdot 3}x^9+\cdots\right)$$

단, c_0, c_1은 임의상수.

제 6장

6-1 1. (1) 적분인수: $\frac{1}{y^2}$, $x+\frac{z}{y}=c$ (c는 임의상수)

(2) $xy+yz+zx=c$ (c는 임의상수)

(3) 적분인수: $\frac{1}{x^2}$, $x^2-\frac{1}{x}+\ln|\sec z|=c$ (c는 임의상수)

(4) 적분인수: $\frac{1}{x^2z}$, $x^2+\frac{z}{x}+y^2+\ln|z|=c$ (c는 임의상수)

(5) 적분인수: $\frac{1}{x^2y^2}$, $x^2+z^2-\left(\frac{1}{x}+\frac{1}{y}\right)=c$ (c는 임의상수)

(6) 적분인수: $\frac{1}{xyz}$, $xyz\,e^{x+y+z}=c$ (c는 임의상수)

(7) $\frac{x}{y}+\frac{z}{x}+\frac{y}{z}=c$ (c는 임의상수)

(8) $y^2+z^2+x^2=cx$ (c는 임의상수)

(9) $x+y^2+z^2=ce^{-x}$ (c는 임의상수)

(10) $\frac{y}{x}+\frac{x}{y}+\frac{z}{y}+\frac{z}{x}=c$ (c는 임의상수)

6-2 1. (1) $\begin{cases} (x+y)e^z = c_1 \\ z(x+y) = c_2 \quad (c_1,\ c_2\text{는 임의상수}) \end{cases}$

(2) $\begin{cases} x^2yz = c_1 \\ x + x^2z + z = c_2 \quad (c_1,\ c_2\text{는 임의상수}) \end{cases}$

(3) $\begin{cases} x+y+z = c_1 \\ x^2+y^2+z^2 = c_2 \quad (c_1,\ c_2\text{는 임의상수}) \end{cases}$

(4) $\begin{cases} x^4 - y^4 = c_1 \\ x^2 - z^2 = c_2 \quad (c_1,\ c_2\text{는 임의상수}) \end{cases}$

(5) $\begin{cases} x^2 - y^2 = c_1 \\ 2(x+y) - z^2 = c_2 \quad (c_1,\ c_2\text{는 임의상수}) \end{cases}$

(6) $\begin{cases} x^6 - y^6 = c_1 \\ z^3 = c_2(x^3+y^3) \quad (c_1,\ c_2\text{는 임의상수}) \end{cases}$

제 7장

7-1 1. (1) $\dfrac{12}{s^4}$ (2) $\dfrac{5}{s+3}$ (3) $\dfrac{2s}{s^2+49}$ (4) $\dfrac{9}{s^2+9}$

2. (1) $\frac{1}{2}t^2$ (2) $\frac{1}{24}t^4$ (3) e^{-7t} (4) e^{9t}

(5) $\dfrac{1}{5}\sin 5t$ (6) $\cos 8t$ (7) $\cos\sqrt{7}t$

7-2 1. (1) $\dfrac{s+a}{(s+a)^2+b^2}$ (2) $\dfrac{2}{(s+3)^3}$ (3) $\dfrac{1}{s^2+4}$

(4) $\dfrac{1}{3}\left(\dfrac{s}{s^2+9}+\dfrac{s}{s^2+1}\right)$ (5) $\dfrac{s^2+2}{s(s^2+4)}$ (6) $\dfrac{2(s+1)}{(s^2+2s+2)^2}$

(7) $\ln\left|\dfrac{s-1}{s}\right|$ (8) $\ln\left|\dfrac{s+b}{s+a}\right|$ $(s>-a,\ s>-b)$

(9) $\dfrac{1}{2}\ln\left|\dfrac{s^2-1}{(s-1)^2}\right|$ (10) $\ln\left|\dfrac{\sqrt{s^2+a^2}}{a}\right|$

2. (1) $e^{2t}-e^{t}$ (2) $e^{t}\cos 2t+\frac{1}{2}e^{t}\sin 2t$ (3) $\frac{1}{2}(1+2e^{-t}-3e^{-2t})$

(4) $t-\sin t$ (5) $\frac{(t^2+4t+2)e^{t}}{2}$ (6) $(1-\cos t)e^{-t}$

(7) $\frac{2-e^{t}-e^{-t}}{t}$ (8) $1-3e^{-t}+3e^{-2t}$ (9) $\frac{1}{8}(\cos 2t+3\sin 2t-e^{-2t})$

(10) $\frac{1}{2}(-te^{-t}+\sin t)$

3. (1) $\frac{1}{a^2}(e^{at}-e^{t}-1)$ (2) $\frac{1}{2k^3}(\sin kt-kt\cos kt)$

7-3 1. (1) $\frac{1}{s^2}-\frac{e^{-s}}{s(1-e^{-s})}$ (2) $\frac{3(1-e^{-2s}-2se^{-4s})}{s^2(1-e^{-4s})}$

(3) $\frac{2(1-e^{-2s}-2se^{-2s}-2s^2e^{-2s})}{s^3(1-e^{-2s})}$ (4) $\frac{1-e^{-s}-se^{-s}}{s^3(1-e^{-2s})}$

7-4 1. (1) $y(t)=-\frac{1}{5}e^{-2t}(\cos 4t+\sin 3t)+\frac{1}{5}e^{-t}$

(2) $y(t)=\frac{1}{b}e^{at}\sin bt$ (3) $y(t)=\frac{1}{3}\sin t-\frac{1}{6}\sin 2t$

(4) $y(t)=4e^{2t}+4te^{2t}-7e^{t}$ (5) $y(t)=e^{-t}(\sin t+sin2t)$

(6) $y(t)=\frac{1}{60}t^2+1-t-\frac{1}{2}t^2$

2. (1) $x(t)=\frac{1}{9}e^{-t}+\frac{4}{45}e^{2t}-\frac{1}{5}\cos t-\frac{2}{5}\sin t+\frac{1}{3}te^{-t}$

$y(t)=\frac{1}{9}e^{-t}-\frac{1}{9}e^{2t}+\frac{1}{3}te^{-t}$

(2) $x(t)=\frac{2}{3}t^2+\frac{5}{3}t-\frac{2}{3}-\frac{1}{3}e^{-t},$

$y(t)=\frac{2}{3}t^2+\frac{8}{3}+\frac{1}{3}e^{-t}+\frac{1}{3}te^{-t}+\cos t$

찾아보기

상미분방정식

지은이 김원배
펴낸이 조경희
펴낸곳 경문사
펴낸날 2017년 9월 1일 1판 1쇄
2019년 3월 5일 1판 2쇄
등 록 1979년 11월 9일 제313-1979-23호
주 소 04057, 서울특별시 마포구 와우산로 174
전 화 (02)332-2004 팩스 (02)336-5193
이메일 kyungmoon@kyungmoon.com
facebook facebook.com/kyungmoonsa

값 17,000원

ISBN 979-11-6073-070-8

★ 경문사 홈페이지에 오시면 즐거운 일이 생깁니다.
http://www.kyungmoon.com

한국과학기술출판협회 회원사